# Klasik Mekanik ve Kaos

**Yayılımından Fizik 1. Kitabı ,
Yedi kitaplık bir fizik serisi.**

# Klasik Mekanik ve Kaos

ile

## Stephen Winters-Hilt

ISBN 979-8-89487-005-2

Golden Tao Publishing
Angel Fire, NM
USA

ISBN 979-8-89487-005-2

Altın Tao Yayıncılık
Melek Ateşi, NM
Amerika Birleşik Devletleri

## Adanmışlık

Bu kitap, bu uzun keşif yolunda yardımcı olan aileme ithaf edilmiştir: Cindy, Nathaniel, Zachary, Sybil, Eric, Joshua, Teresa, Steffen, Hannah, Anders, Angelo, John ve Susan.

# İçindekiler

*Fizik Serisinin Çevirisine Önsöz :*
## Maksimum Bilgi Yayılımından Fizik

*1. Kitap için :*
### Klasik Mekanik ve Kaos

Bu kitap, yazar ve oğulları Nathaniel Winters-Hilt ve Zachary Winters-Hilt tarafından Google Translate kullanılarak İngilizce versiyonundan çevrilmiştir. Çeviriyi doğrulama çabaları esas olarak İngilizceye geri çeviri yapmaktan ve tutarlılığın doğrulanmasından oluşuyordu. Google çeviri, göreceğiniz gibi oldukça iyi bir iş çıkarıyor. Çevirinin sayfa numaralandırmasını değiştirdiğini ve İçindekiler Tablosunun buna göre ayarlanmasını gerektirdiğini ve bunun yapıldığını unutmayın.

*Fizik Serisinin Önsözü:*

## Maksimum Bilgi Yayılımından Fizik

Yol, başladığı kapıdan aşağıya doğru sürekli devam ediyor. Şimdi Yol çok ilerilere gitti, Ve takip etmeliyim, eğer yapabilirsem, Onu hevesli ayaklarla takip ederek, Birçok yolun ve ayak işinin buluştuğu daha büyük bir yola bağlanana kadar. .Peki nereye? Ben söyleyemem"

-JRR **Tolkien, Yüzük Kardeşliği**

**Varyasyon, Yayılım ve Yayılma**
Bu, Klasik Mekanik (1. Kitap [46]) ile başlayan, ardından elektromanyetizma gibi Klasik Alan Teorisi (2. Kitap [40]), ardından Manifold Dinamiği ve Genel Görelilik (3. Kitap [41]) ile başlayan yedi kitaplık bir Fizik Serisidir. ). Kuantum mekaniği tanımına geçiş 4. Kitapta [42] ve kuantum alan teorisine, özellikle de QED'ye geçiş 5. Kitapta [43] verilmiştir. Bir 'kuantum manifoldu teorisi', yapılamaması dışında bariz bir sonraki adım olacaktır (Yerçekimi için yeniden normalleştirilebilir bir Alan teorisi yoktur). Bunun yerine, Kitap 6'da genel olarak Kara Delik termodinamiğinin yanı sıra termal kuantum manifold teorisi ele alınmaktadır [44]. Kitap 7 [45], kuantum teorisinin klasik teoriye dayalı daha derin (karmaşık) bir matematiksel yapı sağladığının gösterilebildiği gibi, Kuantum teorisini destekleyen daha derin bir matematiksel yapı sağlayan yeni bir teori olan Emanator Teorisini açıklar.

Bu, 1. Kitapta kaos teorisinin, 2. Kitapta Lorentz Değişmezliğinin, 3. Kitapta Kovaryant Türevlerin (Genel Görelilik) ve Ölçü Kovaryant Türevlerinin (Yang-Mills Alan Teorisi) inceliklerinin anlatıldığı modern bir açıklamadır. Kuantum Mekaniği hakkındaki 4. Kitap, QM'nin kapsamlı bir incelemesini sunmakta, ardından küresel kabuk düşme sistemine yönelik tam genel göreli çözüme ilişkin tam bir kendine eşlenik analizi ele almaktadır (3. Kitaptan aktarılan bir sonuç). Kitap 5 , belirli senaryolardaki alternatif boşlukla birlikte QFT'nin temellerini ayrıntılı olarak ele alıyor . Kitap 6, termodinamiği temellerden bazı Kara Delik sistemlerinin Hamilton termodinamiğine kadar ele alıyor. Boyunca, alfa parametresinin tuhaf tekrarı not edilir. 7. Kitapta, Kuantum Yol İntegrali formülasyonunun ortaya çıkacağı daha derin bir matematiksel formülasyona bakıyoruz ve keşfedilen tek parametreleri ve yapıları (alfa ve Lorentz Değişmezliği gibi) açıklıyoruz.

Fiziksel tanımlama, nokta parçacık hareketinin klasik formülasyonlarıyla başlar. Bunu yapmanın ilk yolu diferansiyel denklemleri (Newton'un 1. ve 2. $^{Yasası}$) kullanmaktır; ikincisi, diferansiyel denklemi seçmek için varyasyonel bir fonksiyon formülasyonu kullanmaktır (Lagrangian varyasyonu); üçüncüsü, değişken fonksiyon formülasyonunu seçmek için değişken bir fonksiyonel formülasyon (Eylem formülasyonu) kullanmaktır. Tarihsel olarak, pek çok sistemde hareketin iki alanının olduğu çok sonralarına kadar fark edilmemişti: kaotik olmayan; ve kaotik.

Parçacık hareketinin tanımında, kaotik hareketin olduğu bir parametre alanında olmadığı varsayılarak, birçok önemli limitin mevcut olduğu bulunmuştur. Örnekler arasında şunlar yer almaktadır: yukarıda bahsedilen kaos olgusundan kaynaklanan ve "kaosun eşiğine" sürüklendiklerinde kaos olmayan rejimlerde hala karşılaşılan evrensel sabitler. Saçılmanın asimptotik limitte tanımlandığı ve pertürbasyon teorisinin yakınsak olması anlamında iyi tanımlandığı yerlerde limitler bulunur. Genel olarak, evrim bir 'süreç' olarak tanımlanırsa, bu genellikle sınırları iyi tanımlanmış bir Martingale sürecidir. Dolayısıyla, tipik olarak sıradan bir diferansiyel denkleme (ODE) indirgenebilen ve genellikle (limit tanımları gerektiren) çözümlerin mevcut olduğu bulunan hareket tanımlarımız var.

Fiziksel tanım daha sonra 2B, 3B ve 4B'deki alan dinamikleriyle (Kitap 3'te [41]) mücadele etmektedir. İki boyutlu ("2B") alan dinamiği, karmaşık bir fonksiyon (karmaşık sayıları karmaşık sayılarla eşleştiren) olarak tanımlanabilir. 2B karmaşık fonksiyonun bir yeniliği, aynı zamanda birçok tekillik türünün (rezidü teoremi) nasıl ele alınacağını göstermesi, böylece fizikteki temel yapılar ve birçok integralin çözümü için temel matematiksel teknikler hakkında önemli bilgiler sağlamasıdır. 3 boyutlu alan dinamiği için elektromanyetik alanın 3 boyutlu analizini yapıyoruz. Kapsam düzeyi, Jackson [123] lisansüstü metni düzeyinde elektrostatiğe genel bir bakışla başlar. Jackson Ch'in 1-3'ündeki bazı problemler, teorinin geliştirilmesinde yakından incelenmektedir. Bazıları için bu materyal (2. Kitapta [40]) Jackson'ın EM üzerine tam bir kurstaki metnine (Jackson'ın metnine dayalı olarak) yararlı bir eşlik edebilir. Daha sonra elektrodinamik ve elektromanyetik dalga olaylarının hızlı bir incelemesi verilmektedir. Esas itibarıyla, genellikle değişkenlerin ayrılmasını içeren 3D Laplacian gibi çözümlere sahip ODE problemlerinin çok daha fazla örneğini görüyoruz . Daha sonra, 1899'da Lorentz tarafından keşfedilen [1 24], EM alanını bağıl hızları farklı olan iki gözlemci tarafından görülen şekilde ilişkilendiren ünlü dönüşümü gözden geçireceğiz. Göreceli hızın yanı sıra zaman boyutunu da getiren bu dönüşümün varlığıyla, etkili bir şekilde 4 boyutlu bir teoriye sahip oluyoruz.

Lorentz Değişmezliğinden, bir nokta dönüşümü olarak SO(3) veya SU(2) altında dönme değişmezliğine sahibiz. Eğer Lorentz Değişmezliği temel ise, o zaman dönme değişmezliğinin her iki biçimini de görmeliyiz; biri SO(3)'ten vektör/tensör tipinde, diğeri SU(2)'den spinorial tipte. Gösterge alanları vektörel ve madde alanları spinoral olduğundan durum budur. Yerel bir değişmezlik olarak Lorenz Değişmezliğinden, Minkowski (düz) uzay-zaman metriğine sahibiz ve bu daha sonra Riemann metriğine (Genel Görelilik'te) genelleştirilir.

Nokta parçacık dinamiğinde olduğu gibi, alan dinamiği için de davranışı formüle etmenin üç yolu vardır: (1) diferansiyel denklem; (2) fonksiyon değişimi (Lagrange'a göre); ve (3) işlevsel varyasyon (Eylem üzerinde). Daha önce olduğu gibi benzer limit olaylarını göreceğiz, fakat aynı zamanda yeni olguları da göreceğiz: ( i ) kaçınılmaz BH tekillik oluşumu (Penrose tekillik teoremi); (ii) FRW Evren oluşumu (homojenlik ve izotropiden); (iii) BH çöküş tekilliği; (iv) atomik çöküş ışınımsal 'tekillik'.

Dolayısıyla klasik dinamiğin dünyayı tanımlamak için alana benzer iki formülasyonu vardır: alan ve manifold. Bu tür formülasyonlar matematiksel olarak birbiriyle ilişkilendirilebilir, dolayısıyla olup bitenler daha çok fizik vurgusu ve kolaylık meselesidir. (Matematiksel olarak) hiçbir fark yokmuş gibi görünen bu farklılığa yapılan vurgu, farklı fiziksel fenomenolojilerin rol oynadığıdır. Alan açıklamaları, temel unsurların spinoral olduğu 'madde' için işe yarıyor gibi görünüyor. Manifold açıklamaları, temel elemanların vektörel (veya metrik gibi tensöryel) olduğu geometrodinamik (GR) için en iyi şekilde çalışıyor gibi görünmektedir. Madde alanları yeniden normalleştirilebilir, dolayısıyla standart QFT formülasyonunda kuantize edilebilir (Kitap 5'te [43] açıklanacaktır), oysa yerçekimsel manifoldlar yeniden normalleştirilemez ve kısıtlamalara sahiptir (zayıf enerji durumu ve pozitif enerji durumu, yüzeydeki spinör alanlarının varlığı göz önüne alındığında). manifoldu).

'Klasik' fizik üzerine 1-3. Kitaplardaki sunum [40,41,46], kısmen kuantum fiziğine geçişi basit, açık ve bazı durumlarda önemsiz kılmak için yapılmıştır. Davranışın fonksiyonel varyasyon (Eylem) formülasyonunu düşünün (ister nokta-parçacık ister alan olsun), bu, D'Alembert tarafından çok erken bir zamanda yapıldığı gibi [ 7] (daha sonra Laplace [6]) integral formda yakalanabilir . Seçim amacıyla (etkinin varyasyonel ekstremumunda) 'yüksek sönümlü' bir integrali etkilemek için büyük bir sabitin kullanıldığına dikkat edin. Kuantum teorisine geçiş için ayrıca 1/saat'ten büyük bir sabite sahibiz ve bu nedenle tek fark , seçim amaçları doğrultusunda 'yüksek derecede salınımlı' bir integrali etkilemek için ' i ' faktörünün eklenmesidir .

Kuantum teorisine geçişten sonra nokta-parçacık açıklamalarında atom çekirdekleri için klasik çökme problemi ortadan kaldırılmıştır. Spektral tahminler teoriyle mükemmel bir uyum içindedir ancak spektrumda hala tam olarak açıklanamayan ince yapı mevcuttur. Teori göreli değildir ve bunun için bazı başlangıç düzeltmeleri mümkündür (bir alan teorisine gitmeden) ve bunlar daha yakın bir anlaşmaya işaret eder ve ince yapı sabiti tutarsızlığının çoğunu açıklar (ve teoride başka bir yerde alfayı ortaya çıkarır). Bununla birlikte, Kitap 3 [41] ve Kitap 4'te [42] GR tekillik probleminin çözülmeden kaldığı gösterilmektedir (küresel toz kabuğunun çökmesi test durumu için, tam bir GR analizinde yapılmıştır ve daha sonra tam öz olarak nicelenmiştir). - ek kuantizasyon analizi [42]).

Kitap 5'te [43], kuantum teorisine geçiş, alan teorisi açıklamalarıyla devam etmektedir. Atom çekirdeğinin kesin bir tanımı/anlaşması artık QED ile ve çekirdeklerin kendi içinde (kuark hapsi) QCD ile mümkündür. Ancak alan teorileri, eninde sonunda yeniden normalleştirmeyle çözülen küçük bir dizi rahatsız edici sonsuzluklara sahiptir [43]. Bahsedildiği gibi, GR gibi manifold teorilerinin kuantizasyonu, yeniden normalleştirilememesi nedeniyle mümkün görünmemektedir. Vazgeçilmemek üzere, Kitap 6'da [44], eğer daha sonra bizi bölmeye dayalı termal topluluk teorisine götürmek için analitik sürekliliği kullanırsak, kuantizasyonu bu Hamiltoniyene dayalı bir enerji spektrumunu içerecek olan bir GR sisteminin Hamiltonian tanımını ele alıyoruz. Sonuçta ortaya çıkan fonksiyonu kullanarak, bu tür sistemlerin termal kuantum yerçekimini (TQG) dikkate alabiliriz.

Analitik kullandığımız takdirde tutarlı bir TQG teorisini gösteren bu son örnek (6. Kitaptan), farklı ortamlarda analitik devamlılıkları içeren uzun bir başarılı manevralar dizisinin parçasıdır. Belirtilen teorinin gerçek anlamda karmaşık bir yapısının varlığıdır. Bizi standart klasik fizik teorisinden standart yol integral kuantum teorisine getiren, yukarıda bahsedilen önemsiz karmaşık yapı uzantısı vardır . Ancak aynı zamanda zaman karmaşıklığı ile bileşen düzeyinde gerçek karmaşık yapıyı da görüyoruz (bölme fonksiyonunu tanımlayarak teorinin termal versiyonuna bağlanan) ve başarılı bir şekilde uygulanan boyutsal düzenleme prosedürü biçiminde boyut düzeyi olarak karmaşık bir yapıya sahibiz. Renormalizasyon programında kullanılır.

Seri, hem lisans hem de lisansüstü düzeyde (Caltech ve Oxford'da alınan dersler için) temel fizik konularının genişliğini kapsamanın yanı sıra, problemlerin ve çözümlerinin kapsamlı sunumu da dahil olmak üzere, belirli durumlarda fiziksel dünyanın sınırlarını da inceliyor. "içeriden" (ve daha sonra "dışarıdan"). Bu amaçla, bir tekillik oluşturmak için küresel tozun çökmesinin araştırılması, tamamen genel göreli formalizmde incelenir ve ardından kuantum minisüperuzay (kuantum yerçekimi) analizine aktarılır (Kitap 3 ve 4'te [41,42]). Ayrıca kara delik termodinamiği ve alternatif boşluklu kuantum alan teorisi konuları da derinlemesine incelenmektedir (Kitap 5 ve 6'nın bir kısmı [43,44]). Derinlemesine materyal, bir kısmı yayınlanmış olan [82-85] doktora tezimde [81] kapsanan konuları içermektedir.

Nöromanifoldlar [24] üzerinde istatistiksel öğrenmeyi içeren makine öğrenimi üzerine yapılan son çalışmalarda, bir nöromanifold üzerinde minimal bir öğrenme süreci/yolu arayarak istatistiksel mekanik (entropi) için temel bir unsur için olası yeni bir kaynak buluyoruz [24]. Dizi 6. Kitapta termodinamiğe ulaştığında, bu nedenle temel termodinamik unsurların tümü 1-5. Kitaplarda keşfedilen fiziksel tanımlardan oluşturulmuş, ancak bize temel yapıları veren kapsamlı bir analizde bir araya getirilmemiştir. Termodinamik ve istatistiksel mekanik. Bununla birlikte, termodinamiğin tamamen diğer temel teorilerden türetilmiş olduğu görülmektedir. Öyle değil, termodinamiği oluşturmak için parçaların birleştirilmesinde, parçaların toplamından daha büyük bir şeye sahibiz. 'Sistem' açıklamalarında, ortaya çıkan fenomenlerin var olduğunu görüyoruz. Bu, en azından termodinamiğe özgüdür, dolayısıyla "toplamın parçaların toplamından daha büyük olması" açısından temeldir.

Serinin 7. Kitabında (sonuncusu) modern fiziğin tanımladığı standart fiziksel dünyayı "dışarıdan" ele alıyoruz. Bunu yaparken, geometrik 'nöromanifold' tanımıyla entropinin gizeminin bir kısmını zaten ortadan kaldırmış olduk. Standart teorinin diğer tuhaflıklarını anlayabilir ve bunlara doğal bir şekilde ulaşabilirsek, modern fiziğe daha da derin bir dalış yapabilir, mümkün olanın sınırlarını test edebilir ve teorinin gelecekteki olası gelişmelerini ve birleşmelerini görebiliriz. Bu, makalelerde [70,87-90] açıklanan ve mevcut sonuçlarla birlikte serinin son Kitabında düzenlenen şeydir.

Serinin son kitabındaki çabalar, Serinin önceki altı kitabında tanımlanan seçimleri ve kavramları ve Caltech'teyken (lisans ve ardından mezun olarak) fizik ve matematiksel fizik alanındaki en ileri derslerden derlenen teorik manevraları içerir. ve Oxford Matematik Enstitüsü (mezun olarak) ve Milwaukee'deki Wisconsin Üniversitesi (mezun olarak).

Dizide ele alınan geniş konu yelpazesi, başlangıçta Landau & Lifshitz lisansüstü ders kitabı serisine benzer (bkz. [27]), 1. Kitabın başında klasik mekanik üzerine benzer bir açıklama yapılmıştır. Hatta köklü klasik mekanikle bile ancak (modern) kaos teorisi gibi önemli, modern güncellemeler de var. Serinin son iki kitabında (Kitap 6 ve 7 [44,45]) istatistiksel mekanik ve termodinamiğin yanı sıra kara delik termodinamiği, termal kuantum yerçekimi ve yayıcı teorisi gibi modern konulara ulaşıyoruz.

Fiziğin temel sabitleri ve yapıları, bunların deneysel verilerden keşfedilmesi ve "Büyük Plan"daki teorik yerleşimleri Seri boyunca vurgulanmaktadır. İnce yapı sabiti olarak da bilinen alfa sabiti çok sayıda ortamda ortaya çıktığı için her bölümde alfanın varlığına ilişkin özel bir not verilecektir. Kaos teorisinden ortaya çıkan temel sayısal sabitler nedeniyle, Kitap 1'in başlangıcında bile durum böyledir. Kitap 7'de, maksimum tedirginlik miktarı olarak alfanın kökeninin, maksimum bilgi 'yayılımına' yönelik bir formalizmde doğal olarak ortaya çıktığını görüyoruz. Peki ama hangi uzayda ve ne şekilde maksimum tedirginlik? Serinin 7. Kitabında [45] böyle bir bilgi varlığının ve onun varoluş uzayının kiral trigintaduonyonlar açısından olası bir temsilini göreceğiz.

Dolayısıyla sonuçta bu, yayılım teorisini doğuran ve alfa gizemine bir yanıt veren, "birçok yolun ve işin buluştuğu" özel bir yere yapılan yolculuğu anlatma çabasıdır. Bu yolculuğun bir kısmı , en beklenmedik yerlerde, yayıcı formalizmini destekleyen trigintaduonion yayılım matematiğinde (örneğin, Kitap 7'de anlatılan Smaug'un İni'nde [45]) ' arktaşını bulmaya' (alfa) eşdeğerdir . Neden bu kadar tuhaf bir yere (matematiksel açıdan konuşursak) gitmem gerektiği ve neden burada yayılma olarak adlandırılan hiper karmaşık trigintaduonionlar kullanarak kuantum yayılımının daha derin bir formunu öne sürmem gerektiği, standart konular hakkında bu kadar kapsamlı bir arka planın olmasının nedenidir. Bu kapsamlı arka plan, modern kaos teorisi materyali aracılığıyla (alfa ile olası bir ilişki nedeniyle $C_\infty$) klasik mekaniğin tanımını bile etkilemektedir. Ortaya çıkan fenomenlerin kritik rolü, geometrideki manifoldlar ve istatistiksel mekanikteki nöromanifoldlar dahil olmak üzere ancak sonunda anlaşılmaktadır ve çok temelden (başlangıç termodinamik) çok ileri seviyeye (ortaya çıkan fenomen) kadar uzanan bir 6. Kitap'a yol açmaktadır. Gerçekliğin nasıl hem fraktal hem de ortaya çıkan olduğu da dahil olmak üzere, yayma teorisiyle pek çok şey netleşiyor. Yolculuğun bu noktasında Tolkien'de olduğu gibi şunu söyleyebilirim: "Yol uzadıkça uzar gider... Peki sonra nereye? Ben söyleyemem".

Serinin yedi kitabı şöyle:
1. Kitap: Klasik Mekanik ve Kaos
2. Kitap. Klasik Alan Teorisi
3. Kitap. Klasik Manifold Teorisi
4. Kitap. Kuantum Mekaniği ve Yol İntegral Temeli
5. Kitap. Kuantum Alan Teorisi ve Standart Model
6. Kitap. Termal ve İstatistik Mekanik ve Kara Delik Termodinamiği
Kitap 7. Maksimum Bilgi Yayılımı ve Yayıcı Teorisi

## *1. Kitaba Genel Bakış*
1. Kitap, kaos teorisini de içeren ve daha sonraki teorik gelişmelerle olan bağları da içeren klasik mekaniğin modern bir açıklamasıdır. Sergi, çoğu çözülmüş, gerisi okuyucuya bırakılmış ilginç problemlerin sunumundan oluşuyor. Problemler Caltech, Oxford ve Wisconsin Üniversitesi'nde alınan klasik mekanik (CM) ve matematik derslerinden alınmıştır. Kurslar lisans seviyesinden ileri lisans seviyesine kadar değişmektedir. Kurslarda, tahmin edebileceğiniz gibi, zengin ve sofistike bir ders kitabı ve referans materyali seçkisi vardı ve bu referans metinleri de benzer şekilde burada çizilmiştir. Yazar tarafından sıralanan klasik mekanik metinleri şunları içerir: Landau ve Lifshitz [27]; Goldstein'ın [25]; Fetter ve Walecka [29]; Percival ve Richards [28]; Arnold (ODE) [32]; Arnold (CM) [37]; Orman evi [38]; ve Bender ve Orszag [39]. İlk Arnold referansının ve Bender ve Orszag referansının nasıl sıradan diferansiyel denklemlere (ODE'ler) odaklanan ders kitaplarını içerdiğine dikkat edin. Benzer şekilde, Landau ve Lifshitz tarafından yapılan mükemmel ve hızlı açıklamanın analizi , artan karmaşıklığa sahip ODE'lerden geçerek (örneğin, sürtünme kuvveti eklemek gibi daha karmaşık sarkaç hareketine karşılık gelir) materyal

boyunca kısmen ilerlediğini ortaya koymaktadır. ). ODE'lerin temel matematiği ile olan bu güçlü uyum, bu açıklamada da devam etmektedir; öyle ki, ODE'lerin uygulamalı matematik perspektifinden hızlı bir şekilde gözden geçirilmesi için bir ek sağlanmıştır.

Kuvvetli ve kuvvetsiz parçacık dinamikleri, 1. Kitabın ikinci yarısında tanımlanan kaosla birlikte kaotik hareketle ilgili açıklamalara varılarak anlatılmıştır [46]. Evrensel olarak kaotik davranışa geçen sistemlerin bunu dikkat çekici bir periyot ikiye katlama süreciyle yaptığı bulunmuştur ve bu hem matematiksel hem de bilgisayar sonuçlarıyla açıklanacaktır. Bu tür dinamik sistemlerin analizinde, periyodik fiziksel sistemlerin, örneğin klasik dinamik haritalamalar [91] gibi tekrarlanan "haritalamalar" yoluyla tanımlanabileceğini ve bu şekilde tanımlandığında kaosa geçişin matematiksel olarak çok daha açık hale getirildiğini bulacağız. (gösterileceği gibi). Bilinen Mandelbrot kümesi, böyle tekrarlanan bir haritalamayla oluşturulur; burada "kaosun sınırı", klasik Mandelbrot görüntüsünün fraktal sınırıyla tanımlanır.

Klasik Mandelbrot kümesinin özellikleri, fraktal sınırın 2 fraktal boyutuna sahip olması özelliği de dahil olmak üzere 1. Kitap ve 7. Kitapta tartışılan fizikle ilgili olacaktır (sınırın fraktal boyutu, eşit olmak için 1 ile 2 arasında olabilir) 2'ye kadar özeldir). Mandelbrot kümesiyle aynı zamanda evrensel Feigenbaum sabitleriyle ilişkili iyi çalışılmış sabitleri de kurtarıyoruz [19]. Mandelbrot kümesinde, maksimum antifazda (negatif) maksimum pertürbasyon için temel sabiti büyüklükle açıkça görebiliriz $C_\infty$; burada aynı sonuçlar bir temel formülasyon ailesi için de geçerlidir (örneğin çeşitli Lagrangian formülasyonları için).

Parçacık hareketi için 'eylem'in Lagrangian varyasyonel formülasyonundan, göreceli olmayan kuantum parçacık hareketi için bir kuantum tanımına ulaşmak amacıyla aynı Lagrangian'ı içeren yol integrali fonksiyonel varyasyonel formülasyonunu en sonunda tanımlayacağız (Kitap 4'te ayrıntılı olarak açıklanmıştır [42] ve 5. Kitapta göreli [43]). Kuantum tanımından, dinamiği tanımlamak için yayıcı formalizmine ulaşıyoruz (bu, klasik formülasyonda da mevcuttur, ancak genellikle bu bağlamda pek kullanılmaz). Daha sonra karmaşık yayıcıların istatistiksel mekanik ve termodinamik özelliklerle bağları olduğu bulunacaktır (Kitap 6 [44]). İstatistiksel mekanikle olan bağlar, "kaosun eşiğinde" ancak yörünge hareketi hala sınırlıyken daha da vurgulanıyor. Bu, ergodik bir rejimle, dolayısıyla bir denge ve martingale rejimiyle ilişkilendirilebilir; bunun varlığı daha sonra 6. Kitabın [44] istatistiksel mekanik ve termodinamik türetmelerinde, başlangıçta kurulan dengelerin varlığıyla birlikte kullanılabilir. Bilinen entropi ölçümlerinin varlığı nöromanifold tanımında (Kitap 3 [41]) zaten belirtilmiştir, dolayısıyla dengelerle birlikte Kitap 6 termodinamik tanımı, fiat tarafından iddia edilmeyen köklü bir temelle başlayabilir, daha ziyade Serinin önceki kitaplarında anlatılan teori/deneyde zaten belirlenmiş olanın doğrudan bir sonucu olduğu iddia edildi.

## 2. ve 3. Kitaplara Genel Bakış

Nokta parçacıkları teorisinden alan teorisine geçerken, temel fizik kitaplarında genel anlamda alanlar hakkında pek fazla tartışma yoktur; genellikle doğrudan ana ilgi alanı olan Elektromanyetizmaya (EM) atlanır. Gelişmişse, [125]'te olduğu gibi Genel Göreliliği (GR) de kapsayabilir. Aşağıda bu konuları ele alacağız, ancak aynı zamanda 1, 2 ve 3B'deki (akışkanlar dinamiği dahil) daha temel alanların yanı sıra 4B Lorentzian Alanı formülasyonlarını (Özel Görelilik için), Gösterge Alanı formülasyonunu (dolayısıyla) ele alacağız. Yang Mills klasik bağlamda ele alınmıştır) ve GR geometrik ve ayar formülasyonları. Bu, standart kuvvetlerin temelini oluşturur ve nicemleme sonrasında (Serideki 4. ve 5. Kitaplar), standart yeniden normalleştirilebilir kuvvetlerin (kütleçekim hariç tümü) temelini oluşturur.

Yerçekimi kuplaj sabiti 'G' boyutlu bir kuplajdır (EM'deki alfa ile aynı değildir) ve manifold yapısına sahip yerçekimi, yeniden normalleştirilemez olmasına rağmen bir ayar alanı yapısı olarak tanımlanabilir. Yerçekimi ve ilişkili geometri/manifoldlar, Kitap 6'da tartışılacağı gibi, kendi ortaya çıkan yapısıyla ilişkili gibi görünmektedir. Yerel Lorentz geometrisi ve Lorentz alan açıklamalarından, karmaşıklaştırmada sistem bilgisinin olduğu birçok örneğin ilkini de görüyoruz. bazı parametrelerin, burada zaman bileşeni. Lorentzian karmaşık zamana kaydırılırsa, bu onu resmi olarak iyi tanımlanmış yakınsama özelliklerine sahip (istatistiksel mekanikte olduğu gibi) bir Öklid alanı haline getirir. Karmaşık zaman ayrıca klasik hareket ile ilişkili Brown hareketi (rastgele yürüyüşün pi'yi ortaya çıkardığı) arasındaki derin bağlantıları da gösterir. Bu nedenle, ortaya çıkan bir manifoldun, aynı zamanda ortaya çıkan bir 'termal' manifold, muhtemelen Kitap 3'te açıklanan nöromanifold ve Kitap 6'da incelenen ilgili bölümleme fonksiyonları gibi karmaşık bir yapıya sahip olabilmesi şaşırtıcı olmamalıdır. Tıpkı yerel olarak düz uzay gibi- Zaman GR'de doğal bir yapıdır, aynı şekilde bir nöromanifold üzerindeki optimizasyon "öğrenme" adımları da öyledir, öyle ki göreceli entropi tercih edilen bir ölçü olarak seçilir ve bundan Shannon entropisi ve Boltzmann'ın istatistiksel entropisi seçilir. Dolayısıyla, 3. Kitapta yer alan manifold yapısının, 6. Kitapta açıklanan termodinamik ve istatistiksel mekanik teorinin temelleri üzerinde geniş kapsamlı bir etkisi vardır.

Ancak GR'nin manifold/geometri karmaşıklıklarına gelmeden önce, teorinin EM alanı kısmıyla ilgili olarak zaten çok şey belirledik: ( i ) 'serbest' EM'den madde olmadan ışık hızını elde ederiz c, Lorentz değişmezliği, ve bu özel görelilikten ve yerel olarak düz uzay-zamandan; (ii) EM'den madde ile boyutsuz bağlanma sabiti alfayı elde ederiz.

Maddeyi, kuvvet alanlarını ve radyasyonu tanımlamak için alan teorilerini gözden geçirirken ilk olarak akışkanlar mekaniği, EM ve Genel Göreliliğin klasik alan teorilerini (CFT'ler) birçok örnekle birlikte tanımlıyoruz. Bu daha sonra Kitap 5'teki kuantum alan teorisi (QFT) açıklamasına aktarılmıştır. CFT ve QFT'de kullanılan temel matematiksel yapıların bir incelemesi Ek'te verilmiştir. Matematiksel fizik yaklaşımının karmaşıklığı arttıkça bile, çözümleri hala varyasyonel ekstremumlar yoluyla elde ediyoruz. Böylece sistemin evrimini varyasyonel optimumdan belirlemek artık çabanın odak noktası haline geliyor. Sistemin bir zamandan daha sonraki bir zamana 'yayılması' bir yayıcı tarafından tanımlanabilir. Gösterilen klasik mekanikte (CM) ve klasik alan teorisinde (CF) bir 'yayıcı' formülasyonu matematiksel olarak mümkün olmasına rağmen, eldeki deneysel uygulama için daha basit temsiller lehine bu genellikle yapılmaz. Ancak kuantum alanındaki açıklamalara geçtikçe yayıcı formalizminin kullanımı tipik hale gelir ve yol integrali formülasyonlarında kullanıldığında hem evrimi hem de durağan faz çözümünü aynı anda açıklayan kompakt bir formülasyona ulaşırız.

2. Kitapta sabit geometride klasik alan teorisine odaklanılmaktadır, ana fiziksel örnek EM'dir. Bu ortamda alfa, örneğin bir elektron-pozitron çiftinin tanımında görünür: $F = e^2/(4\pi\varepsilon a^2)$ elektron-pozitron mesafesi 'a' için, burada alfa, bağlanma sabiti olarak görünür. Daha sonra, hem modern hem de ilk Bohr modelinde kuantum mekaniğinde (QM) alfa = $[e^2/(4\pi\varepsilon)]/(c\hbar)$. Bu durumlarda alfanın ortaya çıkışı bağlı sistemlerde meydana gelmektedir. Öte yandan, Lorentz Kuvveti $F = q(E \times v)$ gibi sınırsız EM etkileşimlerini incelersek , burada ne alfa parametresi ortaya çıkar, ne de Compton saçılması gibi bu tür sistemlerin erken kuantum mekanik analizinde ortaya çıkar. Bu nedenle, alfanın erken bir rolünü görüyoruz, ancak yalnızca bağlı sistemlerde, dolayısıyla yalnızca sistem

değişkenlerinde (yakınsak) tedirgin edici genişlemelerin olduğu sistemlerde.

3. Kitapta, *dinamik* geometrili klasik alan teorisi, yani GR'de alfayı hiç görmüyoruz. Bunun yerine manifold yapılarını ve diferansiyel geometrinin matematiğini (ve bir dereceye kadar diferansiyel topoloji ve cebirsel topoloji) görüyoruz. Manifold yapıları tamamen 3. Kitapta ve Ek'te verilen matematik arka planında özetlenmiştir. Nöromanifoldlar alanındaki bir uygulama (bkz. [24]), bu ortamda jeodezik yolun eşdeğerinin, minimum bağıl entropi adımlarını içeren evrim olduğunu göstermektedir. Yerel olarak düz bir uzay-zaman tanımına benzer şekilde, artık minimum bağıl entropiye göre artan/gelişen 'entropi'nin bir tanımına sahibiz.

Genel görelilik (GR), diğer kuvvet alanlarından farklıdır. Diğer tüm kuvvet alanları, U(1) xSU (2) ʟ xSU (3) stabilite alt grubuna göre standart modelin birleşik temsilinin bir parçasıdır . Formu, Kitap 7'de açıklanan kiral T tek taraflı ürünlerden türetilebilir. Standart model, bu süreçte benzersiz bir şekilde ve GR'den bahsedilmeden elde edilir. Bununla birlikte, ek gösterimin bir miktar uzayda işlem yaptığını unutmayın ( örneğin, basit oktonyon sağ çarpımları durumunda hiperspinorial ). Yerçekiminden kaynaklanan 'kuvvet', manifold yapısının muhtemelen operasyon alanında ortaya çıktığı manifold eğriliğinden kaynaklanmaktadır. Dolayısıyla, GR kuvvetinin kökeni tamamen farklıdır ve diğer kuvvetler gibi kuantizasyona izin vermeyecektir ve onun tekil çözümleri, Kitap 4 ve 5'teki EM'de olduğu gibi yalnızca kuantum fiziği yoluyla çözülemez, fakat aynı zamanda termal fiziğe de ihtiyaç duyacaktır (çünkü) Kitap 6'da anlatılacaktır).

Özel simetrik durumlar (klasik Kara delik çözümleri) dışında tekil GR çözümlerinin varlığı, Penrose tekillik teoremine [93] (bununla 2020'de Nobel Fizik ödülü verilmiştir) kadar kesin olarak belirlenmemişti. Bu materyalin bir kısmı, Hawking ve Ellis klasiğine [94] atıfta bulunan ve Penrose diyagramlarını kullanan örneklerle, tekillikleri tanımlamak için matematiksel formalizmin diferansiyel topoloji yöntemlerine nasıl geçtiğini göstermek üzere 3. Kitapta ele alınmıştır. Bu da, radyasyon ve madde ağırlıklı fazlar içeren klasik FRW kozmolojilerini tanımlarken kullanışlı olacaktır (Peebles'ın notlarını kullanarak [ 95], Peebles 2019'da Fizik alanında Nobel ödülünü kazandı).

GR gelişimi, kozmolojik modellere, özellikle de klasik FRW kozmolojilerine kısaca değinmeseydi, ihmalkar olurdu. Geliştirilen GR araçları ile kozmolojik sabitin formalizme (Karanlık enerji adayı) girmesinden başlayarak kozmolojik sonuçlar incelenmektedir. Galaksi rotasyonlarına ilişkin çeşitli gözlemsel veriler ve galaksi kümesi oluşumuna ilişkin evren simülasyonları, Karanlık maddenin varlığına işaret etmektedir. O halde bu, yerçekimi dışında etkileşime girmeyen yeni bir maddeye sahip olduğumuz anlamına gelir ve bu aslında teori ve deney arasındaki tutarsızlığın 4,2 standart sapmaya çıktığı müon g-2 değerine [96] ilişkin en son gözlemsel verilerle tutarlıdır. Standart Model'de bir genişletmenin çalışmalarda olduğu görülüyor. Emanator teorisinin (7. Kitap [45]) böyle bir genişlemeyi öngörmesi nedeniyle bu uygundur.

Böylece EM, GR ve Yang-Mills Ölçme Alanları (Güçlü ve zayıf) için alan denklemlerine ulaşabiliriz. Dalga ve girdap olaylarını (akışkanlar dinamiğinde ima edildiği gibi) elde edebiliriz. Atomik madde için klasik kararsızlığı (klasik EM kararsızlığı) ve klasik yerçekimsel kararsızlığı (tekillikli kara delik oluşumuna yol açan) gösteriyoruz. Lagrangian formülasyonlarından bir QFT formülasyonuna ulaşabiliriz (Kitap 5). QFT formülasyonu, ışınımsal çöküş kararsızlığının tamamen göreli atomik tanımının iyileştirilmesiyle "göreli olmayan atomik kararsızlığın" QM (Kitap 4) tedavisini tamamlar. QFT'nin tanıtılması aynı zamanda yeni kararsızlıklara veya sonsuzluklara da yol açar, ancak bunlar EM ve elektrozayıf formülasyonlar ve Yang-Mills güçlü formülasyonu için yeniden normalleştirme ile ortadan kaldırılabilir, ancak GR (gösterge) formülasyonu için bu geçerli değildir. Modern fizikteki mevcut teorik formülasyonun göze çarpan bir boşluğu var, bu nedenle: kuantum kütleçekim teorisi. Bununla birlikte, eğer geometri/GR, istatistiksel mekanik alanı gibi türev bir olgu ise ve termodinamik, karmaşık kuantum yayıcı gerçek bir (kuantum) bölme fonksiyonuna yol açtığında türev bir olgu olarak ortaya çıkmışsa, belki de bu eksik bir unsur değildir. Daha derin bir emanatör teorisinin ipucu, ortaya çıkan geometri ve termodinamik yapılarına, yayılma sürecinde ulaşıldığını ve yayılan bilginin yeniden normalleştirilebilir kuantum madde alanlarına ait olduğunu öne sürüyor. Kitap 7'de [45] maksimum bilgi yayılımını tanımlamak için kesin bir matematiksel anlam bulunacaktır.

## 4. Kitaba Genel Bakış
1834'e gelindiğinde Hamilton Prensibi ile şimdi klasik mekanik olarak adlandırılan şey için güçlü bir temel oluştu. 1905'e gelindiğinde, Einstein'ın fotoelektrik etki hakkındaki yayınıyla [97], klasik mekaniğin

kurallarının yerini kuantum mekaniğinin yeni kuralları almaya başladı. Ancak kuantum mekaniğinin ilk ortaya çıkışı, hidrojen için tuhaf spektral çizgilerin ortaya çıkmasıyla başlayan, ışığın kuantizasyonuna ilişkin çeşitli gözlemlerle başladı. Hidrojen spektrumu, Balmer'in 1885'te kısa ve öz bir ampirik formüle tam olarak uymasıyla daha da tuhaf hale getirildi [98]. Bu inanılmaz bir keşif döneminin başlangıcıdır. Başlangıçtan ileri seviyeye kadar QM'deki gelişmeler kabaca bu tarihi takip eder.

Kuantum mekaniğinin keşfinin ilk aşaması, Heisenberg'in matris mekaniğinin başarılı uygulamasını ve bunun sonucunda ortaya çıkan belirsizlik ilkesini keşfetmesiyle (1925) [16] modern kuantum mekaniği formalizmine geçti. 1926'da Schrödinger, Heisenberg mekaniğinde diyagonal bir Hamilton matrisi bulma probleminin, dalga denklemine dalga fonksiyonu çözümleri bulmaya eşdeğer olduğunu gösterdi [17]. Dalga fonksiyonunun yorumu daha sonra 1927'de Born [107] tarafından açıklandı. Dirac, fermiyonik madde için dalga fonksiyonu ve dalga denklemi için açıkça göreli bir formalizm geliştirdi (1928) [108]. Kuantum mekaniğinin aksiyomatik bir yeniden formülasyonu daha sonra Dirac (1930) [18] tarafından verildi ve modern kuantum gösteriminin çoğunun ve kendi kendine eşleniklik gibi kritik konuların temelini attı . Dirac daha sonra 1933'te "Kuantum Mekaniğinde Lagrangian" adlı makalesinde, eylemi içeren bilinen faz faktörüne sahip kuantum yayıcıyla birlikte bir kuantum yayılım yolunun formülasyonunu tanımladı [109]. Özünde Dirac, yol integral formalizminin (1942 ve 1948) icadıyla Feynman'ın tüm yollara genelleştireceği tek bir yol elde etmişti [110,111]. Yol integralleri ve Schrödinger formalizmi açısından kuantum mekaniksel formülasyonun eşdeğerliği 1948'de Feynman tarafından gösterilmiştir [111].

Bir yol integrali tanımında, kuantum karışım durumu, yarı klasik fizik ve klasik yörüngelerin tümü, sabit fazın hakim olduğu bileşen tarafından verilir. Tek bir yolun hakim olduğu sabit faz çözümü klasik bir sistem için tipiktir. Bu nedenle, varyasyonel yöntemler, ister Lagrangian ve Hamiltonian analizi biçiminde, ister çeşitli eşdeğer integral formülasyonlarında olsun, fiziksel sistemlerin analizi için temeldir.

Feynman'ın yol integral formalizmine ilişkin keşfi yalnızca Dirac'ın (1933) [109] önceki çalışmasına dayanmıyordu, ancak bu makalenin doktora tezine (1946) eklenmesiyle bunun önemi açıkça vurgulanmıştı. Feynman ayrıca , sabit faz bileşenleri için kendi kendini seçen yüksek derecede salınımlı integral yapılara dayanan seçim süreci için Laplace'a

[6] kadar geriye giden çalışmalardan da yararlandı . Matematiğin bu dalı, sonunda Laplace'ın en dik inişler yöntemiyle, ardından Stokes ve Lord Kelvin'in çalışmasıyla, ardından da Erdelyi'nin (1953) [112-114] çalışmasıyla ilişkilendirildi.

Feynman ve diğerleri daha sonra 1946-1949 yılları arasında elektromanyetizma için kuantum alan teorisini (QED) icat ettiler (bu konuya daha sonra değineceğiz). Elektrozayıf genişleme 1959'da, QCD'ye 1973'te ve "Standart Model"e 1973-1975'te yayıldı. Böylece, kuantum fiziğindeki yol integrali devriminin etkisi 1970'lere kadar hissedildi, ancak bu yalnızca başlangıçtı. Başlangıçta yol integralleri, Wiener İntegralinin tanıtılmasıyla Norbert Wiener tarafından difüzyon ve Brown hareketindeki istatistiksel mekanik problemlerinin çözümü için incelendi. 1970'lerde bu, ikinci dereceden faz geçişine yakın dalgalanan bir alanın kuantum alan teorisi (QFT) ile istatistiksel alan teorisini (SFT) birleştiren ve renormalizasyon grup yöntemlerinin kullanıldığı, şimdi "büyük sentez" olarak bilinen şeye yol açtı. QFT'deki önemli ilerlemelerin SFT'ye taşınmasını sağladı.

Büyük sentez, bir sabitin veya bir parametrenin analitik devamını, termodinamik ve istatistiksel mekanik alanlarında tanıdık fiziğe yol açan ve daha derin bir bağlantı gösteren (hala tam olarak anlaşılamamıştır, bkz. Kitap 7) gelecek birçok örnekten biridir. Örneğin Schrödinger denklemi, sanal bir difüzyon sabitine sahip bir difüzyon denklemi olarak görülebilir. Benzer şekilde yol integrali, tüm olası rastgele yürüyüşleri özetlemeye yönelik yöntemin analitik bir devamı olarak görülebilir.

4. Kitap'ta ayrıca hidrojen atomuna en yakın kütleçekimsel eşdeğeri (toz kabuğunun çökmesi) dikkatle inceliyoruz. Sonuç, sınır koşulları nedeniyle eksik bir formülasyondur; zaman seçimini nereden alacağınıza, o zaman seçimini girmeniz gerekir. Çökmeyi önlemek için belirli bir zaman seçimi belirtilmemiştir. Ancak sonuçlar, analitikliğin kullanıldığı "tam" bir termal kuantum yerçekimi tanımında kararlılık ve tutarlılık gösterebilir. Başkaları değil, bu şekildeki başarı, analitiklik ve termalliğin olası temel rolünü ortaya koyar (Kitap 6 ve 7) ve ayrıca termal kuantum yerçekimi TQG'nin 'var olabileceğini' veya iyi formüle edilebileceğini, buna karşın kuantum yerçekimi QG'nin genellikle 'var olmayabileceğini' öne sürer. '. 6. Kitapta gösterilen bu sonuçlar, Yayıcı teorisine ilişkin 7. Kitaptaki tartışmaya giriş sağlar; burada 1-6. Kitaplardaki yayıcı teorisine bağlanan temel kavramlar yeni bir teorik sentezde bir araya getirilir.

## 5. Kitaba Genel Bakış

Kitap 5'te, alan teorisi seçimini Lie cebiri seçimiyle açıkça ilişkilendiren ve daha sonra grup teorisi seçimiyle (U(1) ve SU gibi) ilişkilendirilebilen ayar alanı gösteriminde QFT'leri gösteriyoruz. (3)). Buradan, klasik olmayan cebirsel yapıların QM ve QFT'de her yerde bulunduğunu görebiliriz, bu nedenle Grup Teorisi ve Lie Cebirlerinin bir incelemesinin yanı sıra Grassman Cebirleri ve QM ve QM'de ihtiyaç duyulan diğer özel cebirlerin bir incelemesi Ek'te verilmiştir. QFT. Benzer şekilde, yaklaşım seçimiyle ilgili olarak, Schrödinger ve Heisenberg formülasyonlarının genellikle sınırlı sistemler için çözüm elde etmenin tek izlenebilir yolunu sağladığını görüyoruz. Bununla birlikte, kritik teorik değerlendirmelerde, yol integrali yaklaşımı en iyisidir (gösterileceği gibi). Daha derin bir teori arayışında, daha birleşik yol integrali (PI) yaklaşımı, daha derin bir teoriye ilişkin önemli ipuçları sağlar (bkz. Kitap 7).

Kitap 5'te, pertürbasyon parametresi rolündeki alfa değeri için en yüksek kesinlik sonucunu elde ediyoruz. Elektron manyetik moment parametresi g-2'nin bir hesaplaması yapılırsa, tüm Feynman diyagramları 5. dereceye kadar açılımlara uygun olarak ' 14 basamağa kadar bir alfa tespiti elde ederiz, burada 1/alfa=137.05999….. . Bu bize bilinen en hassas alfa ölçümlerinden birini verir. Benzer bir analiz müon g-2 için yapıldığında, çok daha büyük müon kütlesi göz önüne alındığında, diğer parçacıkların parçacık üretim çiftleri ölçülebilir bir etkiye sahip olur ve mevcut standart modelin daha düşük kütlelerini inceleyebiliriz. Bunu yaparken, ön deneylerde daha fazla parçacığa işaret eden bir tutarsızlık vardır; örneğin Standart Modelin genişletilmesi gerekecektir (muhtemelen bir tür 'steril' nötrino ile). Bu eksik parçacıklar kayıp "Karanlık Madde" olabilir. Yayıcı Teorisi'nde bunun tahmini ve sol ve sağ nötrinolar arasında neden bir dengesizlik olması gerektiği (ipucu: maksimum bilgi iletimi) Kitap 7'de anlatılmaktadır.

Kuantum alan teorisinin tanımının bir kısmı, uzaya (veya boyuta) yönelik karmaşık bir uzantıda fiziğin daha fazlasını kapsüllemek için analitikliğin ve diğer karmaşık yapıların kullanımını gerektirir. Bu genellikle, Feynman yayıcısında olduğu gibi, belirtilen karmaşık kontur seçimiyle karmaşık entegrasyon açısından formülasyonlara yol açar. Örneğin ana yeniden normalleştirme yöntemlerinden biri, karmaşık bir parametre olarak boyutsallıktan boyutsallığa kadar analitik olarak devam eden ifadeleri gerektiren boyutsal düzenlemeyi kullanmaktır. Ayrıca yukarıda bahsedilen, gerçek zamanlı karmaşık ve "Fitil döndürme" ifadelerinden, saf karmaşık zamanlı ifadelere geçiş de vardır. Bunu yaparken, iyi tanımlanmış toplamayla sistem için istatistiksel mekanik bölümleme fonksiyonu elde edilir. Böylece 'termallik' ile karmaşık yapı arasında en azından zaman boyutunda bir bağlantı olduğuna işaret edilmektedir.

5. Kitabın ikinci kısmı, Kara Delik termodinamiğinin erken bir analizine vardığımız kavisli uzay-zaman (CST) üzerindeki QFT'yi anlatıyor. Burada uzay-zaman eğriliğinin termalliğe ve parçacık üretim etkilerine yol açtığını görüyoruz. Ufuktaki nedensel sınır nedeniyle Hawking radyasyonunda [118] Kara Delik termalliği ortaya çıktı. Böyle bir termallik, hızlandırılmış bir gözlemcinin durumunda olduğu gibi nedensel sınırların uyarılması durumunda düz uzay-zamanda (Kitap 5) bile görülebilir [143].

CST'de QFT'nin 6. Kitapta takip edilecek istatistiksel mekanik formalizmi açısından kritik olan bir yeteneği daha vardır ve bu da spin-istatistik ilişkisidir. Bu ilişki genellikle entropi ve entropi ile durum yoğunluğu arasındaki ilişki gibi diğer kritik kavramlarla birlikte varsayılır. Bunların hepsi, bu Fizik Dizisinde seçilen sunum yolu ile, Kitap 1-5'te (6. Kitap'a hazırlanmak için) halihazırda oluşturulmuş formalizmin temeli veya türevi olarak gösterilmiştir.

Zaman seçimi, alan geometrisi veya gözlemci hareketi (sabit hızlanma veya genişleme gibi) seçimiyle ilişkili olan vakum seçimiyle ilgilidir. Sınırlı düz uzay-zaman QFT'niz varsa, o zaman termodinamik etkilere sahip olursunuz (örneğin, Rindler gözlemcisi). Bu ortamda , alanın Bogoliubov dönüşümlerine karşı Öklidleştirme 'hilesi'ni kullanarak Hawking Radyasyonunun Hawking türetmesini Minkowski geometrisinden Rindler geometrisiyle (eğer asimptotik vakum referansı olarak seçilmişse) karşılaştırabiliriz . CST'de QFT ile aynı zamanda bahsedildiği gibi spin istatistiklerine ulaşıyoruz ve Grassman cebirleri yoluyla teorinin son uzantısını elde ederek kuantum madde üzerinde termodinamik olarak tutarlı Bose ve Fermi istatistiksel açıklamalarına ulaşıyoruz.

### 6. Kitaba Genel Bakış
Termodinamik, fenomenolojik argümanların ve gizemli termodinamik potansiyellerin (entropi) pişmanlık duymadan kullanıldığı fizik disiplinlerinin (ateş) en eskisidir. Açıkçası, termodinamik, istatistiksel mekanik yoluyla daha nicelikselleştirilmiş biçimi de dahil olmak üzere bugün hala yaygındır. Bu nasıl CM ve hatta QM tarafından belirtilen evrenin mekanik tanımındaki bir başarısızlık değildir? Olasılık gibi

QM'de ortaya çıkan kavramlar artık yeniden ortaya çıkıyor. Diğer yeni kavramlar da ortaya çıkıyor: yaklaşık istatistiksel yasalar; Devlet Denklemleri; bir enerji biçimi olarak ısı; bir durum değişkeni olarak entropi; dengelerin varlığı; topluluklar/dağıtımlar; ve bölüm fonksiyonunun varlığı. Bu kavramların çoğu, daha önce bahsedilen analitik yöntemler/uzantılarla birlikte yol integrali açıklamalarında görünmektedir, dolayısıyla mevcut kuantum teorisinden termodinamik/İstatistiksel mekanik temellerinin çoğuna ulaşan daha derin bir teorinin ipuçları vardır.

6. Kitap, termodinamiğe geçmeden önce bile içsel bir sistem fonksiyonu olarak tanımlanabilecek entropinin temel olarak tanımlanmasını beklemek için diğer bölümlerin arkasına yerleştirildi. Ayrıca, bu senaryoyu doğrudan ele almadan (QFT'nin etkin bir şekilde zaten çok parçacıklı olması nedeniyle, çok parçacıklı sistem fonksiyonlarının analitik olarak belirlenmesi nedeniyle), QFT aracılığıyla (özellikle parçacık oluşumunun neredeyse kaçınılmaz olduğu CST'de) birçok parçacık sistemiyle ilgili deneyimimiz var. entropi gibi). Entropinin başlangıçta önemli bir sistem değişkeni olarak sunulmasıyla, termodinamik potansiyellerin türetilmesi, gösterileceği gibi basit bir işlemdir. Termodinamiğe standart SM bağlantıları daha sonra verilebilir. Bu nedenle, Termodinamik ve İstatistiksel Mekaniği ele alırken, entropi (aynı zamanda ağırlıklandırmasız yollardaki toplama eşdeğer eşbölümleme vb. ile birlikte) gibi çoğunlukla oluşturulmuş teorinin temelleri ile hiçbir varsayım olmadan başlıyoruz. Her şey doğrudan Serinin önceki kitaplarında özetlenen teorik keşiflerden kaynaklanmaktadır. Alfa ile yeni bağlantılar görmüyoruz, ancak yeni yapılar/etkiler görüyoruz, özellikle çok çeşitli yapılar (Alfa için de bir rol görmediğimiz GR'de olduğu gibi).

Bir parçacık topluluğu bölümleme fonksiyonuna yol açan QM Karmaşıklaştırılmış ile QFT karmaşıklaştırılmış ve alan topluluğu bölümleme işlevi arasındaki yakın bağlar, artık sadece ileri sürülen temel karmaşıklığın bir türevsel yönüdür. Bu kompleksleşme, 7. Kitapta, karmaşık bir pertürbasyon uzayında yayılma ile ortaya konacaktır.

Atom Fiziğinden, elektron kabuğunun tamamlanmasına (periyodik tabloda kodlanan) ilişkin standart kuralları da elde ediyoruz. Benzer şekilde moleküller arası kuantum kimyası kurallarının kökenlerini de anlayabiliriz. İstatistiksel mekaniğin (SM) en uç noktasına götürüldüğünde, (Büyük Sayılar Yasası (LLN) ve ters Martingale yakınsamasından kaynaklanan termodinamik dengeye sahibiz. Kimyasal proseslere uygulamanın tamamlanmasıyla birlikte, denge ve dengenin yanı sıra net faz geçiş etkilerine de sahip oluruz) Dengeye yakın etkiler Maddenin evreleriyle ilgili bilinen kimya sonuçları.

Kimyasal denge ve dengeye yakın, $10^{23}$ zayıf etkileşime giren veya hiç etkileşime girmeyen elementlerle ilgili iki genellememiz var. Birincisi kimyasal dengeye yakın durumu ele alıp bu düzeyde ortaya çıkan bir süreci doğrudan elde etmektir, bize biyolojiyi/hayatı en ilkel düzeyde veren daldır. İkincisi, elementler güçlü bir şekilde etkileşime girdiğinde (mesela elementlerle) dengeyi ve dengeye yakın durumu genel olarak ele almaktır $10^{10}$; bu, biyolojiyi/hayatı en ileri sosyal düzeyde ve ekonomide tanımlayan daldır. Klasik atış gürültüsünde, düşük akım akışının tanecikli yapısı (elektron yükünün ayrıklığı nedeniyle) bir gürültü etkisine yol açar. Dolayısıyla, daha az öğe içeren durumları ele aldığımızda, ayrıntı düzeyi gürültü etkilerinden dolayı daha az değil, daha fazla komplikasyon ortaya çıkar ve seyrek verilerle makine öğrenimi alanına gireriz. Gürültü etkileri, karmaşık sistemlerde, özellikle de seçilen şeyin bir parçası olduğu biyolojide (örneğin, arka plan gürültüsünün engellenmesi için işitmede) önemli olabilir.

6. Kitabın ikinci kısmı, TQFT ve TQG'yi genişletme çabalarında termodinamiğin rolünü araştırıyor. Bu, Kara Delik ayarlarını keşfederek yapılır. Karmaşık yapının sistem değişkenleri üzerindeki rolünün tanınması, bu süreçte belirgin hale gelir (daha önce açıklandığı gibi önemsiz olmayan cebirlere genellemenin yanı sıra).

Kitap 6, Kısım 2'de, bazı kara delik geometrilerinin Hamilton termodinamiğini dengeleyici sınır koşullarıyla inceliyoruz. Doğrudan bir termal kuantum yerçekimi (TQG) çözümünü keşfetmeye yönelik bu girişimde, GR problemi için bir yol integral formu varsayıyoruz ve doğrudan bir bölme fonksiyonuna geçiyoruz (yukarıda bahsedilen 'Fitil rotasyonu' ile). Pozitif ısı kapasitesinin kararlılık gösterdiği TQG'nin mümkün olduğunu görüyoruz. Nihai birleştirici bir teoriye ilişkin bir başka cesaret verici sonuç, BH termodinamiği ve BH ufuk etkilerinin BH tüylenme çözümüyle açıklanması yoluyla Sicim teorisinden gelir ( holografik hipotez ve ilgili AdS -CFT ilişkisinin kullanılması yoluyla [120,121]).

Kitap 6, bölüm 2'de ayrıca, stabilite için gerekli olan belirli parametre ayarlarıyla (pozitif ısı kapasitesi) bazı denge formülasyonları için termodinamik bir teoriye yol açan kompleksleşme üzerine yayıcıdan bölüm fonksiyonu dönüşümüne olan dönüşümü inceliyoruz. Bu, çeşitli ortamlarda yapılabilir; bu, termodinamik olarak tutarlı sınır koşullarının, belirli iç geometriler için ortaya çıkan bu stabilizasyonun etkisiyle klasik hareketi ve BH tekillik formülasyonunu kısıtlayan şeyin nasıl olabileceğini düşündürür. Kitap 6'da gösterilen RNadS ve Lovelock uzay zamanları gibi , analitik olmayan yaklaşımlar yerine analitiklik kullanılarak yeniden formüle edilen başarılı TQG (Termal Kuantum Yerçekimi) formülasyonları, analitikliğin olası temel rolünü bir kez daha ortaya koyar ve aynı zamanda TQG'nin ' QG genellikle 'var' olmayabilirken, var' veya iyi formüle edilebilir. Bu sonuçlar, 1-6. Kitaplardaki yayıcı teorisine bağlanan temel kavramlarla birlikte, 7. Kitapta yeni bir teorik sentezde bir araya getirilmiştir.


### 7. Kitaba Genel Bakış

Serinin 4,5 ve 6. Kitaplarında sanal zamanlı QM, CST'de QFT, Termal QFT, minisüperuzay QG ve Termal QG örneklerini inceledik. Bu çabada, en genel gösterimi sağlamak için yol integralini ve PI yayıcısını bulduk. Kitap 7'de daha derin bir teori ararken, yayıcı formülasyonlu yayılımlar toplamına ulaşmak için yayıcı formüllü yolların toplamı üzerine inşa ediyoruz.

Standart bir QM veya QFT formülasyonunda karmaşık bir Hilbert uzayında yayılma, yayılım fonksiyonunun karmaşık bir sayı olmasını gerektirir (gerçek veya kuaterniyonik değil, vb., [122]). Bu, aksi takdirde hiperkarmaşık cebirler için bariz bir genelleme olacak şeyi yasaklar. Bu genellemeyi başarmak için, teoriye yeni bir katman eklemek zorundayız; hiperkarmaşık cebirleri (trigintaduonionlar) içeren evrensel yayılmaya sahip olan ve tanıdık karmaşık Hilbert uzay yayılımını ilişkili sabit öğelerle (örneğin, yayma formalizmi) yansıttığı varsayılan bir katman. gözlemlenen sabitleri ve standart modelin grup yapısını yansıtır). 'Projeksiyon', oktonyonların ürünleri üzerinde SU(3) olması gibi indüklenmiş bir matematiksel yapıdır, ancak burada , yayıcı trigintaduonyonların ürünleri üzerinde standart model U(1) xSU (2) xSU (3) oluyoruz . Böylece, Kitap 7'de, diğer şeylerin yanı sıra, maksimum bilgi yayılımı koşuluyla benzersiz bir şekilde belirlenen doğal bir yapısal öğe olarak alfaya ulaşan birleşik bir varyasyonel formülasyon ortaya konmuştur .

7. Kitapta ayrıca, temel bir matematik işleminin tekrarlanan veya eklenen bir uzay üzerindeki sonuçlarına da dikkat çekiyoruz. GR olmayan kuvvetler işlemin biçimine göre verilir (ilişkili bir cebir oluşturan dizi), GR kuvvetleri dolaylı olarak uzayın biçimine göre verilir, bu da "tekrarlanan veya eklenen" hususunun dikkatle değerlendirilmesini sağlar. Tamamen 'tekrarlanan' bir işlem veya haritalama meydana gelirse, kaosun meydana gelebileceği ve her yerde mevcut olduğu Kitap 1'in dinamik haritalama tartışmasına dönebiliriz. Burada ilk 'aşama geçişi', kaosa geçiş açıkça görülüyor. Toplama işlemi içeren bir işlem (birden fazla öğenin istatistiksel anlamında) tekrarlanan genel adımlarla birlikte söz konusuysa, diğerlerinin yanı sıra Büyük Sayılar Yasası (LLN) ve ters Martingale yakınsamasının etkileriyle istatistiksel mekaniğin genel çerçevesine ulaşırız. şeyler (6. Kitap). Bununla birlikte, en dikkate değer olanı, kimya ve biyolojinin dikkate değer yapıları da dahil olmak üzere, faz geçişleri ve yeni yapının (düzensizlikten düzen) ortaya çıkması gibi yeni bir etkinin yaygınlığıdır.

Neden tekrarlanan 'Kabalistik formül'? Bu Sommerfeld'in zamanında bile bir soruydu [58]. Şimdi, numerolojik paralellik o dönemde fark edilenden daha kesindir, dolayısıyla tesadüf olamayacak kadar fazladır. Tesadüf olmama durumu, çeşitli durumlarda (fizikte, biyolojide ve hatta yeterli optimizasyonla insan iletişiminde) bilgi aktarımının maksimum doğasından ve aynı zamanda temel parametre setlerinin fraktal benzeri tekrarından kaynaklanıyor gibi görünmektedir. bu farklı ayarlar $\{10,22,78,137 \cong 1/alpha\}$. 10'un yayılmanın (veya bağlantı düğümlerinin) boyutluluğunu ifade ettiğini, 22'nin ise yayılmadaki sabit parametrelerin sayısına karşılık geldiğini görüyoruz (7. Kitapta, 32 boyutlu trigintaduonion uzayının 10 boyutlu bir alt uzayındaki yayılmayı araştırıyoruz, geriye 22 boyut kalıyor) teoride parametre olarak görünen sabit değerlerde). 78 sayısının hareket jeneratörleriyle ilgili olduğunu ve hareketin 4 kiralitesinin ("çift kiral") olduğunu göreceğiz . Ayrıca 137'nin genel kiral trigintaduonion 'yayılım'ındaki bağımsız tri-oktoniyonik çarpım terimlerinin sayısı olduğunu da göreceğiz.


*Özet – Frodo Yaşıyor*
Tolkien eukatastroflar hakkında yazdı [127], belki de ortaya çıkan fenomenlerin maksimum bilgi aktarımındaki yapıcı rolünü öngörmüştü.

*Fizik Serisinin Önsözü, Kitap #1, şu konuda:*

## Klasik Mekanik ve Kaos

Bu kitap, nokta parçacık hareketinin klasik formülasyonlarından başlayarak, klasik mekaniğin bir tanımını sunmaktadır. Bunu yapmanın ilk yaklaşımı diferansiyel denklemleri (Newton'un 1. ve 2. $^{\text{Yasası}}$) kullanmaktı; ikincisi, diferansiyel denklemleri seçmek için varyasyonel bir fonksiyon formülasyonu kullanmaktı (Lagrangian varyasyonu); üçüncüsü, değişken fonksiyon formülasyonunu seçmek için değişken bir fonksiyonel formülasyon (Eylem formülasyonu) kullanmaktı. Bu kitap üç formülasyonu açıklayacak ve her birindeki sorunları çözecektir.

Pek çok sistemde hareketin iki alanının olduğu ancak klasik mekanik iyice yerleşinceye kadar anlaşılamadı: kaotik olmayan; ve kaotik. Bu, klasik mekaniğin modern bir açıklamasıdır, dolayısıyla kaos teorisini ve daha sonraki teorik gelişmelerle olan bağları da içerir. Sergi, çoğu çözülmüş, gerisi okuyucuya bırakılmış ilginç problemlerin sunumundan oluşuyor. Problemler Caltech, Oxford ve Wisconsin Üniversitesi'nde alınan klasik mekanik ve matematik derslerinden alınmıştır. Kurslar lisans seviyesinden ileri lisans seviyesine kadar değişmektedir. Kurslarda, tahmin edebileceğiniz gibi, zengin ve sofistike bir ders kitabı ve referans materyali seçkisi vardı ve bu referans metinleri de benzer şekilde burada çizilmiştir. Materyalde ilerledikçe, artan karmaşıklığa sahip (örneğin, sürtünme kuvveti ekleyerek daha karmaşık sarkaç hareketine karşılık gelen) sıradan diferansiyel denklemleri (ODE'ler) etkili bir şekilde incelediğimizi göreceğiz. ODE'lerin temel matematiği ile olan bu güçlü uyum, ODE'lerin uygulamalı matematik perspektifinden hızlı bir şekilde gözden geçirilmesi için bir ekin yerleştirilmesini motive etmektedir.

Temelde yatan ODE teorisinin kaos da dahil olmak üzere modern bir açıklamasına ek olarak, diğer ana modern unsurlar, klasik mekanik teorisinin kuantum mekaniği ve Özel Görelilik gibi henüz gelecek teorilerle nerede köprü kurabileceğini gösterecek. Kuantum Mekaniğinin önemsiz bir şekilde gösterildiği (analitik genişletme/devam etme veya değişmeliden değişmeli olmayana cebirsel değişiklik yoluyla) Klasik Mekaniğin beş teorik uygulama alanı vardır ve bu tür alanlar ayrıntılı olarak açıklanmaktadır. Benzer şekilde Özel Relativitenin belirtildiği ve açıklanan üç deneysel uygulama alanı vardır.

# Bölüm 1. Giriş

Bu kitap, nokta parçacık hareketinin klasik formülasyonlarından başlayarak, klasik mekaniğin bir tanımını sunmaktadır. Bunu yapmanın ilk yaklaşımı diferansiyel denklemleri (Newton'un 1. ve 2. $^{Yasası}$) kullanmaktı; ikincisi, diferansiyel denklemleri seçmek için varyasyonel bir fonksiyon formülasyonu kullanmaktı (Lagrangian varyasyonu); üçüncüsü, değişken fonksiyon formülasyonunu seçmek için değişken bir fonksiyonel formülasyon (Eylem formülasyonu) kullanmaktı. Bu kitap üç formülasyonu açıklayacak ve her birindeki sorunları çözecektir.

Parçacık hareketinin tanımında, kaotik hareketin olduğu bir parametre alanında olmadığı varsayılarak, birçok önemli limitin mevcut olduğu bulunmuştur. Örnekler arasında şunlar yer almaktadır: yukarıda bahsedilen kaos olgusundan kaynaklanan ve "kaosun eşiğine" sürüklendiklerinde kaos olmayan rejimlerde hala karşılaşılan evrensel sabitler. Saçılma asimptotik limitte tanımlanır ve pertürbasyon teorisi yakınsak olması anlamında iyi tanımlanır. Genel olarak, evrim bir 'süreç' olarak tanımlanırsa, bu genellikle sınırları iyi tanımlanmış bir Martingale sürecidir. Dolayısıyla, tipik olarak bir Adi Diferansiyel Denklem'e indirgenebilen ve genellikle (limit tanımları gerektiren) çözümlerin mevcut olduğu bulunan hareket tanımlarımız var.

Klasik mekaniğin gelişimi çoğunlukla 1687'den 1834'e kadar olan yıllarda meydana geldi [1-13]. Kuaterniyonlardan [14,15] elektromanyetizmaya ve kuantum mekaniğine [16-18] kadar başka keşifler yapılırken büyük bir boşluk vardı. Nihayet 1976'da kaosun evrenselliğinin keşfiyle klasik teorinin son temel unsuru ortaya çıktı [19]. Ayrıca bu süre zarfında daha karmaşık matematiksel yaklaşımlar daha yaygın hale geldi [20,21].

Özel görelilik ile klasik mekanikten büyük bir teori ayrılışı meydana geldi ve bu, 1899'da Lorentz Dönüşümü'nün keşfiyle ortaya çıktı (1851'de Fizeau'nun [22] çalışmalarında ilk ipuçları vardı, ancak bu, Einstein'ın onlarca yıl sonrasına kadar anlaşılmamıştı) 23]). Klasik mekanik yöntemlerin geliştirilmesi, kısmen modern yapay zekadaki gelişmelere bağlı olarak günümüzde hala oldukça günceldir. Bilinen en güçlü sınıflandırma yöntemlerinden biri olan Destek Vektör Makinesi (SVM),

1

örneğin , bir kontrol teorisi uygulamasında (eşitsizlik kısıtlamaları ile) klasik mekanik (Lagrangian) formülasyonuna dayanmaktadır [24].

Kaos teorisi olmadan klasik mekaniğin modern bir ders kitabı tanımı Goldstein'da bulunabilir [25]. Teoride varyasyonel değişmezler açısından önemli bir gelişme 1918'de Noether tarafından sağlanmıştır [26]. Bu kitapta yararlanılan diğer modern ders kitapları arasında Landau ve Lifshitz [27], Percival ve Richards [28] ve Fetter ve Walecka'nın [29] klasikleri yer almaktadır. İki zamanlı analiz [30] ve kararlılık analizi [31,32] de bu çalışmaya dahil edilmiş olup, bunu kaos teorisinde [19,33,34] ve fraktalların kritik görünümünde [35,36] yukarıda bahsedilen kritik gelişmeler takip etmektedir.

Bu, klasik mekaniğin modern bir açıklamasıdır ve baştan sona, aşağıdakiler de dahil olmak üzere bir dizi klasik mekanik metninden ilginç problemlere yönelik çözümlerin sunumundan oluşur: Landau ve Lifshitz [27]; Goldstein'ın [25]; Fetter ve Walecka [29]; Percival ve Richards [28]; Arnold (ODE) [32]; Arnold (CM) [37]; Orman evi [38]; ve Bender ve Orszag [39]. İlk Arnold referansının ve Bender ve Orszag referansının, sıradan diferansiyel denklemlere (Adi Diferansiyel Denklemler) odaklanan ders kitaplarını nasıl içerdiğine dikkat edin. Benzer şekilde, Landau ve Lifshitz'in mükemmel ve hızlı açıklamasının analizi , bunun kısmen artan karmaşıklığa sahip Adi Diferansiyel Denklemlerden geçerek materyal boyunca ilerlediğini ortaya koyuyor. Adi Diferansiyel Denklemlerin temel matematiği ile bu güçlü uyum, bu açıklamada da devam etmektedir (böylece Adi Diferansiyel Denklemlerin uygulamalı matematik perspektifinden hızlı bir şekilde gözden geçirilmesi için bir ek sağlanmıştır).

Newton'un diferansiyel denklemi F=ma ile başlayarak, giderek daha karmaşık diferansiyel denklemlerle karşılaşırız. Dinamik bir sistemi bir dizi diferansiyel denkleme indirgemek basit bir mesele değildir ve bunu yapmak için Lagrange analizini öğrenmek başlangıçta odak noktası olacaktır, ancak nihai sonuç her zaman sıradan bir diferansiyel denklem veya küme cinsinden bir form olarak alınabilir. Böyle bir. Yani bir sistemin hareketini tanımlama problemini Adi Diferansiyel Denklemin çözümüne indirgeyebiliriz, bu işimizin bittiği anlamına mı geliyor? Daha basit Adi Diferansiyel Denklemler için evet, aslında analitik olarak (örneğin Ek'te, sabit katsayılı ikinci basamaktan doğrusal diferansiyel denklemlerin her zaman çözülebileceğini görüyoruz). Daha karmaşık Adi Diferansiyel Denklemler için hala evet, ancak hesaplama araçlarına ihtiyaç var (çözüm kapalı biçimde değil). Ancak bazen Adi Diferansiyel Denklemler kararsızlıklar gösterebilir ve bunlar için daha karmaşık analizlere ihtiyaç duyulur ve basit cevaplar olmayabilir (tuhaf çekici fenomeninin varlığı gibi) [37]. Kaosun keşfi, salt istikrarsızlıktan daha devrimcidir. Bir Adi Diferansiyel Denklem bir rejimde iyi durumda olabilir ancak başka bir rejimde 'kaotik harekete' dönüşebilir. "Kaosun sınırı" evrensel bir periyot ikiye katlama davranışıyla işaretlenmiştir ve Bölüm 7'de anlatılmıştır. Karmaşıklık söz konusu olduğunda, bir Adi Diferansiyel Denklem uzmanının meydana gelmesinden korkabileceği her şeyin (kararsızlıklar ve gariplikerle) mevcut olduğu görülmüştür. çekiciler, vb.) ve daha sonra Evrensellik yoluyla yeni Kaos fenomeninin keşfiyle bu iki katına çıktı. Burada açıklanan Adi Diferansiyel Denklem örnekleri için odak noktası fizik problemleridir, dolayısıyla kaotik çözümler doğrudan kaotik hareketle ilgilidir.

Kaosun da dahil olduğu Adi Diferansiyel Denklem teorisinin modern bir açıklamasına ek olarak, diğer ana modern unsurlar, Klasik Mekanik teorisinin kuantum mekaniği [42] ve Özel Görelilik gibi henüz gelecek teorilere nerede köprü kurabileceğini göstermek içindir. [40]. Adi Diferansiyel Denklemin çözümlerini içeren pertürbasyon teorisi için çeşitli teknikler gösterilmiştir. Örneğin karmaşık analiz kullanılırsa çözümler elde ederiz, ancak aynı zamanda Kuantum Mekaniğinde karşılaşılan genel Adi Diferansiyel Denklem problemlerine de göz atmış oluruz. Ekte açıklanan genel Adi Diferansiyel Denklemler, örneğin Kuantum Mekaniği ile ilgili kendine eşlenik bir formülasyona sahip olan Sturm-Liouville formuna ulaşır. Navier-Stokes denklemi daha da geneldir (akışkanlar dinamiğiyle ilgilidir) ve bundan daha genel olanı türlerin korunması olmayan NS denklemidir (tadil edilmiş bir süreklilik denklemiyle taşıyıcı üretiminin olabildiği, dolayısıyla korumanın olmadığı bir yarı iletkende olduğu gibi, vesaire.). Göreceli formülasyonda gerekli olan bağlaşımlar ise, neredeyse hiçbir zaman yaklaşıklaştırma olmadan doğrudan çözülemeyen oldukça karmaşık bir karmaşa yaratır. Uygulamada, 'ana Navier-Stokes denklemi' ilgili bazı operasyon alanları dahilinde yaklaşık olarak hesaplanır.

Aşağıda, Kuantum Mekaniğinin önemsiz bir şekilde belirtildiği (analitik genişletme/devamlama yoluyla) Klasik Mekaniğin beş teorik uygulama alanı vardır ve bu alanlar ayrıntılı olarak açıklanmaktadır. Benzer şekilde Özel Relativitenin belirtildiği üç deneysel uygulama alanı vardır ve bunlar da anlatılmıştır.

3

## 1.1 Kaosun ve ortaya çıkan olayların *olmazsa olmazları*

Klasik mekaniğin daha büyük bir kuantum mekaniği teorisinin özel bir durumu olduğu görülecektir, dolayısıyla klasik mekaniği bir başkasının türevi olan bir teori olmaktan çıkarmış gibi görünebiliriz… *ama* kaos teorisinin varlığı nedeniyle. Kaos, temelde yeni bir dinamik özelliktir (tüm klasik, kuantum, istatistiksel teorilerin uygun diferansiyel formuyla birlikte), ancak klasik mekanik rejimindeki en basitidir (yine de tanıdıktır). Kaotik hareket her yerde ortaya çıkar, ancak aynı zamanda küçük salınım problemleri gibi birçok klasik mekanik probleminde de önlenebilir. Evrensel bir olgu olarak kaosun da evrensel sabitleri vardır ve bunlar araştırılacaktır. Kaosu bulmanın basit bir yolu Hamilton gösterimini kullanmak ve doğrusal olmayan durumlar içeren herhangi bir periyodik hareketi incelemektir. Yinelemeli bir harita olarak bakıldığında, kaos alanları daha sonra açıkça sergilenir (Bölüm 7'de gösterileceği gibi). Benzer şekilde, istatistiksel mekanik, klasik mekaniğin bir türev teorisi olarak görülebilir, *ancak* entropik ölçünün ve ortaya çıkan (faz geçişi) fenomenin ortaya çıkışı açısından (bu Serideki diğer kitaplarda tartışılacaktır [40-46], özellikle [41). ] ve [44]).

## 1.2 Adi diferansiyel denklemlerin, fenomenolojinin ve boyutsal analizin rolü

İçindekiler tablosunun incelenmesi, Adi Diferansiyel Denklemlerin uygulanmasına ilişkin birçok alt bölümü ortaya çıkaracaktır. Adi Diferansiyel Denklemlere bu şekilde odaklanılması tesadüf değildir ve Adi Diferansiyel Denklemler üzerine geniş bir ekin (Ek A) dahil edilmesi de tesadüf değildir. (Ek A, genel Adi Diferansiyel Denklem yöntemlerini ve gelişmiş yöntemleri, çok sayıda çözümlenmiş çözümle birlikte açıklayacaktır.) Neredeyse her zaman, klasik mekanik problemi, Adi Diferansiyel Denklemin çözümüne indirgenebilir. Newton'la (2. dereceden Adi Diferansiyel Denklem) başladığımız şey bu olduğundan bu bir ilerleme gibi görünmeyebilir, ancak bir sistem için doğru Adi Diferansiyel Denklem'e ulaşmak neredeyse imkansız olmasa da genellikle zordur. müdahale teknikleri (Lagrangian ve Hamiltonian). Dolayısıyla, bu tür yöntemlere açıkça ihtiyaç vardır, ancak Adi Diferansiyel Denklemler konusunda da derin bir bilgiye ihtiyaç vardır. Bir diferansiyel denkleme sahip olacağımızı bilerek ve boyutsal analizle tutarlı denklemlerle sınırlandırarak, hareket denklemleri ve bunların çözümleri için bir dizi fenomenolojik argümanın temeline Adi Diferansiyel Denklemler (ve aşağıdaki öneriler veya açıklamalar) aracılığıyla sıklıkla doğrudan ulaşabiliriz. yeni fenomen). Boyutsal analiz ve fenomenoloji Bölüm 9'da anlatılmaktadır.

## 1.3 Sorunların kaynakları; Kapsama düzeyi; Detaylı çözümler; Gelişmiş Yöntemler

Sorunların bir kısmı (çözümlü ve çözümsüz) doktora adaylık sınav soruları (Fizik Doktora programının ikinci yılının sonunda adaylığa ilerlemek için yapılan sınav veya "ön sınav") düzeyindedir. UWM ve U. Chicago gibi bazı kurumlarda). Bu tür sorunlar genellikle en zor olanlardır. Neredeyse aynı derecede zor olan bazı problemler, Caltech'te öğrenciyken aldığım lisans ve yüksek lisans derslerinde bana verilen problemlerle ilgili. Çoğu durumda, daha sonra sınıfa verilen "çözüm setlerinde" dikkatle geliştirdiğim çözümler kullanıldı. Bu tür problemler ve benim çözümlerim aşağıdaki Caltech (yaklaşık 1987) derslerinde gösterilmektedir: Klasik Fizikte Konular; İleri Dinamikler; ve Uygulamalı Matematik Yöntemleri (Ek A'da). Derslerdeki problemler veya örnekler çoğunlukla Klasik Mekanik'te bulunan ana ders kitaplarındaki problemlerden alınmıştır. Dolayısıyla bu tür kaynaklar burada çözülen bazı problemler için de doğrudan yararlanılmıştır ve problemlerin çözümlerini aşağıdaki klasik metinlerden içermektedir: Goldstein [25]; Landau&Lifschitz [27]; Percival&Richards [28]; ve Fetter&Walecka [29]. Çözüm tekniğini ("jimnastik" indeksi) ayrıntılı bir şekilde öğretmek için, bir sınıf dersinde sunulabileceği gibi, kapsamlı matematiksel ayrıntılarla çözümler sunulur.

## 1.4 Takip edecek Bölümlerin Özeti

Başlamak için nokta parçacık hareketinin klasik teorisini ve klasik mekaniği ele alacağız. Bu, Bölüm 2.1'de Newton kuvvetinin kütle çarpı ivmeye eşit olduğu Newton hesap formülünün (1687) [1] kısa bir açıklamasıyla başlar (Leibnitz gösteriminde konum üzerine ikinci bir türev). Leibnitz, integral hesabın 1675'te yayınlanmamış notlarında kullanılmasıyla [2] ve 1684'te yayımlanmasıyla hesabın diğer büyük mucididir (çeviri için bkz. Struik [3]). Leibnitz ayrıca 1693'te (modern) hesabın temel teoremini (integrasyon ve farklılaşma arasındaki ters ilişki) tanımladı [4]. Matematik odaklı polimatların klasik mekaniğin matematiksel temellerinin geliştirilmesindeki ilk rolü Euler ve Laplace ile devam etti. Euler, Mechanica (1736) [5] ile erken katkılarda bulundu, ancak temel matematik ve matematiksel fizikteki gelişmeleri birkaç on yıl boyunca sürdürdü ve Lagrange'ı elli yıldan fazla bir süre sonra, 1788'de etkiledi (Euler-Lagrange denklemleri olarak bilinen sentezle). ). Laplace'ın (1774) [6]'da açıklanan yöntemi, benzer şekilde, Hamilton'un 1834'teki yeniden formülasyonu (bu, $\int e^{Mf(x)} dx$,for ile ilişkili klasik yayıcının ortaya çıkmasına neden olur $M \gg 1$) [6] ve 1940'lardaki yol

5

integrali yöntemleri (kuantum yayıcı) üzerinde önemli bir etkiye sahipti. ile ilişkili $\int e^{iMf(x)} dx, M \gg 1$) [48] .

Newton'dan sonra, klasik teorinin bir sonraki ana formülasyonu, D'Alembert'in sanal iş bağlamında kuvvet tanımıydı (1743) [7]. Gerçekte yapılan sıfır işi dengeleyen sanal iş, Euler-Lagrange denklemlerinin [8,9] bir biçimine eşdeğerdir; bu denklemler daha önce olduğu gibi hareket denklemlerini yeniden elde eder, ancak artık holonomik kısıtlamaların (örneğin katı kısıt denkleminin diferansiyel denklem olmadığı cisimler). Bölüm 3.3.1'de holonomik gibi kısıtlama türlerini inceliyoruz. Çoğu durumda holonomik olmayan kısıtlamalara sahibiz (örneğin yuvarlanan bir nesne için). Holonomik olmayan kısıtlamaların karmaşıklığı, Hamilton'un Bölüm 3'te açıklanan En Az Eylem Prensibi (1833,1834) [10-13] açısından yeniden formüle edilmesiyle kolayca yönetilir. Hamilton, teorik formülasyonun matematiksel temelini varyasyonel olacak şekilde kaydırır. Bir nokta parçacığı için (bir yörünge veya yol boyunca) Lagrange fonksiyonunun integrali olarak tanımlanan bir eylem fonksiyonelinin ekstremumu. Değişken minimum, örneğin en az eylem ilkesi, daha sonra D'Alembert ile aynı hareket denklemlerini tanımlamak için Euler-Lagrange denklemlerini kurtarır, ancak artık holonomik olmayan kısıtlamaları Lagrange çarpanları (kısaca açıklanan) yoluyla ele alma araçlarına sahibiz. Bölüm 3.3.1'de ve daha sonra Bölüm 3.3.2'deki bazı örneklerde kullanılmıştır). Hamilton ayrıca Olinde Rodrigues (1840) [15] ile birlikte kuaterniyonları (1843-1850) [14] keşfetti; bu, Maxwell tarafından erken elektromanyetizmanın ifade edilmesinde ([40]'da tartışılacaktır) ve daha fazlasının belirtilmesinde kullanılacaktır. karmaşık cebirler (kuantum mekaniğinin başlangıcı – [42]'de tartışılacaktır).

Bölüm 3'te gösterilen varyasyonel formülasyon aynı zamanda klasik teoriyi başka şekillerde de 'birleştirir' [7-14] ve aynı zamanda "yeni" kuantum teorisine köprü oluşturur (ayrıntılar [42]'dedir). Bunun nedeni, kuantum teorisinin, minimum eyleme sahip olma sınırlamasına temel bir varyasyon kuralı olarak değil, eylemleri şu şekilde giren tüm hareket yolları üzerinden toplamanın bir sonucu olarak varıldığı salınımlı integral formülasyonu cinsinden ifade edilebilmesidir. Yüksek derecede salınımlı bir integraldeki faz terimleri (Laplace yönteminden [6] ilk matematik gelişimi), bu da klasik hareket denklemlerini salınımlı integrale (sabit faz) sıfırıncı dereceden bir yaklaşım olarak seçer. Birinci dereceden yarı-klasik etkilere sahibiz ve tam kuantum tanımının toplamı tam kuantum teorisini verir (daha fazla ayrıntı için [42]'ye bakınız).

Bölüm 3, minimal eylem formülasyonunun, belirli bir yol boyunca entegre edilmiş Lagrangian fonksiyonu üzerindeki işlevsel (eylem) açısından uygulanmasını özel olarak araştırmaktadır. Varyasyonel metodolojinin böyle bir uygulamasıyla çok çeşitli klasik sistemler tanımlanabilir. Legendre dönüşümüyle ilişkili eylem fonksiyonelini formüle etmenin iki ana yolu vardır: ( i ) yukarıda bahsedilen Lagrange yöntemi ve (ii) Hamilton yöntemi. Bölüm 6'da (uygulamalarla birlikte) açıklanacak olan Hamiltoniyen, eğer varsa, enerji gibi sistemin korunan miktarlarıyla ilişkilidir. Sistemin korunan niceliklerini tanımlamanın bu ikinci anlamında, Hamiltonyen, çözümlerde korunan nicelikleri ifade etmek için Bölüm 3'te tanıtılmıştır. Bununla birlikte, tam Hamilton varyasyonel analizi perspektifinden analiz Bölüm 6'ya kadar yapılmayacaktır. Araya giren çok kısa bölümler Bölüm 4 Klasik Ölçümü; ve Bölüm 5 Toplu Hareket.

Bölüm 3, 6 ve 8, birinci dereceden Hamilton formülasyonunu kanonik koordinatlar cinsinden tanımlamaktadır. Sistem dinamiğinin kanonik koordinatlar cinsinden faz uzayı temsili, bir faz uzayı üzerinde bir haritalama fonksiyonu olarak görüldüğünde Hamiltonyen'in özelliklerinin araştırılmasına olanak tanır. Bu tür haritalamaların alanı koruduğunu ve asimptotik sistem davranışını birçok durumda kolaylıkla tanımlamamıza izin verdiğini bulduk; bunlar arasında kökten yeni bir olguyu açıkça ortaya koyan durumlar da var: 'kaos'. Kaosun ve klasik sistemlerin "kaosun eşiğinde" her yerde ortaya çıkışı Bölüm 7'de anlatılacaktır.

Kaosun "evrenselliği" Feigenbaum'un 1976 tarihli makalesinde gösterildi [19]. Bu Evrensellik, haritalama fonksiyonunun ikinci dereceden (parabolik) bir yerel maksimuma sahip olduğu varsayımıyla ortaya çıkar. Feigenbaum bunun normal bir ilişki olduğunu belirtiyor ancak daha fazla ayrıntıya girmiyor. Yerel maksimum (kritik bir noktaya yakın) için ikinci dereceden bir forma sahip olmanın, varyasyonlar hesabından ve Morse-Palais lemması olarak bilinen Hilbert Uzaylarından gelen genel bir özellik olduğu ortaya çıktı [20,21]. Kaosun evrenselliğini destekleyen varsayım, kritik ilgi noktalarının yakınında yeterince pürüzsüz bir fonksiyon mevcutsa, örneğin çok yönlü bir tanımın (pürüzsüz fonksiyona sahip) mevcut olması durumunda geçerlidir. Bunu tersine çevirdiğimizi varsayalım ([47]'de yapılacağı gibi) ve kaosun her zaman mevcut olan temel bir sınır olduğunu varsayalım. Eğer bu doğruysa, o zaman Morse-Palais her zaman uygulanabilir olmalı, dolayısıyla bir manifoldumuz (geometri) var. Bu ilginçtir çünkü [41]'deki dinamik alanlara/geometrilere (manifoldlara) geçmeden önce, Evrenselliğin [19] evrenselliğinin bir sonucu olarak var olan böyle bir matematiksel yapının kanıtını görüyoruz.

Bölüm 8'de kanonik koordinatların daha açık özellikleri ve bunlar arasındaki dönüşümler ele alınmaktadır. Bu, birçok durumda hareket denklemlerini ayrıştırarak ve bunları hareketin sabitleri veya hareketin koordinatları haline getirerek analizi büyük ölçüde basitleştiren kanonik koordinatların seçilmesine olanak tanır. En ayrılmış durum, Hamilton-Jacobi denklemi olarak bilinen şeyle tanımlanır; bu denklem, [42]'de açıklanan kuantum teorisi için operatör formalizmine kaydırıldığında tanıdık Schrödinger denklemi haline gelir. Uygun şekilde seçilmiş kanonik değişkenler açısından başka bir formülasyon, Poisson Braketi formülasyonuna yol açar. Bu *aynı zamanda* klasik fizikteki uygulaması için değil, klasik teorinin diğer (ilk) kuantum yeniden formülasyonuna (Heisenberg formülasyonu) ulaşmak için bir operatör komutatör formülasyonuna yapılan önemsiz geçiş nedeniyle de tartışılmaktadır. Bölüm 9, birçok sistemde korunan bir nicelik olan Hamilton formülasyonunun pertürbasyon teorisine uygulanması yoluyla bir başka avantajıyla devam ediyor. Hamiltoniyenlerin hem klasik hem de kuantum *pertürbasyon* bağlamlarında kullanımı tartışılmaktadır. 9. Bölüm ayrıca, korunan niceliklerin analiziyle birlikte ele alındığında, yalnızca kendi kendine benzerliğe dayalı şaşırtıcı çözümlere yol açabilen boyut analizini birkaç klasik örnekle açıklamaktadır. Ekstra alıştırmalar Bölüm 10'da yer almaktadır.

Bu kitapta anlatılan klasik mekanik, özel göreli düzeltmelere yalnızca kısaca değinmektedir; yani, göreli olmayan hızlarda hareket eden parçacık maddelere odaklanmaktadır. Dolayısıyla bu kitapta mutlak zamanın yaklaşıklığı, eşzamanlılık kavramı ve kaynak konumu değişen kuvvetin anlık iletimi vardır. Özel göreliliğin bu kitabın klasik fiziğinden bu şekilde ayrılmasının fiziksel açıdan da makul olduğuna dikkat edin; çünkü incelenen, göreli olmayan parçacık düzeyinde özel görelilik etkilerini görme fırsatı çok azdır. Compton saçılma formülünde enerji-momentum için 4-vektör büyüklüğünün varlığının erken deneysel göstergesi için Bölüm 3.3.2'ye bakınız. O dönemde fark edilmese de göreceli etkilerin görüldüğü bir başka örnek, Fizeau'nun akan sudaki ışığın yayılmasına ilişkin deneyleridir (1851) [22]. (Einstein, "kendisini en çok etkileyen deneysel sonuçların yıldız sapması gözlemleri ve Fizeau'nun hareket eden sudaki ışığın hızına ilişkin ölçümleri olduğunu" belirtti [23].) Fizeau deneyi (Bölüm 4.3) göreli bir hıza yol açar 4-vektör toplama hesaplaması (göreceli Doppler etkisi için). Göreli Doppler etkisi ortaya çıkarıldığında, özel göreliliğin tamamı Bondi K-hesaplaması ([40]'da açıklanmıştır) aracılığıyla kurtarılabilir.

[40]'ta dinamik kuvvet alanları kavramlarına geldiğimizde, Maxwell denklemleri üzerindeki Lorentz dönüşümü (4-vektör olarak) ortaya çıkar (1899) ve bu dönüşümlerin Einstein *tarzı tüm maddelere genişletilmesi* bunu 1905'te takip eder. Bunun için Bu nedenle özel görelilik teorisinin arka planı ve problem çözümleri Fields [40]'da yer almaktadır.

Bu nedenle, bu kitapta açıklanan alanlar, eğer varsa, statik veya durağandır; burada genel dinamik rollerinin tartışılması [40]'a ertelenmiştir. Ele alınan klasik mekanik sistemler, herhangi bir zamanda yalnızca birkaç elemanın etkileşim halinde ve hareket halinde olması bakımından da basittir. Çok elemanlı sistemlere bağlantılar esas olarak İstatistik Mekanik üzerine [44]'e bırakılmıştır. Bununla birlikte, klasik mekanik düzeyinde bile, yeni olayların ön işaretlerini hala görebiliriz (ortaya çıkan Martingale fenomeni ve Büyük Sayılar Yasası, LLN davranışından dolayı). Buradan entropi gibi yeni temel parametrelerin olduğunu görmeye başlayabiliriz (bilgi geometrisi ile ilgili olarak [41]'de ve İstatistiksel Mekanik üzerine Kitap 6'da tartışılmıştır).

*manifold* üzerindeki istatistiksel öğrenme teorisi bağlamında zaten 'keşfetmiş olacağımızı' unutmayın ([41'de verilmiştir). Beklenti/Maksimizasyon yoluyla NN öğrenmesi ile bir sinir ağı (NN) yapısında istatistiksel öğrenme gerçekleştirildiğinde, öğrenme süreci bilgi geometrisi kullanılarak tanımlanabilir. Bilgi geometrisi, istatistiksel öğrenme süreçlerinde dağılım ailelerine uygulanan bir diferansiyel geometri formalizmidir. Optimum istatistiksel öğrenmede, entropinin, dağıtımsal mesafenin 'yerel' kavramları için seçildiği, Öklid mesafesinin (düz uzay-zaman) manifold mesafesinin yerel geometrik kavramı olarak seçilmesine benzer bir süreçte seçildiği gösterilebilir. Bu şekilde, entropi teklenir. Tıpkı yerel olarak düz uzay-zamanın seçilmesi gibi yerel bir ölçü olarak ortaya çıkar (yerel Minkowski metriği ile). Teorik bağlantının yanı sıra, İstatistiksel Öğrenmenin yapay zeka tabanlı SVM öğrenimi biçiminde doğrudan uygulanması [24] aslında bir alıştırmadır. Holonomik olmayan eşitsizlik kısıtlamaları ile Lagrange optimizasyonunda (bkz. [24]), bu kitaptaki materyale hakim olanlar için doğrudan erişilebilir olacaktır.

Şimdi Newton'la başlayalım.

# 2. Bölüm. Newton, Leibnitz ve D'Alembert

Fiziğin matematiksel tanımları, tüm matematiksel olarak ifade edilebilir olasılıklar arasında, açıklamalarının neden belirli bir şekilde olması gerektiğini veya belirli bir şekilde gelişmesi gerektiğini gerekçelendirmeye çalışmalıdır. Cevap, özellikle Maupertus ve Leibnitz'in [2] benimsediği felsefenin ardından, tipik olarak hareketin durumuna veya yoluna (örneğin en kısa yol) göre seçilen bir çeşit optimumdur. Bir varyasyonel ekstremum arama fikri göz önüne alındığında, varyasyon hesabının icadının (veya keşfinin) olacağı mantıklıdır.

1660'tan önce, hesaplama öncesi fizik bir dizi gözlemsel veri elde etmişti ancak henüz yörüngeleri ve ekstrem yolları (bu yörüngelerin olduğu gösterilecek) tanımlamayla uğraşacak matematiği icat etmemişti. Bu, açının sinüsü kavramıyla ilkel trigonometrinin icadına kadar uzanan kritik matematik gelişiminin henüz gerçekleşmediği anlamına gelmiyor (sinüs, Hintli gökbilimciler tarafından yıldız takibinde kullanılmıştı, Gupta Dönemi, ancak yöntemin kullanımı gelecekteki keşiflerle birlikte eski Babillilere kadar uzanabilir [75]).

Newton'un akış hesabı 1665-1666'da (Londra vebası sırasında) icat edildi, ancak sonuçlarını ifade ederken doğrudan sonsuz küçük sayıları kullanmaktan kaçındı. Leibniz'in hesabı başlangıçta sonsuz küçüklerin kullanımını ve geçerliliğini kabul etti ve 1675'te bugün hala kullanımda olan sonsuz küçükler için notasyon geliştirmeye başladı. Sonsuz küçüklerin kullanılmasının biçimsel matematiksel geçerliliği, Abraham Robinson tarafından yazılan "Standart olmayan analiz" için 1963'e kadar beklemek zorundaydı [76,77].

Gerçekliğin matematiksel fizik tanımı böylece 1660'larda hesabın gelişmesiyle yerleşik hale geldi [1,2]. Varyasyon hesabı, özellikle, gerçekliğin fiziksel tanımının varyasyonel bir ekstremum biçiminde olduğu gözleme uygun fiziksel çözümler ve gerçeklik tanımları sağlar [6,10,11]. Bu, Klasik Mekanik ve Klasik Alan Teorisi'nde ayrıntılı olarak açıklanmaktadır. Optimumu seçmek için varyasyonel bir sürece sahip olmak çoğu zaman bir tür diferansiyel denklemin çözülmesine dönüşür (Ek'te ayrıntılı olarak incelenmiştir). Diferansiyel denklemi

11

çözebiliyorsanız bu sorun değildir, ancak çözemiyorsanız hareket denklemlerini seçmek için başka bir analiz metodolojisine sahip olmak faydalı olacaktır. Böylece, sabit faz bileşenleri için kendi kendini seçen yüksek derecede salınımlı integral yapılara dayanan bir seçim sürecine sahip olabileceğiniz çok erken fark edildi [6]. Bu ikinci yol en sonunda kuantum fiziğine (bkz. [42]) ve özel bir durum olarak daha önce gelen tüm klasik fiziğe Yol İntegral yaklaşımının temelini oluşturacaktır.

Matematiksel fizik kavramlarının resmi matematiksel doğrulamadan önce tanıtılması fizikte yinelenen bir temadır. Buna benzer başka bir örnek, Dirac tarafından $^{L2\ \text{dağıtım teorisi [78]}}$ yoluyla resmileştirilen delta fonksiyonunun tanıtılmasıdır (temelde yer alan, kendine eşlenik kuantum formülasyonunda kritik olarak ihtiyaç duyulan şey budur).

## 2.1 Newton'un Kuvvet Yasası ve Leibnitz ile Analizin İcadı

Newton'un üç yasasını yeniden ifade ederek başlayalım:

1. $^{\text{Kanun}}$ : $\frac{dp}{dt} = 0$ if $F = 0$, nerede $p = mv$ ve $m$ kütle ve $v$ hızdır.
2. $^{\text{Kanun}}$ : $\frac{dp}{dt} = F \rightarrow F = ma$.
3. Kanun: $^{\text{İki}}$ cisim arasına uygulanan kuvvet eşit ve zıttır.

$$(2\text{-}1)$$

Ve birden fazla parçacık olduğunda, i parçacığın hareket denklemi için elimizde:

$$\sum_j \vec{F}_{ji} + \vec{F}_i = \dot{\vec{p}}_i \ ,$$

$$(2\text{-}2)$$

j'inci parçacığın i'inci parçacığa $^{\text{uyguladığı}}$ kuvvet nerede ( $\vec{F}_{ji}$, $\vec{F}_{ii} = 0$)i'inci $\vec{F}_i$ parçacığa $^{\text{etkiyen net}}$ dış kuvvettir ve $\dot{p}_i$ i'inci $^{\text{parçacığın}}$ momentumunun zamana göre türevidir . Newton'un 3. Yasasını hatırlayın · burada kuvvet İki nesne arasında uygulanan kuvvet eşit ve zıttır, yani $\vec{F}_{ji} = -\vec{F}_{ij}$ buna zayıf etki ve tepki yasası denir [25].

Bölüm 1 Problem 6'sında ( sayfa 31), başlangıç noktası olarak alınan kütle merkezi konumu ve momentum için standart hareket denklemlerinin yalnızca zayıf eylem yasasını belirtmediğini bulduk. ve reaksiyon, aynı zamanda *kuvvetlerin kesinlikle nesneleri birleştiren çizgi boyunca uzandığı* güçlü yasa . Bu uygun sonuç, sistem hareket denklemlerinin dolaylı olarak sistem düzeyindeki korunum yasalarıyla ilişkili olması nedeniyle ortaya çıkar; bu nedenle, tersten ele alındığında, küresel korunum yasalarının yerel dinamikleri ve yerel kuvvet tanımlarını kısıtladığını, böylece nesneler arasındaki kuvvetlerin kesinlikle nesneleri birleştiren çizgi boyunca uzandığını görüyoruz. Bu daha sonraki bir bölümde Noether Teoremi [26] bağlamında daha kapsamlı olarak geliştirilmiştir . Şimdilik, hareket denklemine sahip kütle merkezi koordinatının tanımıyla başlayarak kütle merkezi sistemini ayrıntılı olarak ele alalım:

$$\vec{R} = \frac{\sum m_i \vec{r}_i}{\sum m_i}; \quad M = \sum m_i; \quad M\frac{d^2\vec{R}}{dt^2} = \sum_i \vec{F}_i = \vec{F}^{(ext)},$$

burada bu, kütle merkezi koordinatının ortadan kaldırılması üzerine bireysel nesnelerin hareket denklemleriyle ilgilidir:

$$\sum m_i \frac{d^2\vec{r}_i}{dt^2} = \sum_i \vec{F}_i.$$

Yukarıdaki bireysel hareket denklemiyle doğrudan bir karşılaştırma, nesneler üzerinden toplandığında aşağıdakilere sahip olmamız gerektiğini gösterir:

$$\sum_{i,j} \vec{F}_{ji} = 0 \rightarrow \vec{F}_{12} = -\vec{F}_{21},$$

(2-3)

İki nesnenin temel durumunda, böylece zayıf etki ve tepki yasasını (şimdiye kadar) elde ederiz. Şimdi dikkatimizi açısal momentumun korunumuyla ilgili olan (merkez etrafındaki) açısal hareketin sistem tanımına çevirelim. Sistemin açısal momentumu ve açısal momentumun dış torkla değişmesiyle başlayarak:

$$L = \sum_i \vec{r}_i \times \vec{p}_i; \quad \frac{dL}{dt} = \sum_i \vec{r}_i \times \vec{F}_i,$$

ilk önce doğrudan zamana göre türevi alıyoruz:

$$\frac{dL}{dt} = \sum_i \dot{\vec{r}}_i \times \vec{p}_i + \vec{r}_i \times \dot{\vec{p}}_i = \sum_i \vec{r}_i \times \dot{\vec{p}}_i$$

Açısal momentumun zaman türevlerinin doğrudan karşılaştırılması şuna sahip olmamız gerektiğini gösterir:

$$\sum_{i,j} \vec{r}_i \times \vec{F}_{ji} = 0.$$

(2-4)

Tekrar, etkileşim halindeki (1 ve 2 olarak etiketlenmiş) iki nesneye odaklanalım: $\vec{r}_1 \times \vec{F}_{21} + \vec{r}_2 \times \vec{F}_{12} = 0$,ve $\vec{F}_{ji} = -\vec{F}_{ij}$ zaten şuna sahip olmalıyız: $(\vec{r}_1 - \vec{r}_2) \times \vec{F}_{12} = 0$,etki-tepki kanıtının güçlü yasasını

13

tamamlamak - kuvvetler kesinlikle nesneleri birleştiren çizgi boyunca uzanır (potansiyel bir fonksiyon açıklamasına izin verir) daha sonraki analizde).

## 2.2 D'Alembert'in Sanal Çalışma Prensibi

Bu bölüm D'Alembert'in argümanını [25,37]'ye göre modern notasyonla özetlemektedir. Sistemin dengede olduğunu varsayalım, yani $\vec{F}_i = 0$o zaman açıkça $\vec{F}_i \cdot \delta\vec{r}_i = 0$. Şimdi $\sum \vec{F}_i \cdot \delta\vec{r}_i = 0$bunları şu şekilde ayrıştırıyoruz:

$$\vec{F}_i = \vec{F}_i^{(a)} + f_i,$$

(2-5)

uygulanan kuvvet $f_i$nerede ve $\vec{F}_i^{(a)}$kısıtlama kuvvetidir. Böylece,

$$\Sigma_i^{\square} \vec{F}_i^{(a)} \cdot \delta\vec{r}_i + \Sigma_i^{\square} \vec{f}_i \cdot \delta\vec{r}_i = 0,$$

burada $\delta\vec{r}_i$keyfi yer değiştirmeler olabilir. Şimdi, kısıtlama kuvvetleri nedeniyle net sanal işin sıfır olduğu durumla sınırlandırarak $\Sigma_i^{\square} \vec{f}_i \cdot \delta\vec{r}_i = 0$şunu elde ederiz:

$$\Sigma_i^{\square} \vec{F}_i^{(a)} \cdot \delta\vec{r}_i = 0.$$

Kısıtlama kuvvetini daha önce olduğu gibi ayırırsak, sistemin şimdi genel bir ortamda olduğunu varsayalım :$\vec{F}_i = \vec{p}_i$

$$\Sigma_i^{\square} \left( \vec{F}_i^{(a)} - \vec{p}_i \right) \cdot \delta\vec{r}_i + \Sigma \vec{f}_i \cdot \delta\vec{r}_i = 0$$

ve kısıtlamalar nedeniyle aynı sıfır net sanal iş varsayımıyla şunu elde ederiz:

$$\Sigma_i^{\square} \left( \vec{F}_i^{(a)} - \vec{p}_i \right) \cdot \delta\vec{r}_i = 0 , \qquad D'Alembert's\ principle$$

(2-6)

Yukarıdaki formdan, yer değiştirmelerin katsayılarının ayrı ayrı sıfıra ayarlanabileceği şekilde, birbirinden bağımsız genelleştirilmiş koordinatlara dönüştürmemiz gerekir:

$$\vec{r}_i = \vec{r}_i(q_1, q_2, \dots q_n, t) \rightarrow \delta\vec{r}_i = \Sigma_j^{\square} \frac{d\vec{r}_i}{\partial q_j} \delta q_j .$$

Öncelikle parçanın dönüşümünü düşünün $\vec{F}_i^{(a)} \cdot \delta\vec{r}_i$("uygulanan" üst simgeyi bırakarak):

$$\Sigma_i^{\square} \vec{F}_i \cdot \delta\vec{r}_i = \Sigma_{i,j}^{\square} \vec{F}_i \cdot \frac{\partial\vec{r}_i}{\partial q_j} \delta q_j = \Sigma_j^{\square} Q_j \delta q_j$$

$$\rightarrow Q_j = \Sigma_i^{\square} \vec{F}_i \cdot \frac{\partial\vec{r}_i}{\partial q_j}$$

(2-7)

Q boyutunun kuvvetin boyutu olması veya genelleştirilmiş koordinatların uzunluk boyutları olması gerekmez, ancak bunların çarpımı yine de işin boyutu olmalıdır. Şimdi terimin dönüşümüne bakalım $\Sigma_i^{\square} \, \dot{p}_i \cdot \delta \vec{r}_i$ :

$$\Sigma_i^{\square} \dot{p}_i \cdot \delta \vec{r}_i = \Sigma_i^{\square} m_i \ddot{\vec{r}}_i \cdot \delta \vec{r}_i = \Sigma_{i,j}^{\square} m_i \ddot{\vec{r}}_i \cdot \frac{\partial \vec{r}_i}{\partial q_j} \delta q_j$$

$$= \Sigma_{i,j}^{\square} \left\{ \frac{d}{dt} \left( m_i \dot{\vec{r}}_i \cdot \frac{\partial \vec{r}_i}{\partial q_j} \right) - m_i \dot{\vec{r}}_i \frac{d}{dt} \left( \frac{\partial \vec{r}_i}{\partial q_j} \right) \right\} \delta q_j$$

Şimdi,

$$\frac{d}{dt} \left( \frac{\partial \vec{r}_i}{\partial q_j} \right) = \Sigma_k^{\square} \frac{\partial^2 \vec{r}_i}{\partial q_j \partial q_k} \dot{q}_k + \frac{\partial^2 \vec{r}_i}{\partial q_j \partial t} = \frac{\partial}{\partial q_j} \frac{d\vec{r}_i}{dt} = \frac{\partial \vec{r}_i}{\partial q_j}.$$

Ayrıca şuraya geçiş $\dot{\vec{r}}_i = \vec{v}_j$:

$$\frac{\partial \vec{v}_i}{\partial \dot{q}_j} = \frac{\partial}{\partial \dot{q}_j} \left\{ \Sigma_k^{\square} \frac{\partial r_i}{\partial q_k} \dot{q}_k + \frac{\partial r_i}{\partial t} \right\} = \frac{\partial r_i}{\partial q_j}$$

Artık yazabiliriz

$$\Sigma_i^{\square} \dot{p}_i \cdot \delta \vec{r}_i = \Sigma_i^{\square} \left\{ \frac{d}{dt} \left( m_i \vec{v}_i \cdot \frac{\partial \vec{v}_j}{\partial \dot{q}_j} \right) - m_i \vec{v}_i \cdot \frac{\partial \vec{v}_j}{\partial q_j} \right\}$$

$$= \Sigma_i^{\square} \left\{ \frac{d}{dt} \left( \frac{\partial}{\partial \dot{q}_j} \left( \Sigma_i^{\square} \frac{1}{2} m_i \vec{v}_i^{\,2} \right) \right) - \frac{\partial}{\partial q_j} \left( \Sigma_i^{\square} \frac{1}{2} m_i \vec{v}_i^{\,2} \right) \right\}$$

ve kinetik enerji terimini yazarken $\Sigma_i^{\square} \frac{1}{2} m_i \vec{v}_i^{\,2} = T$D'Alembert Prensibini şu şekilde elde ederiz:

$$\Sigma_j^{\square} \left[ \left\{ \frac{d}{dt} \left( \frac{\partial T}{\partial \dot{q}_j} \right) - \frac{\partial T}{\partial q_j} \right\} - Q_j \right] \partial q_j = 0.$$

(2-8)

Potansiyel bir fonksiyon cinsinden yazılan Kuvvet'i kullanarak $\vec{F}_i = -\nabla_i V$(eşpotansiyel yüzeylerin 'alan çizgileri' ile ilişkili olarak iyi tanımlandığı durumda), şunu elde ederiz:

$$Q_j = \Sigma_i^{\square} \vec{F}_i \cdot \frac{\partial \vec{r}_i}{\partial q_j} = -\Sigma \nabla_i V \cdot \frac{\partial \vec{r}_i}{\partial q_j} = -\frac{\partial V}{\partial q_j}$$

(2-9)

Şimdi standart Lagrangian'ı tanıtırsak $L = T - V$, D'Alembert ilkesinin Lagrangian cinsinden ifade edilen hareket denklemlerine yol açtığını görürüz:

$$\frac{d}{dt} \left( \frac{\partial L}{\partial \dot{q}_j} \right) - \frac{\partial L}{\partial \dot{q}_j} = 0,$$

(2-10)

15

burada hareket denklemlerinin son kısa biçimi Euler-Lagrange (EL) denklemleri olarak bilinir. Bu, EL denklemlerinin D'Alembert ilkesi yoluyla türetilmesini tamamlar; Bir sonraki bölümde Hamilton'un En Az Eylem Prensibi bağlamında EL denkleminin farklı bir türetilmesini gerçekleştireceğiz.

Şimdi en basit kuvvet alanlarından veya fenomenolojiden bazılarını ele alalım. Kuvvetin tek bir yönde (tekdüze olarak) etki ettiğini ve sabit olduğunu varsayalım; bu, Dünya yüzeyindeki yerçekiminden kaynaklanan Kuvvetin bir örneği olacaktır; burada $F = -mg$. Basit sarkaçla ele alındığında tam bir açıklamaya sahip oluruz, çünkü diğer tüm 'sistem' parametreleri sarkacı içerir (kütlesiz olan kol uzunluğu ve sarkacın bob kütlesi):

*Örnek 2.1. Basit sarkaç*

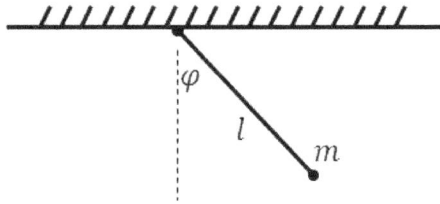

**Şekil 2.1** Basit Sarkaç.

Lagrange *L=KE− PE ile verilir* Neresi:

$$KE = \frac{1}{2}m(l\dot{\varphi})^2 \quad and \quad PE = -lgm\cos\varphi, \quad thus \; L$$

$$= \frac{1}{2}m(l\dot{\varphi})^2 + lgm\cos\varphi$$

*Alıştırma 2.1. Basit sarkacın hareket denklemleri nelerdir?*

*Örnek 2.2. Basit yay*
Şimdi kuvvetin sabit değil de bir miktar yer değiştirmede doğrusal olduğunu düşünelim; basit bir yay için durum böyle olabilir $F = -kx$. Burada k, basit bir boyutsal parametre olarak değil, fenomenolojik bir parametre olarak devreye girer ve materyale bağlıdır. Hareket denklemleri şu şekildedir:

16

$$m\ddot{x} = -kx \rightarrow x = \cos(\omega t) + Bsin(\omega t), \quad where \ \omega = \sqrt{\frac{k}{m}}.$$

*Alıştırma 2.2. Lagrange nedir?*

*Örnek 2.3. Masa yayı problemi.*
Bir ucu masa yüzeyine, diğer ucu m kütlesine bağlı olan bir yay düşünün. Kutupsal koordinatlarda düzlemsel hareket için kinetik enerjiye sahibiz: $T = \left(\frac{1}{2}\right) m(\dot{r}^2 + r^2\dot{\theta}^2)$. Hooke Yasasından potansiyel enerji için: $\delta W = -kr\delta r$. Hareket denklemleri daha sonra şunu verir: $m\ddot{r} - mr\dot{\theta}^2 = -kr$ ve $\frac{d}{dt}(mr^2\dot{\theta}) = 0$.

*Alıştırma 2.3. Doğrusal koordinatlarda yineleyin.*

Son örnek, diferansiyel denklemleri manipüle etmenin aşağıdaki konularda nasıl yardımcı olacağını göstermektedir. Bu nedenle, Adi Diferansiyel Denklemlerin bir incelemesi ekte (Ek A) verilmiştir ve kolaylık olması açısından hemen aşağıda kısa bir özet verilmiştir. Kısıtlamalarla nasıl başa çıkacağımızı öğrendikten sonra Bölüm 3.3.2'de birkaç EOM ve Lagrangian örneği daha verilecektir.

**2.3 Basit Yörünge Tabanlı Adi Diferansiyel Denklemlere Genel Bakış**
Bu erken dönemde sıradan diferansiyel denklemlerin rolüne ilişkin bazı kısa yorumlar şimdi Ek A'da daha fazla arka plan ve çok sayıda örnekle birlikte verilmektedir. Aşağıda yer değiştirmede polinom olan ve düşük mertebeden, dolayısıyla ma= olan kuvvetlerle ilgileniyoruz. F şöyle olur: ma=0; ma=sabit; veya ma= -kx ; daha önce de belirtildiği gibi. O zamandan beri $a = \ddot{x}$, ikinci dereceden türevleri içeren Adi Diferansiyel Denklemler ailesini tanımladığımızı görüyoruz. Böyle bir Adi Diferansiyel Denklemin daha genel bir formunda eksik olan birinci dereceden türev terimleri olacaktır ve bunları eklerken artık standart sürtünme kuvvetlerini de dahil ettik (eğer birinci türevde doğrusal ve negatifse). Böylece, Adi Diferansiyel Denklemde eklenen terimlerin fizik kinematiği ve fenomenoloji ile nasıl ilişkili olduğunu ve hatta Landau ve Lifshits'in keşifte yaptığı gibi, yeni fiziksel etkileri tanımlamak için (tersine) kullanılabileceğini neredeyse hiç çaba harcamadan buluyoruz. LL denklemi [49] ve çeşitli eşleşme olaylarının kategorize edilmesinde [50]. Adi Diferansiyel Denklemler ve fenomenoloji arasındaki etkileşimin boyutsal analizle birlikte daha ayrıntılı analizi Bölüm 9'da verilmektedir.

# Bölüm 3. Hamilton'un En Az Eylem İlkesi

Şimdi Euler-Lagrange denklemlerini, Hamilton'un En Az Eylem Prensibi [10-13] tarafından verilen varyasyonel minimumun sonucu olarak farklı bir yolla elde ediyoruz. Bu yaklaşım, [42]'de açıklanacak ve Bölüm 3.2'de kısaca tartışılacak olan kuantum teorisinin tamamının kök formülasyonu olduğundan, Newtoncu bir yeniden formülasyondan daha fazlasıdır. Bu nedenle, bu bölüm tamamen genelleştirilmiş kuantum (yayıcı) teorisi ([42-44]) ve yayıcı teorisi ([47]) için kavramsal temelin bir parçası olarak özel bir öneme sahiptir.

## 3.1 Nokta parçacık için Lagrange

Noktaya benzer bir nesne düşünün ve onun konumunu genelleştirilmiş koordinatlarla tanımlayalım $\{q_k\}$; burada K boyutları için koordinatlarımız var: $q_1 \ldots q_k \ldots q_K$. Şimdi bir zaman parametreleştirmesi (koordinat) tanıtalım $t$ve zamanla ilgili genelleştirilmiş koordinat (konum) değişikliklerini, örneğin hızları tanımlayalım. Böylece koordinatlar $\{q_k\}$ve hızlar için $\{v_k\}$elimizde:

$$v_k = \frac{dq_k}{dt} = \dot{q}_k,$$

(3-1)

Zaman için $t$. İlk fizikte, en aza indirilen (yollar gibi) veya en üst düzeye çıkarılan (entropi gibi) değişken yapıların, sistemlerin nasıl geliştiğini, yayıldığını veya dengelendiğini belirlemesi gerektiği tartışılmıştı [2-13]. Bu tartışmalarda Newton'un ilk dinamik tanımının nasıl ikinci bir türev formülasyonu olduğunu görüyoruz .$F = ma$

Koordinat ve hızların varyasyonel fonksiyonunun adı, daha önce olduğu gibi "Lagrangian"dır ve şu şekilde gösterilir $L$:

$$L = L(\{q_k\}, \{\dot{q}_k\}) = L(\{q_k\}, \{v_k\}),$$

burada $L = L(\{q_k\}, \{\dot{q}_k\})$fonksiyon tanımında bağımsız değişkenleri (değişimsel olarak ilgili) belirtmek için sıklıkla kullanılacak olan giriş şekli, burada koordinatlar ve bunların hızları yer almaktadır. Newton'un 2. Yasasını hiçbir kuvvetin bulunmadığını düşünün · bunun Lagrangian'ı şöyledir:

$$L = L(\{q_k\}, \{v_k\}) = \sum_k \frac{1}{2} m (v_k)^2,$$

19

veya 1 boyut için $(1/2)mv^2$ kinetik enerjinin klasik ifadesi olan L='ye sahip olun. Newton'un 2. Yasasını kurtarmak için · Lagrangian hız türevlerinin her birinin zamana göre türevini sıfıra ayarlıyoruz ( *Lagrangian fonksiyonunun kendisinin zamana göre türevi değil* ):

$$\frac{d}{dt}\frac{dL}{dv} = \frac{d}{dt}\frac{d}{dv}\left(\frac{1}{2}mv^2\right) = m\frac{dv}{dt} = ma = 0,$$

böylece Kuvvet olmadığında hareket denklemi yeniden elde edilir (ma=F=0). Böylece, bir fonksiyonun varyasyonunun doğrudan ifadesi, bu varyasyonun sıfıra ayarlanması hareket denklemlerini verecek şekilde, "hareket formülasyonunda" elde edilen şeydir (ilk olarak 1834'te Hamilton tarafından en az etki ilkesiyle ifade edilmiştir [10 -13]). S eylemi, zaman parametresi t ile parametrelenen yollar boyunca aşağıdaki integral ilişkisiyle tanımlanan bir fonksiyonun (bir fonksiyonelin) bir fonksiyonu olarak tanıtılır (bkz. Şekil 2.1):

$$S = \int_{t_1}^{t_2} L(q,\dot{q},t)dt$$

(3-2)

bileşen abonelerinin bırakıldığı yer (veya tek boyutlu durum). Bunun hareket denklemlerini türetmek için geçerli bir başlangıç noktası olduğunu varsayacağız ve analizin ilerleyen bölümlerinde durumun böyle olduğunu kanıtlayacağız (burada bu eylem kavramı Bölüm 8'deki Hamilton-Jacobi formülasyonunda yeniden türetilmiştir).

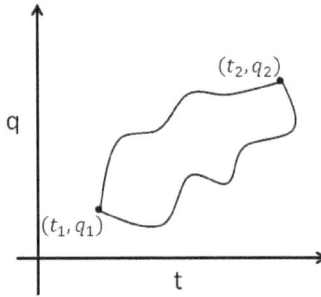

**Şekil 3.1. Eylem** , Lagrange'ın belirli bir yol boyunca entegrasyonundan oluşur. Eylemin değişkenliğindeki sabit uç noktalardaki durağanlık, olağan Euler Lagrange denklemlerinin ortaya çıkmasına neden olur. Şekilde Lagrangian için iki entegrasyon yolu gösterilmektedir ve uç noktalar şu şekilde paylaşılmaktadır (sabittir $q_1 = q(t_1)$) $q_2 = q(t_2)$.

20

Hamilton formülasyonunda hareket, $q(t)$ eylem için durağan bir değer veren (fonksiyonel değişim sıfırdır) zaman parametreli yol tarafından verilir ve burada tipik sınır koşulları, hareket yollarındaki uç noktaların başlangıçta $t_1$ ve bitişte sabit olmasıdır. $t_2$ yani $\delta q(t_1) = \delta q(t_1) = 0$. Lagrangian'da doğrudan zamana bağımlılığın olmadığını varsayarsak, fonksiyonel türev için elimizde:

$$0 = \delta S = \delta \int_{t_1}^{t_2} L(q,\dot{q})dt$$

$$= \int_{t_1}^{t_2} \delta L(q,\dot{q})dt = \int_{t_1}^{t_2} \left[\left(\frac{\partial L}{\partial q}\right)\delta q + \left(\frac{\partial L}{\partial \dot{q}}\right)\delta \dot{q}\right]dt$$

$$\delta S = \int_{t_1}^{t_2} \left[\left(\frac{\partial L}{\partial q}\right)\delta q + \left(\frac{\partial L}{\partial \dot{q}}\right)\frac{d\delta q}{dt}\right]dt$$

$$= \int_{t_1}^{t_2} \left[\left(\frac{\partial L}{\partial q}\right)\delta q - \frac{d}{dt}\left(\frac{\partial L}{\partial \dot{q}}\right)\delta q + \frac{d}{dt}\left(\frac{\partial L}{\partial \dot{q}}\delta q\right)\right]dt$$

$$\delta S = \left[\frac{\partial L}{\partial \dot{q}}\delta q\right]_{t_1}^{t_2} + \int_{t_1}^{t_2} \left[\left(\frac{\partial L}{\partial q}\right) - \frac{d}{dt}\left(\frac{\partial L}{\partial \dot{q}}\right)\right]\delta q \, dt$$

Parçalara göre entegrasyondan elde edilen sınır terimi sıfırdır çünkü dikkate alınan varyasyonlar için sınırlar sabittir. Bu, anlatılacak değişken problemlerin çoğu için standart durumdur. Gerektiğinde tartışılacak olan, sabit olmayan uçları olan alternatif, daha karmaşık formülasyonlar vardır. Böylece artık Hamilton'un En Az Eylem ilkesinin (standart form), daha önce bahsedilen Euler-Lagrange Denklemlerini [8] kurtardığını görüyoruz:

$$\delta S = 0 \Rightarrow \left(\frac{\partial L}{\partial q}\right) - \frac{d}{dt}\left(\frac{\partial L}{\partial \dot{q}}\right) = 0.$$

(3-3)

Euler-Lagrange denklemleri, takip eden bölümlerde çok çeşitli uygulamalarda hareket denklemlerini elde etmek için kullanılacaktır. Ancak bu örneklere geçmeden önce, eylem formülasyonundan yalnızca hareket denklemlerinin kurtarılmasından çok daha fazla şey toplanabilir; hareketin çeşitli özellikleri ve korunum yasaları artık çıkarılabilir.

### 3.1.1 Etki formülasyonuyla gösterilen mekanik özellikler

Önceki bölümlerde Goldstein'ın ders kitabına [25] birçok kez atıfta bulunulmuştu ve gelişimin bir kısmı (güçlü etki-tepki yasası) problemlerin oradan çözülmesinden kaynaklanıyordu. İleriye doğru Landau ve Lifshitz'in Mekanik ders kitabında [27] sunulan problemlerin çoğunu ayrıntılı olarak çözüyoruz ve ortaya çıkabilecek olası ikinci dereceden diferansiyel denklemlerin bir açıklaması olduğu için matematiksel gelişimlerini kısmen takip ediyoruz. Adi Diferansiyel Denklem merkezli yaklaşım Percival'in metninde de yapılmıştır [28], dolayısıyla bu popüler bir yaklaşımdır. Mekaniğin geliştirilmesinde sıradan diferansiyel denklemlerin rolü, burada sunulan çalışmada Adi Diferansiyel Denklemler ve bunlara yönelik problemler/çözümler üzerine geniş bir ek ile daha da açık hale getirilmiştir (AMA101'de Caltech'teyken alınan notlardan alınmıştır), Adi Diferansiyel Denklemler üzerine lisansüstü düzeyde matematik dersi). Burada sunulan geliştirmenin bir kısmı Adi Diferansiyel Denklem sınıflarını hareket sınıflarıyla eşleştiriyor ve buradan kaos içerenler de dahil olmak üzere genel sistemlere nasıl ulaşılacağını gösteriyor. Tartışmanın kaos kısmı esas olarak Percival'in [28] ders kitabına benzer Hamilton formülasyonunda yapılmıştır. İleri dinamik bölümleri Goldstein [25], Landau ve Lifshitz [27] ve Fetter ve Walecka [29] tarafından ders kitaplarında verilen problem çözümlerinden yararlanmaktadır; ve Caltech'te (yaklaşık 1986) alınan Dynamics (Ph 106) ve Advanced Dynamics (Aph107) derslerinden alınan notlardan.

Landau ve Lifschitz'in Mekanik'te [27] verdikleri açıklamayı takiben, ilk önce ihmal edilebilir etkileşime sahip iki parçadan oluşan bir sistemi ele alalım. Toplam Lagrange sistemini iki parçanın basit toplamı olarak yazıyoruz:

$$L = L_1 + L_2.$$

Toplama özelliği, etkileşimli olmayan ancak ortak paylaşılan sabite (örneğin birim seçimi) sahip sistemlerin ayrıştırılmasını ifade eder. Bunu göstermek için Lagrangian'ı bir sabitle çarpmayı düşünün; ortaya çıkan hareket denklemleri değişmez ve ayrı terimlerin tümü aynı çarpanı paylaşır. Bu noktadan devam ederek, verilen Lagrangian tanımına bir fonksiyonun toplam zaman türevini (koordinatlara ve zamana bağlı olarak) eklemeyi düşünün:

$$\tilde{L} = L + \frac{d}{dt} f(q, t)$$

Elde edilen yeni eylem fonksiyoneli şöyledir:

$$\tilde{S} = S + f(q(t_2), t_2) - f(q(t_1), t_1)$$

uç noktalar sabitlendiğinde varyasyonun aynı olduğu durum:
$$\delta\tilde{S} = \delta S.$$
Dolayısıyla Lagrangian, toplam zaman türevine göre farklılık gösteriyorsa, herhangi bir değişim için aynı hareket denklemini tanımlar. (Sabit olmayan veya önemsiz olmayan sınır koşulları varsa, o zaman toplam zaman türevinin eklenmesiyle artık değişmezlik olmaz.)

Eğer Lagrange uzaysal koordinata bağlı değilse uzayda da zamanda da homojenlik vardır deriz. Lagrangian uzayda yöne bağlı değilse, uzaysal izotropi var diyoruz, oysa 1 boyutlu bir parametre olan zaman için bu, zamanın tersine çevrilmesi değişmezliği demekle eşdeğerdir. Yani bir parçacığın serbest hareketini tanımlarken konum veya zamanla ilgili özel bir şey olmadığını söylersek, o zaman onun hareketinin Lagrangianının $\{q, t\}$ bağımlılığı olmaması gerektiğini söylemiş oluruz. Ayrıca, hız bağımlılığı yalnızca (izotropi için) büyüklüğe bağlı olmalıdır; bu, uygun şekilde hızın karesinin büyüklüğüne bir bağımlılık olarak yazılabilir:
$$L = L(v^2).$$
Eğer bu Lagrangian için geçerli bir fonksiyonel form ise, o zaman hız kayması altında herhangi bir değişiklik beklemeyiz (göreceli olmayan, yani Galilean, mutlak zaman referansı için doğrudur). Hadi deneyelim $\vec{v}' = \vec{v} + \vec{\varepsilon}$:

$$L' = L(v'^2) = L(v^2 + 2\vec{v}\cdot\vec{\varepsilon} + \varepsilon^2) = L(v^2) + \frac{\partial L}{\partial v^2}2\vec{v}\cdot\vec{\varepsilon} + O(\varepsilon^2),$$

birinci dereceden türetmenin $\vec{\varepsilon}$ açıkça gösterildiği yer. Bunun birinci dereceden değişmeden kalması için birinci dereceden terimin toplam zamana göre türevi olması gerekir. Hızda zaten bir zaman türevi olduğundan, bu yalnızca $\frac{\partial L}{\partial v^2}$ hızdan bağımsızsa (fakat sıfırdan farklıysa) mümkündür $L \propto v^2$ ve dolayısıyla Newton'un kütle ve eylemsizlik spesifikasyonuna uygun olarak elimizde:
$$L = \frac{1}{2}mv^2,$$

(3-4)

Euler-Lagrange denkleminin uygulanmasıyla hareket denklemi $v=$ sabit elde edilen serbest parçacık için Atalet Yasası elde edilir. Ayrıca , $v^2 = \left(\frac{dl}{dt}\right)^2 = \frac{(dl)^2}{(dt)^2}$ çeşitli koordinat sistemlerinde metrik ifadelerinin şöyle olduğuna dikkat edin: $(dl)^2$

Kartezyen: $(dl)^2 = (dx)^2 + (dy)^2 + (dz)^2$    $\Rightarrow L = \frac{1}{2}m(\dot{x}^2 + \dot{y}^2 + \dot{z}^2)$

Silindirik: $(dl)^2 = (dr)^2 + (r\,d\varphi)^2 + (dz)^2$ $\Rightarrow L = \frac{1}{2}m(\dot{r}^2 + r^2\dot{\varphi}^2 + \dot{z}^2)$

Küresel: $(dl)^2 = (dr)^2 + (r\,d\theta)^2 + (r\,\sin\theta\,d\varphi)^2 \Rightarrow L = \frac{1}{2}m(\dot{r}^2 + r^2\dot{\theta}^2 + r^2\sin^2\theta\,\dot{\varphi}^2)$

$$(3\text{-}5abc)$$

### 3.1.2 Serbest dolaşım eylemi

***Örnek 3.1. Serbest hareket için eylem – minimum pratik kullanım, maksimum teorik çıkarım***

Tek boyutlu hareketi olan serbest bir parçacık için elimizde $L = T = \frac{1}{2}\dot{x}^2$ eylem vardır:

$$S = \int_{t_A}^{t_B} L\,dt = \int_{t_A}^{t_B} \frac{1}{2}v^2\,dt,$$

EL denkleminden nerede . $v = \frac{x_B - x_A}{t_B - t_A}$ Böylece,

$$S = \frac{1}{2}\frac{(x_B - x_A)^2}{(t_B - t_A)} \quad \rightarrow \quad S = \frac{1}{2}\frac{(\Delta x)^2}{(\Delta t)} \quad \rightarrow \quad (\Delta x)^2 \cong (\Delta t)\ if\ S$$
$$= constant.$$

Zaman adımları $|\Delta x| \approx \sqrt{\Delta t}$ varsa $\Delta t = N$, rastgele yürüyüşte olduğu gibi (daha fazla ayrıntı [45]'te).

***Egzersiz 3.1.*** ile tekrarlayın $L = \cosh v$.

Serbest hareket eyleminin, Schrödinger denkleminin olasılığına dair ilk ipucumuz olan difüzyon denkleminin çözümü (1 boyutlu ısı denkleminin çözümü) ve görülen Ito İntegral (Weiner İntegral) formülasyonlarının ilk ipucu gibi olduğuna dikkat edin. daha sonra analitik zaman yoluyla Öklidleştirilmiş kuantum formuyla (Wick rotasyonu yoluyla, bkz. [43,44]). Tek boyutlu difüzyon ilişkisi ile olan ilişki aynı zamanda genel olarak dinamik ve termodinamik arasındaki derin bağlantıların erken bir ipucudur - karmaşık zaman veya analitiklik ile (kuantum) mekaniği yoluyla ([43,44]'te tartışılacaktır). Analitik trigintaduonion yayılma ilişkilerinin veya projeksiyonlarının termalliğin (martingale termodinamiği), geometrinin (standart kozmoloji) ve ayar geometrisinin (standart model) ortaya çıkışıyla somutlaştırılması, [45]'te daha ayrıntılı olarak tartışılmıştır.

**Örnek 3.2. Yüksek dereceli zaman türevleriyle Lagrangian**
Aşağıdaki Lagrangian'a sahip bir sistem düşünün:

$$L = A\ddot{x}^2 + \frac{1}{2}m\dot{x}^2.$$

yolların uç noktalarında aynı değerlere sahip tüm yollar ve tüm zaman türevleri için bir ekstremum olmasını istersek benzersiz bir şekilde elde edilebilir :$x$

$$S = \int_{t_1}^{t_2}\left(A\ddot{x}^2 + \frac{1}{2}m\dot{x}^2\right)dt = \int_{t_1}^{t_2}L(\dot{x},\ddot{x})dt$$

$$0 = \delta S = \int_{t_1}^{t_2}\left(\frac{\partial L}{\partial \dot{x}}\delta\dot{x} + \frac{\partial L}{\partial \ddot{x}}\delta\ddot{x}\right)dt$$

$$= \int_{t_1}^{t_2}\left(-\frac{d}{dt}\left(\frac{\partial L}{\partial \dot{x}}\right)\delta x - \frac{d}{dt}\left(\frac{\partial L}{\partial \ddot{x}}\right)\delta\dot{x}\right)dt$$

ve parçalara göre başka bir entegrasyon (sınır terimleri düşürülerek, dolayısıyla toplam türevler düşürülerek):

$$\delta S = \int_{t_1}^{t_2}\left(-\frac{d}{dt}\left(\frac{\partial L}{\partial \dot{x}}\right) + \frac{d^2}{dt^2}\left(\frac{\partial L}{\partial \ddot{x}}\right)\right)\delta x\,dt = 0 \rightarrow \frac{d^2}{dt^2}\left(\frac{\partial L}{\partial \ddot{x}}\right) - \frac{d}{dt}\left(\frac{\partial L}{\partial \dot{x}}\right)$$

$$= 0$$

Hareket denklemi şu şekildedir:

$$2Ax^{(4)} - m\ddot{x} = 0,$$

(4) dördüncü dereceden bir zaman türevini belirtir.

*Egzersiz 3.2.* İle tekrarlayın$L = A\ddot{x}^3 + \frac{1}{2}m\dot{x}^2 + B\ddot{x}$

### 3.2 Yüksek salınımlı integrallerden ve sabit fazdan En Az Etki
Hamilton'un en az etki ilkesinde belirtilen varyasyonel ekstremum, üstelleştirilmiş büyük büyüklükte fonksiyonel integral [6] yoluyla da elde edilebilir; burada Eylem, her biri büyük bir sabit faktörle üstelleştirilmiş bir terime katkıda bulunan her yol boyunca değerlendirilir (öyle ki bir varyasyonel minimum hakim olur). , aşağıdaki negatif işaret kuralına göre). Bu aynı zamanda kuantum yol integral formülasyonunda da kullanılır [48] (ve [42]) burada hala büyük bir sabit vardır (Planck sabitinin tersi), ancak üstelleştirilmiş terim sanal hale getirilir, yani her yol artık şu şekilde eylemine katkıda bulunur: sabit fazın daha sonra değişken ekstremumu seçtiği bir faz terimi. Böylece klasik integral formu, analitik olarak doğrudan ilgili bir kuantum integral formuna dönüştürülebilir:

$$\int e^{-Mf(x)}\,dx \quad \rightarrow \quad \int e^{iMf(x)}\,dx, \quad M \gg 1.$$

Klasik integral formunun tuhaf bir temsil olduğunu ve zaten Hamilton'un en az hareketine indirgendiğinden pek kullanılmadığını unutmayın. Bununla birlikte, karmaşık biçiminde, en az eylemle tutarlı diferansiyel biçime indirgendiğinde Schrödinger denklemini elde ederiz ve klasik teoriyi en düşük düzeyde, kuantum düzeltmelerini ise daha yüksek düzeyde elde ederiz (ayrıntılar için [42]'ye bakınız).

Durağanlık sağlayan yolun seçildiği çoklu yol kavramı, kuantum mekaniğine kuantum PI yaklaşımının temelini oluşturur. PI nicelemesi, çeşitli alanlarda operatör/dalga fonksiyonu (Schrodinger) veya kendine eşlenik operatör/Hilbert Uzayı (Heisenberg) formülasyonlarına eşdeğerdir; burada bir problemi çözmek için formülasyon seçimi kritik olabilir. onun çözümü. Değişken olarak tanımlanmış klasik yapılar, özellikle Bölüm 8'de özetlenenler, sonunda tam kuantum mekaniksel formülasyona genelleştirilecektir (birden fazla yayılma yolu ve bu yollar üzerinde işlevsel olan sabit bir eylem açısından). Uygulamada, yol integrali gösteriminden Heisenberg [16], Schrödinger [17] veya Dirac [18] tarafından yazılan eşdeğer formülasyonlardan birine geçersek, özellikle bağlı sistemler için tam kuantum teorisinin analizi çok daha kolay olur. [42]'de gösterilecektir. Heisenberg operatör hesabı formülasyonu, klasik Hamiltonyen'in operatör yeniden formülasyonuna dayanmaktadır (Bölüm 6); Schrödinger denklemi , Hamilton-Jacobi denklemlerinin operatör- dalga fonksiyonlu yeniden formülasyonuna dayanmaktadır (Bölüm 8); ve Dirac'ın aksiyomatik yeniden formülasyonu [42] klasik bir analoğa ihtiyaç duymadan genel sistemlere geçer (ve ayrıca daha sonraki gelişmelerde spin ½ fermiyonları için göreli dalga denklemine köprü oluşturur [18]).

Klasik integral gösteriminin yolların basit bir toplamını (ağırlıklandırma yok) içerdiğine ve daha sonra, kuantum formülasyonunun analitik devamı ile, hala ağırlıksız yolların toplamına sahip olduğumuza dikkat edin. Bu özellik, eşbölümleme teoremi haline gelmek üzere istatistiksel mekaniğe taşınır ve kuantum yayıcıdan istatistiksel mekanik bölme fonksiyonuna (Serinin 7. ve 8. Kitaplarında açıklanmıştır) analitik devam (Wick rotasyonu) yoluyla bulunabilir. Bu nedenle, altta yatan teorilerin veya teorik temsillerin analitik olduğuna ve muhtemelen birden fazla şekilde olduğuna dair giderek artan sayıda kanıt vardır; bu da muhtemelen temelde aşırı karmaşık olduğuna işaret eder (Kitap 9'da daha ayrıntılı olarak tartışılmıştır).

## 3.3 Parçacık sistemi için Lagrangian

Şimdi bir grup serbestçe hareket eden parçacığı düşünün, Lagrangian kinetik enerji terimlerinden oluşur:

$$L = T = \sum_a \frac{1}{2} m_a v_a{}^2,$$

(3-7)

burada 'a' indeksi farklı parçacıklar üzerinde değişmektedir ve tek boyutlu hareket için Lagrangian açıkça görülmektedir. Çok boyutlu hareket (tipik olarak üç boyutlu), vektör miktarlarına ilişkin bileşen endekslerinin bastırıldığı yerde örtülüdür. Şimdi parçacıkların etkileşim içinde olduğunu düşünelim ve bunu daha önceki D'Alembert/Newton formülasyonunda belirtildiği gibi bir "potansiyel enerji" terimi olarak ifade edelim:

$$L = \sum_{a=1} \frac{1}{2} m_a v_a{}^2 - U(\vec{r}_1, \vec{r}_2, \dots) = T - U,$$

(3-8)

Burada kinetik enerji için "T" ve potansiyel enerji için "U" standart gösterimi getirilmiştir. Hızlara ilişkin standart vektör gösterimini açıkça kullanan Euler-Lagrange denklemleri şunu verir:

$$m_a \frac{d\vec{v}_a}{dt} = -\frac{\partial U}{\partial \vec{r}_a} = \vec{F},$$

(3-9)

burada F tanıdık Newton kuvvetidir. Buna Lagrangian'dan geldiğimize dikkat edin, bir kez daha zamana veya bilgi aktarımına atıfta bulunmayan potansiyel bir fonksiyonun tanıtıldığını görüyoruz, örneğin etkileşimlerin anlık yayılımıyla örtülü bir Galilean mutlak zamanına gönderme yapıyor. Açıkçası, hızlar göreceli hale geldiğinde bu önemli ölçüde hata yapmaya başlayacaktır, ancak klasik ortamlarda (sarkaç hareketi gibi) klasik mekanik özellikleri incelediğimiz bu aşamada bu ihmal edilebilir bir hatadır. Lagrange'ın bir toplamsal sabit veya toplam zaman türevi dahilinde değişmediğini hatırlayın. Şu ana kadar zamana bağımlı potansiyelleri dikkate almıyoruz, dolayısıyla "toplam sabit dahilinde değişmeyen"e odaklanmak, parçacıklar arasındaki mesafe büyüdükçe potansiyelin sıfıra düşmesini sağlayacak şekilde Lagrangian formülasyonumuzu değiştirmekte özgür olduğumuz anlamına gelir

Şimdi, birinci parçacıkla tanımlanan bir sistemin (artık açık sistem olarak görülüyor) bakış açısından bakıldığında iki parçacıktan oluşan bir sistemi ele alalım. İlk olarak, yalnızca iki parçacık için Lagrangian şöyledir:

$$L = T_1(q_1, \dot{q}_1) + T_2(q_2, \dot{q}_2) - U(q_1, q_2).$$

İkinci parçacık için zamanın bir fonksiyonu olarak bir çözümümüz olduğunu $q_2 = q_2(t)$ve bu çözümü tekrar Lagrangian'ımıza koyduğumuzu varsayalım. Sonuçta tek bağımsız değişkenin artık zaman olduğu kinetik bir terim ortaya çıkar, bu nedenle toplam zaman türevi olarak görülebilir ve dolayısıyla hareket denklemlerini değiştirmeden Lagrangian'dan çıkarılabilir. Artık ilk parçacığın "açık" bir sistemde tanımlandığı eşdeğer Lagrangian şu şekildedir:

$$L = T_1(q_1, \dot{q}_1) - U(q_1, q_2(t)).$$

Lagrange artık ana biçimine $L = T - U$, yani kinetik enerji eksi potansiyel enerjiye ulaştı. Genel enerjinin korunumunun geçerli olduğu bu noktada varyasyonel formalizmde $T + U$temel bir varlığa sahip olmak tuhaf görünebilir $T - U$. (Sonuncusunun daha sonraki bölümlerde ele alacağımız varyasyonel, Hamiltoncu formalizmin de temeli olarak çalıştığı ortaya çıktı.) Şimdilik Lagrangian formülasyonunda kalacağız ve burada örtük olarak yer alan "potansiyel" tipine geçeceğiz. kısıtlamalar yoluyla bir sistem.

### 3.3.1 Kısıtlamalar
Mekanik sistemler genellikle çubuklar, ipler ve menteşeler aracılığıyla kısıtlama altındaki hareketle ilgilenir. O zaman iki yeni sorun ortaya çıkar: (1) Kısıtlamanın serbestlik dereceleri üzerindeki etkisinin belirlenmesi (3B'deki N parçacık, kısıtlanmamışken 3N serbestlik derecesine sahiptir, örneğin bir yüzeye zorlanırsa daha sonra 2N serbestlik derecesine düşürülür, vb.) .); ve (2) sürtünme. Aşağıdaki örnek problemlerde sürtünmenin ihmal edilebilir olduğunu varsayıyoruz, ancak Bölüm 9'daki sürtünme ve diğer fenomenolojik kuvvetler tartışmasına geri dönelim.

Bir kısıtlama holonomik değilse, kısıtlamayı ifade eden denklemler bağımlı koordinatları ortadan kaldırmak için kullanılamaz. Formun kısıtının genel doğrusal diferansiyel denklemlerini göz önünde bulundurun:

$$\sum_{i=1}^{n} g_i(x_1, \dots, x_n) dx_i = 0.$$

Kısıtlamalar sıklıkla bu biçimde konulabilir, ancak yalnızca bir integral alma fonksiyonu mevcutsa entegre edilebilir (ve holonomiktir) $f(x_1, \dots, x_n)$:

$$\frac{\partial(fg_i)}{\partial x_j} = \frac{\partial(fg_j)}{\partial x_i}.$$

Bu nedenle, integrallenebilir bir fonksiyonun ikinci dereceden karışık türevleri, türev alma sırasına bağlı olmamalıdır. Bunun bir örneği olarak, bir çift diferansiyel denklem tarafından yönetilen kısıtlamayla (açık sıfır faktörleri gösterilmiştir) bir düzlemde yuvarlanan bir diski düşünün:

$$0d\theta + dx - a\sin\theta\, d\varphi = 0 \quad and \quad 0d\theta + dy + a\cos\theta\, d\varphi = 0.$$

Bunun için elimizde:

$$\frac{\partial(f(1))}{\partial\theta} = \frac{\partial(f(0))}{\partial x} = 0 \quad \rightarrow \quad \frac{\partial f}{\partial\theta} = 0,$$

Dolayısıyla f'nin hiçbir bağımlılığı yoktur $\theta$. Ancak bu aşağıdakilerle tutarsızdır:

$$\frac{\partial(f(1))}{\partial\varphi} = \frac{\partial(f(-a\sin\theta))}{\partial x},$$

f'nin bağımlılığı var $\theta$. Dolayısıyla yuvarlanan nesneler holonomik olmayan kısıtlamalara sahip bir sistemin tanıdık bir örneğidir.

### 3.3.2 Basit sistemler için Lagrangianlar

Basit kısıtlamalar veya bağıntılar varsa kinetik terimlerin doğrudan değerlendirilmesi mümkündür. Örneğin en basit çift sarkacı düşünün (Şekil 3.2'de gösterilen, nokta kütleleri birleştiren kütlesiz çubuklardan yapılmıştır). Genel çok elemanlı sistemlerin neredeyse tamamının İstatistiksel Mekanik [44]'te ele alınacağını unutmayın.

*Örnek 3.3 Çift sarkaç*

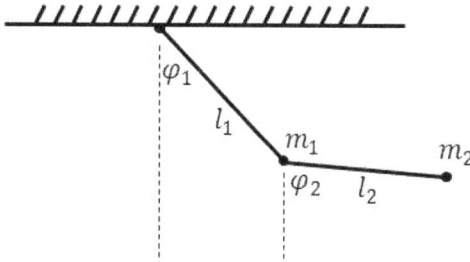

**Şekil 3.2.** Çift sarkaç.

koordinatlarını açıklayalım.$m_2$ kütle ( $x$ ,y):

$$x = l_1\sin\varphi_1 + l_2\sin\varphi_2 \quad and \quad y = l_1\cos\varphi_1 + l_2\cos\varphi_2$$

Daha sonra Lagrange'ı kinetik enerji eksi potansiyel enerji olarak alırsak,
$L = K.E.-P.E.$önce KE'yi belirleriz:

$$K.E.= \frac{1}{2}m_1(l_1\dot{\varphi}_1)^2$$
$$+ \frac{1}{2}m_2[(l_1cos\varphi_1\dot{\varphi}_1 + l_2cos\varphi_2\dot{\varphi}_2)^2$$
$$+ (-l_1sin\varphi_1\dot{\varphi}_1 - l_2sin\varphi_2\dot{\varphi}_2)^2]$$
$$= \frac{1}{2}(m_1 + m_2)(l_1\dot{\varphi}_1)^2 + \frac{1}{2}m_2(l_2\dot{\varphi}_2)^2$$
$$+ m_2(l_1\dot{\varphi}_1)(l_2\dot{\varphi}_2)\cos(\varphi_1 - \varphi_2)$$
$$P.E.= (m_1 + m_2)g(sin\varphi_1)l_1 + m_2gl_2sin\varphi_2$$

ve Lagrangian şu şekildedir:

$$L = \frac{1}{2}(m_1 + m_2)(l_1\dot{\varphi}_1)^2 + \frac{1}{2}m_2(l_1\dot{\varphi}_1)^2 + m_2(l_1\dot{\varphi}_1)(l_2\dot{\varphi}_2)\cos(\varphi_1 - \varphi_2)$$
$$-(m_1 + m_2)gl_1sin\varphi_1 - m_2gl_2sin\varphi_2$$

*Alıştırma 3.3.* Hareket denklemlerini belirleyin.

Şimdi destek noktasını çeşitli şekillerde modüle etmenin basit bir sarkacın üzerindeki etkisini ele alalım (Örnek 3.4'te yatay; Örnek 3.5'te dikey; Örnek 3.6'da dairesel):

***Örnek 3.4. Yatay olarak salınan desteğe sahip tek sarkaç***
Şimdi destek noktasının bulunduğu $m_1$ve yatay olarak salındığı tek sarkacı (Şekil 3.3) ele alalım:

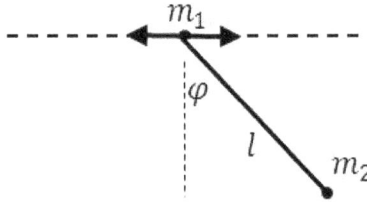

**Şekil 3.3.** Yatay olarak salınan desteğe sahip tek sarkaç.

İkinci kütleyi Kartezyen koordinatlara göre dikkatlice belirlersek:
$$x_2 = x_1 + lsin\varphi \quad and \quad y_2 = lcos\varphi.$$
Daha sonra Lagrangian'ı şu şekilde tanımlarız $L = K.E.-P.E.$:

$$K.E.= \frac{1}{2}m_1\dot{x}_1^2 + \frac{1}{2}m_2[(\dot{x}_1 + lcos\varphi\dot{\varphi})^2 + (-lsin\varphi\dot{\varphi})^2]$$
$$= \frac{1}{2}m_1\dot{x}_1^2 + \frac{1}{2}m_2[\dot{x}_1^2 + (l\dot{\varphi})^2 + 2lcos\varphi\dot{x}_1\dot{\varphi}]$$
$$= \frac{1}{2}(m_1 + m_2)\dot{x}_1^2 + \frac{1}{2}m_2(l\dot{\varphi})^2 + m_2lcos\varphi\dot{x}_1\dot{\varphi}$$

$$P.E. = -lgm_2cos\varphi$$
$$L = \frac{1}{2}(m_1 + m_2)\dot{x}_1{}^2 + \frac{1}{2}m_2(l\dot{\varphi})^2 + m_2lcos\varphi(\dot{x}_1\dot{\varphi} + gl)$$

**Alıştırma 3.4.** Hareket denklemlerini belirleyin.


**Örnek 3.5. Dikey olarak salınan desteğe sahip tek sarkaç.**
Şekil 3.3'ü düşünün, ancak *dikey olarak* salınan destekle. İkinci kütleyi Kartezyen koordinatlara göre belirtirsek:
$$x_2 = x_1 + lsin\varphi \quad and \quad y_2 = lcos\varphi.$$

Daha sonra Lagrangian'ı şu şekilde tanımlarız $L = K.E. - P.E.$:

$$K.E. = \frac{1}{2}m_1\dot{x}_1{}^2$$
$$+ \frac{1}{2}m_2[(\dot{x}_1 + lcos\varphi\dot{\varphi})^2$$
$$+ (-lsin\varphi\dot{\varphi})^2]$$
$$= \frac{1}{2}m_1\dot{x}_1{}^2 + \frac{1}{2}m_2[\dot{x}_1{}^2 + (l\dot{\varphi})^2 + 2lcos\varphi\dot{x}_1\dot{\varphi}]$$
$$= \frac{1}{2}(m_1 + m_2)\dot{x}_1{}^2 + \frac{1}{2}m_2(l\dot{\varphi})^2 + m_2lcos\varphi\dot{x}_1\dot{\varphi}$$
$$P.E. = -lgm_2cos\varphi$$
$$L = \frac{1}{2}(m_1 + m_2)\dot{x}_1{}^2 + \frac{1}{2}m_2(l\dot{\varphi})^2 + m_2lcos\varphi(\dot{x}_1\dot{\varphi}$$
$$+ gl)$$

**Alıştırma 3.5.** Hareket denklemlerini belirleyin.
**Örnek 3.6. Dönen diskli (salınımlı) destekli tek sarkaç.**
Şekil 3.3'ü düşünün, ancak *dönen disk* salınım desteğiyle. Sarkaç kütlesinin koordinatlarından başlayarak:
$$x = lsin\varphi + asin\gamma t \quad and \quad y = lcos\varphi + acos\gamma t.$$
O halde kinetik enerji:
$$K.E. = \frac{1}{2}m([lcos\varphi\dot{\varphi} + a\gamma cos\gamma t]^2$$
$$+ [-lsin\varphi\dot{\varphi} + a\gamma sin\gamma t]^2)$$
$$= \frac{1}{2}m(l\dot{\varphi})^2 + m\gamma al\dot{\varphi}[cos\varphi cos\gamma t + sin\varphi sin\gamma t]$$
$$= \frac{1}{2}m(l\dot{\varphi})^2 + m\gamma al\dot{\varphi}(cos(\varphi - \gamma t))$$
ve potansiyel enerji:
$$P.E. = -gmlcos\varphi + gmacos\gamma t$$

31

$$L = \frac{1}{2}m(l\dot{\varphi})^2 + m\gamma al\dot{\varphi}(\cos(\varphi - \gamma t) + gm(l\cos\varphi - a\cos\gamma t)$$
$$= \frac{1}{2}m(l\dot{\varphi})^2 + ml a\gamma^2 \sin(\varphi - \gamma t) + mgl\cos\varphi$$

***Alıştırma 3.6.*** Hareket denklemlerini belirleyin.

Şimdi sarkaç kolunun bir yay olduğunu düşünelim (bkz. Şekil 3.4).

***Örnek 3.7 Sarkaç kolu desteği için yaylı tek sarkaç* .**

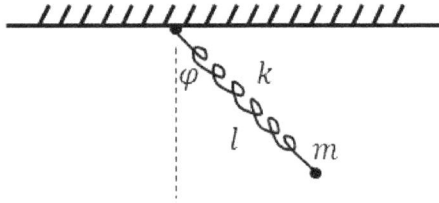

**Şekil 3.4.** Sarkaç kolu desteği için yaylı tek sarkaç.
$$L = \frac{1}{2}m(\dot{r}^2 + r^2\dot{\theta}^2) + mgr\cos\theta - \frac{1}{2}k(r - l)^2$$
$$\frac{d}{dt}\left(\frac{\partial L}{\partial \dot{r}}\right) - \frac{\partial L}{\partial r} = m\ddot{r} - mg\cos\theta + k(r - l)$$
$$+ mr\dot{\theta}^2 = 0$$
$$\frac{d}{dt}\left(\frac{\partial L}{\partial \dot{\theta}}\right) - \frac{\partial L}{\partial \theta} = mr^2\ddot{\theta} + mgr\sin\theta = 0$$

ile $\varepsilon \ll l$ yazılabilir $r = l + \varepsilon$ ve salınım açısı da küçük alınırsa, küçük bir salınım sonucu yazabilir ve rezonans frekanslarını tanımlayabiliriz (bu basit bir küçük salınım analizi örneğidir, Daha karmaşık küçük salınım analizi için daha kapsamlı bir açıklama Bölüm 3.8'de verilmiştir). İlk siparişte elimizde:
$$m\ddot{\varepsilon} - mg + k\varepsilon = 0 \quad and \quad ml^2\ddot{\theta} + mgl\theta = 0.$$
Böylece küçük salınım çözümlerine sahip olun:

$$\varepsilon = A\cos\left(\omega_0^{(1)}t + \alpha\right) + \frac{mg}{k} \quad \rightarrow \quad \omega_0^{(1)} = \sqrt{\frac{k}{m}}$$

Ve

$$\theta = B\cos\left(\omega_0^{(2)}t + \beta\right) \rightarrow \quad \omega_0^{(2)} = \sqrt{\frac{g}{l}}.$$

***Alıştırma 3.7.*** Olursa ne olur $\omega_0^{(1)} = \omega_0^{(2)}$.

Şimdi sarkaç kolunun gerilimi destekleyebildiğini ancak sıkıştırmayı destekleyemediğini (örneğin, bir halat) düşünelim.

***Örnek 3.8. Sarkaç kütlesi için yalnızca gerilim destekli tek sarkaç.***
Şekil 3.4'ü düşünün, ancak *gerginlik* desteğiyle. Yine , m uzunluğunda bir ip (veya tel) tarafından tutulan m kütlesine sahip basit bir sarkaçımız $l$var ve şimdi teldeki gerilimi ele alıyoruz. İp geriliminin gevşemediği holonomik rejimi incelemek istiyoruz. Potansiyel için yine kutupsal koordinatlara sahibiz $U = -mgrcos\theta$:

$$L = \frac{1}{2}m(\dot{r}^2 + r^2\dot{\theta}^2) + mglcos\theta$$

Böylece

$$E_T = \frac{1}{2}ml^2\dot{\theta}^2 - mglcos\theta$$

tele etki eden etkili kuvvetin radyal olduğu yer. R koordinatı için EL denklemini kullanalım:

$$\frac{d}{dt}\left(\frac{\partial L}{\partial \dot{r}}\right) - \frac{\partial L}{\partial r} = Q_r$$

(3-10)

olduğundan $Q_r = -T_r$, elimizde:

$$m\ddot{r} - mr\dot{\theta}^2 - mgcos\theta = -T_r \quad \rightarrow \quad T_r = \frac{2}{l}E_T + 3mgcos\theta$$

$$0 \le \frac{2}{l}E_T + 3mgcos\theta \quad \rightarrow \quad E_T \ge -\frac{3}{2}mglcos\theta,$$

Gergin bir ip veya ip için. Maksimum açı varsa, $\theta_{max}$elimizde:

$$E_T = -mglcos\theta_{max} \quad and \quad 0 \le \frac{2}{l}E_T + 3mgcos\theta_{max}$$

$$0 \le -2mgcos\theta_{max} + 3mgcos\theta_{max} \quad \rightarrow \quad 0 \le cos\theta_{max} \quad \rightarrow \quad 0 \le \theta_{max}$$
$$\le 90$$

Dolayısıyla, tel gerginken hareket için maksimum bir açı varsa $0 \le \theta_{max} \le 90$, bunun sistem enerjisiyle birlikte olması gerekir:
$$-mgl \le E_T \le 0.$$
Gerginliğin maksimum açısı yoksa, o zaman $E_T \ge -\frac{3}{2}mglcos\theta$herhangi bir açının koşulunu karşılıyoruz, dolayısıyla:

$$E_T \ge \frac{3}{2}mgl$$

Şimdi potansiyel enerjiyi, hareketsiz sarkacın sahip olacağı şekilde kaydıralım $E = 0$, o zaman sicim geriliminin korunduğu enerji değerleri aralığı şöyle olur:

$$0 \leq E_T < mgl \quad and \quad \frac{5}{2}mgl \leq E_T < \infty.$$

**Alıştırma 3.8.** Serbestleştirmeden rotasyona nasıl geçilir ?

**Örnek 3.9. Yay geri getirme kuvveti ile yatay destek hareketine sahip bir sarkaç .**

Destek noktası aynı zamanda hem sol hem de sağ tarafta yay sabiti ile yatay yönde hareket etmekte serbest olan bir sarkacın yatay yönde hareket etmesi problemini ele alalım $k/2$([29]'daki problem 3.7'ye benzer). Sarkaç bobunun kütlesi, $m$ uzunluğu kütlesiz bir çubukla $l$ destek noktasına bağlanmıştır. Bobin hareketi, sarkaç hareketinin dikey düzleminde yer alacak şekilde sınırlandırılmıştır; burada koordinatları şu şekilde alırız:

$$X = x + l\sin\theta \quad and \quad Y = -l\cos\theta$$

O halde Lagrangian:

$$L = \frac{1}{2}m(\dot{X}^2 + \dot{Y}^2) - U, \quad where\ U = \frac{1}{2}kx^2 - mgl\cos\theta$$

bu şunu basitleştirir:

$$L(x,\theta) = \frac{1}{2}m\dot{x}^2 + \frac{1}{2}m(l\dot{\theta})^2 + m\dot{x}\dot{\theta}l\cos\theta - U.$$

EL denklemi şunu $x$ verir:

$$m\ddot{x} + \frac{d}{dt}(m\dot{\theta}l\cos\theta) - kx = 0$$

ve EL denklemi şunu $\theta$ verir:

$$ml^2\ddot{\theta} + \frac{d}{dt}(m\dot{x}l\cos\theta) + m\dot{x}\dot{\theta}l\sin\theta + mgl\sin\theta = 0.$$

Küçük salınım yaklaşımında hareket denklemleri şu şekilde azalır:

$$\ddot{x} + l\ddot{\theta} - \frac{k}{m}x = 0 \quad and \quad \ddot{x} + l\ddot{\theta} + g\theta = 0.$$

: arasında $x = \frac{mg}{k}\theta$ tek bir ilişkiye indirgenen bir ilişkiyi görmek için birleştirebiliriz :$(x,\theta)$

$$L\ddot{\theta} + g\theta = 0 \quad where \quad L = l + \frac{mg}{k}.$$

Böylece, küçük salınım için etkin uzunlukta bir sarkacımız olur $L = l + \frac{mg}{k}$.

**Alıştırma 3.9.** Çubuk (üniform) için kütle M ile yeniden yapın.

34

*Örnek 3.10. Destek gerilimi sıfıra düşmeden önce ne kadar yükseğe sallanabilirsiniz?*

Bundan sonra ele alınan iki dinamik sistem, açısal koordinattaki değişim dışında aynı Lagrangianlara sahiptir. Her ikisi de aynı sabit radyal mesafe kısıtlamasına sahiptir; burada kısıtlama kuvvetinin sıfıra gitmesi, sarkaç ipi geriliminin gevşediği yeri veya kayan bir nesnenin yarı küresel kubbeli bir yüzeyden ayrıldığını gösterir. Öncelikle sarkaç problemini ele alalım ve sarkaç ip geriliminin ne zaman sıfıra ineceği konusuna değinelim.

İlk problem aynı zamanda, belki parametrik olarak yönlendirilerek, giderek daha büyük yaylarda salınım yapıp sallanamayacağınız ve tam dönüşler yapmaya başlamak için yeterli açısal hıza ulaşıp ulaşamayacağınız sorusunu da yanıtlıyor.... Cevap hiçbir zaman değildir, çünkü açısal hız $\omega = \sqrt{(2g/l)}$ destek hattı gerilimine doğru büyüdüğünde sıfıra gittiğinden ve daha da ileri gittiğinden (artımlı veya adyabatik) bir 'sıçrama' veya itme ile gerekli olan bir açısal hız (yayın dibinde) gerekli olacaktır. $\omega > \sqrt{(5g/l)})$ sistem enerjisinde büyüme mümkün olmayacaktır.

Sarkacın Lagrangianı artık $\tau$sarkacın yarıçapı $r$uzunluk olarak sınırlandırılmış için açık Lagrange çarpanı (aşağıdaki nota bakınız) ile yazılmaktadır $l$:

$$L = \frac{1}{2}m(\dot{r}^2 + r^2\dot{\theta}^2) + mgr\cos\theta - \tau(r - l)$$

EL denklemleri bize hareket denklemlerini verir:

$$r: \quad m\ddot{r} - mr\dot{\theta}^2 - mg\cos\theta - \tau = 0$$
$$\theta: \quad \frac{d}{dt}(mr^2\dot{\theta}) + mgr\sin\theta = 0$$
$$\tau: \quad r - l = 0$$

Kendi başına değişken bir parametre olarak ele alındığında, kendi EL denklemi (yukarıda gösterilmiştir) ile kısıtlama denklemini kurtaran bir "Lagrange çarpanı"nın tanıtıldığına dikkat edin. Aşağıda benzer şekilde Lagrange çarpanlarının kullanımı çok basit olacaktır; örneğin, $-\tau(contraint\_body)$kısıt denklemi ne zaman bir terim elde edersek $contraint\_body = 0$(tabii ki bu sadece eşitlik kısıtları için işe yarar, ancak eşitsizlik kısıtları için de çok benzer bir prosedür vardır) yani [24]).

Denklemden $\theta$bir hareket sabiti elde ederiz (enerjinin korunumu):

$$\frac{d}{dt}\left(\frac{1}{2}\dot{\theta}^2 - \frac{g}{l}\cos\theta\right) = 0$$

şunu $\theta = 0$ tanımlarsak $\dot{\theta} = \omega$:

$$\frac{1}{2}\dot{\theta}^2 - \frac{g}{l}\cos\theta = \frac{1}{2}\omega^2 - \frac{g}{l}$$

Gerginliğin çözümü $\tau$:

$$\tau = ml\omega^2 - 2mg + 3mg\cos\theta$$

Gerginliğin (veya kısıtlama kuvvetinin) ne zaman sıfıra gittiğini düşünün:

$$\omega^2 = \frac{g}{l}(2 - 3\cos\theta).$$

Sıfır gerilim çözümlerinin mevcut olduğunu görüyoruz $\frac{g}{l}(2 - 3\cos\theta) \geq 0$. Sıfır kısıtlamanın ilk oluştuğu açı şu şekildedir:

$$\cos\theta = \frac{2}{3} \quad \rightarrow \quad \theta \cong 48°.$$

Enerji formülünde üç ilgi alanı vardır:

Durum 1: $l\omega^2 < 2g$: $2mg\cos\theta = ml\dot{\theta}^2 - ml\omega^2 + 2mg > -2mg + 2mg = 0$.Böylece, elimizde $\cos\theta > 0$, dolayısıyla $\theta \leq 45°$ve o zamandan bu yana $\theta \cong 48°$, daha az gerilim var $\tau > 0$.

Durum 2: $2g < l\omega^2 < 5g$: $2mg\cos\theta = ml\dot{\theta}^2 - (x - 2)mg, where$ $2 < x < 5$. Böylece, daha önce de belirtildiği gibi, zaman $\cos\theta = \frac{2}{3} - \frac{l\omega^2}{3g}$olabilir .$\tau = 0$

Durum 3: $l\omega^2 > 5g$: $\omega^2 = \frac{g}{l}(2 - 3\cos\theta)$asla tatmin edilemez, bu nedenle gerilim asla sıfıra inmez - sarkaç serbest kalmak yerine (tamamen) döner.

*Alıştırma 3.10.* Hareketi ilerledikçe $l\omega^2 > 5g$ve azaldıkça tanımlayın $\omega$.

### *Örnek 3.11. Yarımkürenin yüzeyindeki hareket*
İlgili ikinci problem için, bir diskin (hokey topu) yarımkürenin yüzeyindeki hareketini ele alalım. Kayan diskin kayarken yarıküreden hangi açıda ayrıldığını bilmek istiyoruz; örneğin kısıtlama kuvvetinin ne zaman sıfır olduğunu. Lagrangian

$$L = \frac{1}{2}m\left(\dot{r}^2 + r^2\dot{\theta}^2\right) - mgr\cos\theta - \tau(r - l),$$

ve analiz önceki gibi devam eder ve kısıtlamanın ilk olarak sıfıra ( $\theta \cong 48°$) ulaştığı açı için öncekiyle aynı sonuç elde edilir.

*Alıştırma 3.11* . Yarımkürenin tepesine yay geri yüklemesi için hangi yay sabiti k, kısıtlama temasını$\theta = 50°$

## 3.4 Basit Sistemlerde Korunan Büyüklükler

Basit bir parçacık sistemi için Hamiltoniyen daha sonra açıklanacaktır (tipik olarak bir element veya bir şekilde bağlanan küçük element grubu (iki), ancak yalnızca enerjinin, momentumun ve açısal momentumun korunumu gibi hareketin integrallerinin tanımlanması bağlamında. Hamiltonyenlere ilişkin daha detaylı tartışma Bölüm 6'da yapılacaktır.

Genelleştirilmiş bir koordinat sistemi düşünün $q_i$; burada 'i', s serbestlik derecesine sahip bir sistemdeki bileşendir (parçacıkların kümülatif serbest hareket boyutlarının tümü s'ye göre sayılır). Benzer şekilde ilgili hızlar için: $\dot{q}_i$. Dolayısıyla genelleştirilmiş koordinat için s serbestlik derecesi ve genelleştirilmiş hız için s serbestlik derecesi vardır. Bu, hareketi belirtmek için 2s başlangıç koşullarına yol açar. Kapalı bir mekanik sistemde bu, 2s koşullarını ve ilişkili sabitleri veya hareket integrallerini gösteriyor gibi görünebilir, ancak hızdaki zamanın diferansiyel bir araç olarak ortaya çıkışı $t$ ve $t + t_0$ aynı hareket denklemine sahip olması nedeniyle bu 2s sabitlerinden biri yalnızca $t_0$, a zamanın kökeni seçimi. Hareket uzayının simetrilerini ve Lagrangian formülasyonu verilen sonuçları ele alalım:

$$\frac{dL(q_i, \dot{q}_i, t)}{dt} = \sum_i \left[ \left(\frac{\partial L}{\partial q_i}\right)\dot{q}_i + \left(\frac{\partial L}{\partial \dot{q}_i}\right)\ddot{q}_i \right] + \frac{\partial L}{\partial t}$$

Öncelikle zaman içindeki homojenliği düşünün; bu, kapalı sistem veya açık sistem anlamına gelir, ancak zamandan bağımsız dış alan içerir. Her iki durumda da $\frac{\partial L}{\partial t} = 0$, Euler-Lagrange ilişkilerinin yeniden kullanılmasıyla:

$$\frac{dL}{dt} = \sum_i \left[ \left(\frac{\partial L}{\partial q_i}\right)\dot{q}_i + \left(\frac{\partial L}{\partial \dot{q}_i}\right)\ddot{q}_i \right] = \sum_i \left[ \dot{q}_i \frac{d}{dt}\left(\frac{\partial L}{\partial \dot{q}_i}\right) + \left(\frac{\partial L}{\partial \dot{q}_i}\right)\ddot{q}_i \right]$$

$$= \sum_i \left[ \frac{d}{dt}\left( \dot{q}_i \frac{\partial L}{\partial \dot{q}_i}\right) \right]$$

Böylece,

$$\frac{d}{dt}\left[ \sum_i \left( \dot{q}_i \frac{\partial L}{\partial \dot{q}_i}\right) - L \right] = 0$$

Zamanla korunan miktar enerjidir ve E ile gösterilir:

$$E = \sum_i \left( \dot{q}_i \frac{\partial L}{\partial \dot{q}_i}\right) - L$$

Enerjinin alt sistemler üzerindeki toplanabilirliğinin Lagrangian için toplanabilirlikten ve toplamla gösterilen açık toplanabilirlikten kaynaklandığına dikkat edin. Tipik olan ve $T(q, \dot{q}) \propto (\dot{q})^2$ise , $L = T(q, \dot{q}) - U(q)$*kinetik enerji artı potansiyel enerji biçimindeki standart enerji korunumu şu şekilde sonuçlanır:*

$$E = T(q, \dot{q}) + U(q).$$

(3-12)

Daha sonra uzaydaki homojenliği düşünün ve açıkça zamana bağlı olmadığı varsayılan Lagrange'ın varyasyonel ifadesinden başlayın:

$$\delta L(q, \dot{q}) = \sum_i \left[ \left( \frac{\partial L}{\partial q_i} \right) \delta q_i + \left( \frac{\partial L}{\partial \dot{q}_i} \right) \delta \dot{q}_i \right]$$

burada sonsuz küçük bir yer değiştirme Lagrangian'ın değerlendirmesini değiştirmemelidir $\delta q_i \neq 0$:

$$\delta L(q, \dot{q}) = 0 = \sum_i \left( \frac{\partial L}{\partial q_i} \right) = \sum_i - \left( \frac{\partial U}{\partial q_i} \right) \Rightarrow \sum_i F_i = 0.$$

Kapalı bir sistemdeki Net Kuvvetler ve momentlerin toplamı sıfırdır (bunun özel kullanımı Bölüm 5.1'de gösterilecektir). Açık bir toplam zaman türevi terimi elde etmek için Euler-Lagrange ilişkisini yerine koyarsak:

$$\sum_i \frac{d}{dt} \left( \frac{\partial L}{\partial \dot{q}_i} \right) = \frac{d}{dt} \sum_i \left( \frac{\partial L}{\partial \dot{q}_i} \right) = 0 .$$

Toplam zamana göre türev ilişkisinden momentumun korunumuna karşılık gelen bir hareket sabiti elde ederiz:

$$\sum_i \left( \frac{\partial L}{\partial \dot{q}_i} \right) = \vec{P} ,$$

(3-13)

olan sistemler için $T(q, \dot{q}) \propto (\dot{q})^2$bu, standart forma basitleştirilir:

$$\vec{P} = \sum_i m_i v_i .$$

(3-14)

Not: elimizde iki parçacık var $\vec{F}_1 + \vec{F}_2 = 0$, bu da etkinin tepkiye eşit olduğunu söylemeye eşdeğerdir (yani Newton'un 3. yasası momentumun korunumunun ve Lagrange denkleminin özel bir durumudur).

Genelleştirilmiş koordinatlarımız ve hızlarımızla birlikte genelleştirilmiş momentum ve kuvvetler şunlardır:

$$p_i = \frac{\partial L}{\partial \dot{q}_i} \quad and \quad F_i = \frac{\partial L}{\partial q_i},$$

Lagrange denklemleri basitçe şöyledir:

$$\dot{p}_i = F_i.$$

(3-15)

(3-16)

Şimdi uzayın izotropisinden dolayı ne olacağını görelim. Bunun için genelleştirilmiş koordinatlardan, aşağıdaki şekilde verilen sonsuz küçük dönme yer değiştirmesine sahip üç boyutlu radyal konum vektörüne geçiyoruz:

$$\delta \vec{r} = \delta \vec{\varphi} \times \vec{r} \ and \ \delta \vec{v} = \delta \vec{\varphi} \times \vec{v}.$$

Lagrange'daki değişim sıfır olmalıdır (şimdi tek tek parçacıklar üzerinde indeksleniyor):

$$0 = \delta L(\vec{r}_a, \dot{\vec{r}}_a) = \delta L(\vec{r}_a, \vec{v}_a) = \sum_a \left[ \left( \frac{\partial L}{\partial \vec{r}_a} \right) \cdot \delta \vec{r}_a + \left( \frac{\partial L}{\partial \vec{v}_a} \right) \cdot \delta \vec{v}_a \right]$$

EL denkleminin değiştirilmesi ve genelleştirilmiş momentumun tanımı:

$$\sum_a \left[ \dot{\vec{p}}_a \cdot \delta \vec{r}_a + \vec{p}_a \cdot \delta \vec{v}_a \right] = 0 \ \Rightarrow \ \delta \vec{\varphi} \cdot \sum_a \left[ \vec{r}_a \times \dot{\vec{p}}_a + \vec{v}_a \times \vec{p}_a \right]$$

Böylece şu noktaya ulaşın:

$$\frac{d}{dt} \left[ \sum_a \vec{r}_a \times \vec{p}_a \right] = 0 \ \Rightarrow \ \vec{M} = \sum_a \vec{r}_a \times \vec{p}_a = constant.$$

(3-17)

Miktar $\vec{M}$ açısal momentumdur ve korunur. Hareketin başka hiçbir toplamsal integrali yoktur (örneğin, uzayın homojenliği ve izotropisi dışında başka küresel uzaysal simetriler yoktur).

Artık açısal momentumun korunduğunu bildiğimize göre bunun sonuçlarını araştırmaya başlayabiliriz. 1B'de açısal momentum sıfırdır, dolayısıyla 2B kısıtlanmamış hareket veya 3B hareketle ilgili problemlere geçmeliyiz. *Küresel* sarkaçla başlayalım .

### Örnek 3.12. Küresel sarkaç.
Şekil 3.4'ü düşünün, ancak *çekme* desteği ve 3 boyutlu kütle hareketine izin veriliyor (örn. artık yatay düzlemsel değil). Kütlenin Kartezyen koordinatı:

$$x = l \sin\varphi \cos\theta \quad and \quad y = l \sin\varphi \sin\theta \quad and \quad z = l \cos\varphi$$

Zaman türevleri basittir:

$$\dot{x} = l \cos\varphi \dot{\varphi} \cos\theta + l \sin\varphi (-\sin\theta) \dot{\theta}, \ etc.$$

Lagrangian böylece

$$L = \frac{1}{2}m\{l^2(\cos^2\varphi\dot{\varphi}^2) + l^2\sin^2\varphi\dot{\varphi}^2 + l^2\sin^2\varphi\dot{\theta}\}$$
$$- mgl\cos\varphi$$
$$= \frac{1}{2}m(l\dot{\varphi})^2 + \frac{1}{2}m\big(l\sin\varphi\dot{\theta}\big)^2 - mgl\cos\varphi$$

Hareket denklemleri için z eksenine göre korunan açısal momentumun ortadan kaldırılmasıyla başlıyoruz:

$$\frac{d}{dt}\left(\frac{\partial L}{\partial \dot{\theta}}\right) - \frac{\partial L}{\partial \theta} = 0 \;\rightarrow\; \frac{d}{dt}\left(ml^2\sin^2\varphi\dot{\theta}\right) = 0$$

$$ml^2\sin^2\varphi\dot{\theta} = P_\theta \;,a\; conserved\; quantity,\;\; alternatibvely \Rightarrow \dot{\theta}$$
$$= \frac{P_\theta}{ml^2\sin^2\varphi}$$

Korunan miktarını kullanarak Lagrangian'daki bağımlılığı ortadan kaldırarak revize edilmiş Lagrangian'ı elde ederiz:$\dot{\theta}$

$$L = \frac{1}{2}m(l\dot{\varphi})^2 + \frac{P_\theta{}^2}{2ml^2\sin^2\varphi} - mgl\cos\varphi$$

Şimdi nerde:

$$\frac{d}{dt}\left(\frac{\partial L}{\partial \dot{\varphi}}\right) - \frac{\partial L}{\partial \varphi} = 0 \Rightarrow ml^2\ddot{\varphi} = \frac{-P_\theta{}^2\sin\varphi\cos\varphi}{ml^2\sin^4\varphi} + mgl\sin\varphi$$

Böylece,

$$\ddot{\varphi} + \frac{P_\theta{}^2}{(ml)^2}\frac{\cos\varphi}{\sin^3\varphi} - \frac{g}{l}\sin\varphi = 0$$

*Alıştırma 3.12.* Küçük açı yaklaşımında doğal frekans nedir?

*Örnek 3.13. Uçlarında kütle bulunan bir çizgiyle dişli, delikli masa.*
Belirli bir eksen etrafındaki açısal momentumun korunduğu başka bir senaryoyu ele alalım. Deliği olan bir masa düşünün. Bir gerilim hattı delikten geçer. Masanın altında asılı olan ipin ucunun kütlesi vardır $m_2$(hattın kütlesi ihmal edilebilir düzeydedir), masanın üstünde duran ucunun ise kütlesi vardır $m$. Başlangıç kuvvet dengesi denklemleri şunları sağlar:

$$F_2 = m_2 g - T_2, \quad T_2 = T_1 = F_1 = ma_1, \quad y_2 = l - r_1,$$
$$\dot{y}_2 = -\dot{r}_1, \quad \ddot{y}_2 = -\ddot{r}_1$$

Kuvvet, potansiyel fonksiyon açısından şunları sağlar:

$$F_i = -\frac{\partial U}{\partial q_i}, \quad F_1 = m_1 a_1 = m_1\left(\ddot{r}_1 + r_1{}^2\ddot{\theta}\right) = m_1\ddot{r}_1, \quad \text{and} \quad F_2$$
$$= m_2 g + \frac{m_1}{m_2}F_2$$

Böylece Lagrangian:
$$L = \frac{1}{2}m_1\left(\left(\ddot{r}_1 + \ddot{r}_2\dot{\theta}^2\right) + \frac{1}{2}m_2(\dot{y}_2)^2 - U_2 - U_1, \quad \text{where } U_2\right.$$
$$= y_2 F_2 \text{ and } U_1 = -r_1 F_1$$
yeniden yazılabilir:
$$L = \frac{1}{2}(m_1 + m_2)(\dot{r})^2 + \frac{1}{2}m_1 r_1{}^2\dot{\theta}^2 - (l - r_1)\left(\frac{m_2{}^2}{m_1 + m_2}\right)g$$
$$+ r_1\left(\frac{m_1 m_2}{m_1 + m_2}\right)g$$

Lagrangian'dan sabit terimleri çıkarabiliriz (çünkü EL denklemlerinde bir değişiklik olmaz, dolayısıyla hareket denklemlerinde de bir değişiklik olmaz). Yani sabit terimi bırakıp yeniden gruplandırma:
$$L = \frac{1}{2}(m_1 + m_2)(\dot{r})^2 + \frac{1}{2}m_1 r^2\dot{\theta}^2 + r m_2 g$$

Şimdi yine açısal momentumun korunumu teriminden başlayarak Lagrangian'ın değerlendirilmesine devam edebiliriz:
$$\frac{d}{dt}\frac{\partial L}{\partial \dot{\theta}} - \frac{\partial L}{\partial \theta} = 0 \quad \rightarrow \quad \frac{d}{dt}\left(m_1 r^2\dot{\theta}\right) = 0 \quad \rightarrow \quad m_1 r^2\dot{\theta} = p_\theta$$
Böylece elimizde:
$$L = \frac{1}{2}(m_1 + m_2)(\dot{r})^2 + \frac{p_\theta{}^2}{2m_1 r^2} + m_2 gr$$
Geriye kalan hareket denklemi:
$$\frac{d}{dt}\frac{\partial L}{\partial \dot{r}} - \frac{\partial L}{\partial r} = 0 \quad \rightarrow \quad (m_1 + m_2)\ddot{r} - m_2 g + \frac{p_\theta{}^2}{m_1 r^3} = 0$$

için $r$ elimizde:
$$\ddot{r} = -\frac{p_\theta{}^2}{(m_1 + m_2)m_1}\frac{1}{r^3} = -\beta\frac{1}{r^3}, \quad \text{where } \beta = \frac{p_\theta{}^2}{(m_1 + m_2)m_1}$$
Böylece şunu yazabiliriz:
$$\ddot{r}\ddot{r} = -\beta\frac{\dot{r}}{r^3} \quad \rightarrow \quad (\dot{r})^2 = +\beta\left(\frac{1}{r^2}\right) \rightarrow \dot{r} = \frac{\sqrt{\beta}}{r} \rightarrow r\dot{r} = \sqrt{\beta} = \frac{1}{2}\frac{d}{dt}r^2 \quad \rightarrow \quad r$$
$$= \sqrt{2\sqrt{\beta}t}$$

41

denkleminin son sonucu $r$itici bir potansiyelin göstergesidir ve bu da şu soruyu akla getirir: Ne zaman kararlı yörüngelere sahip oluruz?

$$L = \frac{1}{2}m_1(\dot{r})^2 + \frac{p_\theta^2}{2(m_1 + m_2)r^2} + m_2 gr \quad \rightarrow \quad -U$$

$$= \frac{p_\theta^2}{2(m_1 + m_2)r^2} + m_2 gr,$$

Böylece,

$$\frac{dU}{dr} = 0 \implies -\frac{p_\theta^2}{(m_1 + m_2)r_{eq}^3} + m_2 g = 0 \implies r_{eq} = \sqrt[3]{\gamma}, \quad where \; \gamma$$

$$= \frac{p_\theta^2}{(m_1 + m_2)m_2 g}$$

*Alıştırma 3.13. Bu cihaz bilinmeyen kütleyi tartmak için kullanılabilir mi $m_2$? Bunu yapmak için bir süreç tanımlayın.*

### Örnek 3.14. Yatay olarak salınan desteğe sahip tek sarkacı tekrar ziyaret edin .

Şimdi destek noktası yatay olarak salınırken tek sarkacın durumuna tekrar bakalım. Sarkaç kağıt düzleminde hareket eder. Uzunluk dizisi $l$bükülmez. P destek noktası aşağıdaki denkleme göre yatay yönde ileri geri hareket eder $x = a\cos(\omega t)$ve ( $\omega \neq \sqrt{(g/l)}$):

( i ) Bu sistemin Lagrange'ını yazarak başlayalım ve Lagrange hareket denklemlerini elde edelim. (Lagrange denklemini x için yazarken genelleştirilmiş kuvveti unutmayın).

Var: $x' = x + l\sin\theta$, dolayısıyla $\dot{x}' = \dot{x} + l\cos\theta\dot{\theta}$. Yani $\dot{y}' = l\sin\theta\,\dot{\theta} = -mgl\cos\theta$var $y' = -l\cos\theta$. Ayrıca Lagrangian'ı yazmak için her zamanki gibi kullanın :$U = mgy$

$$L = \frac{1}{2}m\left([-a\omega\sin(\omega t) + l\cos\theta\,\dot{\theta}]^2 + [l\sin\theta\dot{\theta}]^2\right)$$
$$+ mgl\cos\theta$$

$$= \frac{1}{2}ml^2\dot{\theta}^2 + mgl\cos\theta + am\omega^2 l\cos(\omega t)\sin\theta$$

$$\frac{d}{dt}\left(\frac{d}{\partial\dot{\theta}}\right) - \frac{\partial L}{\partial\theta} = 0$$

$$\rightarrow \; ml^2\ddot{\theta} + mgl\sin\theta$$
$$- am\omega^2 l\cos(\omega t)\cos\theta = 0$$

(ii) Daha sonra, (küçük salınımlar) cinsinden yukarıdaki birinci dereceden hareket denklemlerini çözün ve $\theta$( için $l$)ını, $l$, a ve $\omega$cinsinden kararlı durum çözümünü bulun $\theta$. (Biz küçük

42

salınımlarda salınan çözümle ilgilenmiyoruz) sarkacın doğal frekansı.) Böylece:

$$ml^2\ddot{\theta} + mgl\theta - am\omega^2 lcos(\omega t) = 0$$
$$\ddot{\theta} + \frac{g}{l}\theta - \frac{a}{l}\omega^2 cos(\omega t) = 0.$$

Yani, sahip olun:

$$\ddot{\theta} + \frac{g}{l}\theta = \frac{a}{l}\omega^2 \, cos(\omega t)$$

burada RHS etkin kuvvet/m'dir. Ve çözümümüz var:

$$\theta = \frac{(a/l)\omega^2}{\omega_0^2 - \omega^2} cos(\omega t + \beta).$$

*Alıştırma 3.14.* *Dikey olarak salınan bir destekle tekrarlayın.*

### 3.5 Benzer Sistemler ve Virial teoremi

Şu ana kadar küresel simetrilerin (toplamsal) korunum yasalarının oluşturulmasında nasıl bir rol oynadığını gördük. Şimdi Lagrangian'ın içindeki simetrileri ele alalım, böylece genel sabit çarpanlı başka bir Lagrangian olarak ifade edilebilir. Böyle bir durumda hareket denklemlerinin aynı olacağını göreceğiz. Bir Lagrangian'ın böyle bir "benzerlik" sergileyip sergilemeyeceğini görmek, potansiyel enerji teriminin tam da bu bağlamda belirtilmesini gerektirir. Öyleyse sistem uzunluklarını ve zamanını yeniden ölçeklendirelim ve potansiyel enerjinin parametre yeniden ölçeklendirmesinin homojen bir fonksiyonu olmasını sağlayalım (burada homojenlik derecesi k parametresi tarafından verilir):

$$\vec{q}_a \longrightarrow \alpha\vec{q}_a, \, (\, l' = \alpha l, \text{uzunluk genişlemesi})$$
$$\dot{\vec{q}}_a \longrightarrow \left(\frac{\alpha}{\beta}\right)\dot{\vec{q}}_a, (\, t' = \beta t, \text{zaman genişlemesi})$$
$$U(\alpha\{\vec{q}_a\}) \longrightarrow \alpha^k U(\{\vec{q}_a\}), \text{(homojen, derece k).}$$

(3-18abc)

Artık genişlemeler belirtildiğine göre, Lagrangian'da genel bir sabit faktör ortaya çıkacak şekilde bir benzerlik olması için, tipik Lagrangian spesifikasyonuyla $L = T - U$, potansiyel enerji kısmını zaten yeniden ölçeklendirmiş durumdayız, kinetik enerji kısmındaki yeniden ölçeklendirme basitçe şu şekildedir: Yukarıdaki hız (kare) ile verilmiştir. Dolayısıyla benzer bir sisteme sahip olmak için:

43

$$\left(\frac{\alpha}{\beta}\right)^2 = \alpha^k \rightarrow \beta = \alpha^{1-\frac{1}{2}k}, \qquad \left(\frac{E'}{E}\right) = \alpha^k \; and \; \left(\frac{M'}{M}\right) = \alpha^{1+\frac{1}{2}k}.$$

$$(3\text{-}19)$$

Homojen bir potansiyele sahip olduğumuz bazı durumları ele alalım:

    (1) Küçük salınımlar veya klasik yay için potansiyel enerji, koordinatların ikinci dereceden bir fonksiyonudur (k=2). Yukarıdaki k=2 ile kritik ilişki şöyle olur: $\beta = \alpha^0 =$ 1yani, dinlenme konumundan yer değiştirmenin büyüklüğü (genlik) önemli değildir, sistemin zaman oranı 1 olacaktır, yani sistem periyodu genlikten bağımsızdır.

    (2) Düzgün bir kuvvet alanı için potansiyel enerji, koordinatların doğrusal bir fonksiyonudur; örneğin Dünya yüzeyine yakın yer çekiminden kaynaklanan hareketin tahmini (PE = mgh ). k=1 için elimizde: $= \sqrt{\alpha}$, yani yer çekimi etkisi altında düşüş. Örneğin düşme zamanı başlangıç yüksekliğinin karekökü olarak hesaplanır.

    (3) Newton veya Coulomb potansiyeli için: k = -1. Artık $= \sqrt[3]{\alpha}$ bir yörüngenin periyodunun karesi, yörünge boyutunun küpüne eşittir (Kepler'in 3. [Yasası] ).

### Virial teoremi

Bu, evrensel uygulaması nedeniyle çok elemanlı bir sistemin (ve çok sayıda eleman için) dikkate alındığı birkaç örnekten veya bağlamdan biridir. Hareketin sınırlandığı herhangi bir homojen potansiyel, Virial Teoremin uygulanmasına izin verir; bu sayede sistemin potansiyelinin ve kinetik enerjisinin zaman ortalamaları basit bir ilişkiye sahiptir. Bu şu şekilde türetilecektir; göz önünde bulundurun:

$$E = \sum_i \left( \dot{q}_i \frac{\partial L}{\partial \dot{q}_i} \right) - L \implies \sum_i \left( \dot{q}_i \frac{\partial L}{\partial \dot{q}_i} \right) = 2T$$

$$(3\text{-}20)$$

yazılması $v_i = \dot{q}_i$ ve tanımı, ardından 'a' indekslemesi ile gösterilen parçacıklarla vektör gösterimine geçilmesi:

$$\sum_i (v_i\, p_i) = \sum_a \vec{v}_a \cdot \vec{p}_a = \frac{d}{dt}\left( \sum_a \vec{r}_a \cdot \vec{p}_a \right) - \sum_a \vec{r}_a \cdot \dot{\vec{p}}_a$$

Şimdi 2T'nin zaman ortalamasını alalım; burada sınırlı hareket varsa toplam zaman türevi teriminin ortalama değeri sıfır olacaktır. Daha spesifik olmak gerekirse, zamanın bir fonksiyonu için zaman ortalaması $f(t)$ şu şekilde tanımlanır:

$$\overline{f} = \lim_{\tau \to \infty} \frac{1}{\tau} \int_0^\tau f(t)\,dt$$

(3-21)

varsayalım $f(t) = \frac{d}{dt}F(t)$:

$$\overline{f} = \lim_{\tau \to \infty} \frac{1}{\tau}[F(\tau) - F(0)] = 0$$

Sınırlı hareket için.

Uzayın sonlu bir bölgesinde sonlu hızlarla kalırsak, sınırlı harekete sahip olacağımızdan, şuna sahip oluruz:

$$2\overline{T} = -\overline{\sum_a \vec{r}_a \cdot \dot{\vec{p}}_a} = \overline{\sum_a \vec{r}_a \cdot \frac{\partial U}{\partial \vec{r}_a}} = k\overline{U}$$

Yukarıda belirtilen üç durum için bunun ne anlama geldiğini tekrar gözden geçirelim ( $E = \overline{E} = \overline{T} + \overline{U}$):

(1) Küçük salınımlar (k=2), $\overline{T} = \overline{U}, E = 2\overline{T}$.
(2) Düzgün alan (k=1), $\overline{T} = (1/2)\,\overline{U}, E = 3\overline{T}$.
(3) Newton veya Coulomb potansiyeli (k = −1): $\overline{U} = -2\overline{T}, E = -\overline{T}$. Bu sonuç, aşağıdaki örneklerde de görüleceği üzere, bu tür potansiyelde sınırlı bir hareketin toplam enerjisinin negatif olmasıyla tutarlıdır.

## 3.6. Tek boyutlu sistemler

Çoğu zaman sistem analizinin boyutluluğu azalır (simetriler nedeniyle). Açısal momentumun korunumu nedeniyle 3 boyutlu problemin 2 boyutlu probleme indirgendiği bir gezegenin güneş etrafındaki yörüngesini düşünün. Çoğunlukla hareketi yalnızca bir veya iki boyutta ele almamız gerekiyor. Tek boyutlu hareketle başlayalım.

Şekil 3.5'te gösterildiği gibi rastgele bir potansiyelin çizildiği tek boyutlu hareket için aşağıdaki Lagrangian'ı düşünün.

45

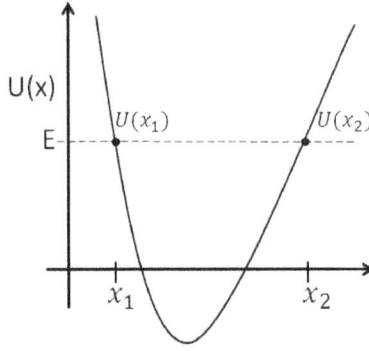

**Şekil 3.5** . Tek boyutlu bir potansiyel. $U(x_1) = E = U(x_2)$.

$$L = \frac{1}{2}m\,\dot{x}^2 - U(x) \longrightarrow E = \frac{1}{2}m\,\dot{x}^2 + U(x)$$

(3-22)

O zamandan beri $U(x) \leq E$ve pozitif kökü alarak (negatif, aynı tür çözümlerle zamanın tersine çevrilmesine karşılık gelir):

$$\frac{dx}{dt} = \sqrt{\frac{2[E - U(x)]}{m}} \to t = \sqrt{m/2} \int dx/\sqrt{E - U(x)} + C$$

Hareketin limitleri ile verilir $U(x_1) = E = U(x_2)$ve hareket periyodu da 'dan'a olan integralin iki katı ile $x_1$verilir $x_2$:

$$Period = \sqrt{2m} \int_{x_1}^{x_2} dx/\sqrt{E - U(x)}.$$

(3-23)

### Örnek 3.15. Kavisli bir rampada hareket.
Küçük bir kütle, Şekil 3.6'da gösterildiği gibi M kütleli bir blok üzerinde sürtünme olmadan kaymaktadır. M'nin kendisi yatay bir masa üzerinde sürtünmesiz olarak kaymaktadır ve kavisli tarafı $a$ yarıçaplı bir daire şekline sahiptir .

a) Sistem için Lagrange denklemlerini iki genelleştirilmiş koordinat cinsinden bulun.
b) Korunan iki niceliği bulun.

46

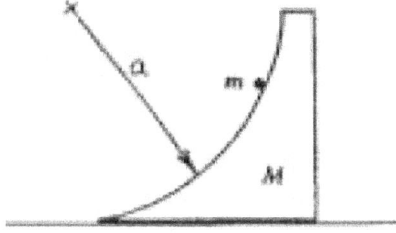

**Şekil 3.6.** M kütleli bir cisim, yarıçapı *a olan M kütleli bir blok üzerinde sürtünmesiz olarak kaymaktadır* .

Koordinatlar: $x_1 = x + a\cos\theta$; $y_1 = -a\sin\theta$; Ve $x_2 = x$.
Koordinat zaman türevleri: $\dot{x}_1 = \dot{x} + a\sin\theta\,\dot{\theta}$; $\dot{y}_1 = -a\cos\theta\,\dot{\theta}$; Ve $\dot{x}_2 = \dot{x}$.
Potansiyel enerji: $U = -mga\sin\theta$.
Böylece,

$$L = T - U = \frac{1}{2}m\left([\dot{x} - a\sin\theta\,\dot{\theta}]^2 + [-a\cos\theta\,\dot{\theta}]^2\right) + \frac{1}{2}M(\dot{x})^2 - U$$

$$L = \frac{1}{2}(m + M)\dot{x}^2 + \frac{1}{2}m\left(a\dot{\theta}\right)^2 - am\dot{x}\dot{\theta}\sin\theta + mga\sin\theta$$

Ve,

$\frac{d}{dt}\left(\frac{\partial L}{\partial \dot{x}}\right) - \frac{\partial L}{\partial x} = 0 \Rightarrow (m + M)\ddot{x} - \frac{d}{dt}\left(am\dot{\theta}\sin\theta\right) = 0$, Böylece,

$\frac{d}{dt}\{(m + M)\dot{x} - am\dot{\theta}\sin\theta\} = 0$.

Böylece sahibiz:

$$(m + M)\dot{x} - am\dot{\theta}\sin\theta = const,$$
$$\text{Ve,}$$
$$E = T + U = \frac{1}{2}(m + M)\dot{x}^2 + \frac{1}{2}m\left(a\dot{\theta}\right)^2 - am\dot{x}\dot{\theta}\sin\theta + mga\sin\theta.$$

*Alıştırma 3.15.* *Eğri tarafın üst kısmında m kütlesi hareketsiz durumdayken serbest bırakıldığında, zamanın bir fonksiyonu olarak kütlelerin hızlarını bulun.*

### 3.7 Merkezi Alanda Hareket

Merkezi potansiyeldeki tek bir parçacığı düşünün. Açısal momentumu korunur: $\vec{M} = \vec{r} \times \vec{p} = constant$. Sabit , $\vec{M}$'ye dik olduğundan $\vec{r}$konum her zaman dik bir düzlemdedir $\vec{M}$(açısal momentumun korunumu bu

47

sayede sorunu 3B'den 2B'ye düşürmüştür). Merkezi potansiyele sahip bir düzlemdeki hareket için Lagrangian'ın uygun formu şu şekildedir:

$$L = \frac{1}{2}m\dot{r}^2 + \frac{1}{2}m(r\dot{\varphi})^2 - U(r)$$

(3-24)

Hamilton formalizminde koordinata doğrudan bir referans olmadığına dikkat edin , bu şu anlama gelir:$\varphi$

$$F_\varphi = \frac{\partial L}{\partial \varphi} = 0$$

Böylece

$$\dot{p}_\varphi = F_\varphi = 0 \quad \rightarrow \quad p_\varphi = constant = "M".$$

$$p_\varphi = \frac{\partial L}{\partial \dot{q}_i} = mr^2\dot{\varphi} = M.$$

(3-25)

süpürme açısına sahip $\varphi$alanının $r$olduğunu $A = (1/2)r \cdot r\varphi$ve dolayısıyla sektörel hızın $V_{sectorial} = (1/2)r^2\dot{\varphi} = M/2m$sabit olduğunu, yani "eşit zamanlarda taranan eşit alanlar", diğer adıyla Kepler'in Üçüncü Yasası olduğunu hatırlayın. Bu tür analizlerde tipik olduğu gibi, hareketin integralleri (örneğin korunum yasaları) analizi basitleştirmenin ilk adımı olarak kullanılır. Böylece, enerji için elimizde:

$$E = \frac{1}{2}m\dot{r}^2 + \frac{1}{2}m(r\dot{\varphi})^2 + U(r) \quad \rightarrow \quad \frac{1}{2}m\dot{r}^2 = [E - U] - \frac{M^2}{2mr^2},$$

burada son terim merkezkaç enerjisidir. Yeniden düzenleme:

$$\frac{dr}{dt} = \sqrt{\frac{2}{m}[E - U] - \frac{M^2}{m^2r^2}}$$

Entegre edersek şunu elde ederiz

$$t = \int \frac{dr}{\sqrt{\frac{2}{m}[E - U] - \frac{M^2}{m^2r^2}}} + C_1$$

(3-26)

Kullanarak $d\varphi = \frac{M}{mr^2}\, dt$,

$$\varphi = \int \frac{M\, dr/r^2}{\sqrt{2m[E - U] - \frac{M^2}{r^2}}} + C_2$$

(3-27)

Not, monoton olarak değişiklik $\dot{\varphi} = M$ anlamına gelir $\varphi$; bu nedenle, zorunlu olarak (sınırlı) minimum ve maksimum yarıçapa sahip olan kapalı bir yol için, minimum yarıçaptan maksimum yarıçapa ve sonra geriye giderken faz değişikliği için elimizde vardır:

$$\Delta\varphi = 2 \int_{r_{min}}^{r_{max}} \frac{M dr/r^2}{\sqrt{2m[E - U] - \frac{M^2}{r^2}}}$$

hareketin sınırlarının kinetik kısmı olmayan enerji tarafından verildiği, $E = U_{eff}$ burada

$$U_{eff} = U + \frac{M^2}{2mr^2}.$$

(3-28)

Bunun $\Delta\varphi$ kapalı bir yol oluşturması için ifadesinin tam olarak eşit olması $2\pi$ veya bir katının $\Delta\varphi$(örn. ) $\Delta\varphi = 2\pi \ (m/n)$ katıyla sonuçlanması gerekir $2\pi$. Bu sadece potansiyeller veya $r^2$ formuna sahip $1/r$ olduğunda yukarıdaki integraldeki tüm yollar için gerçekleşir $U$ ve bu durumlarda hareketin ekstra bir integrali meydana gelir (Runge-Lens vektörü olarak bilinir). Ancak kritik potansiyele geçmeden önce $1/r$, merkezi potansiyele sahip sıfır olmayan açısal momentumun sonuçlarını ele alalım. Bu gibi durumlarda, cazip potansiyellerde bile merkeze ulaşmak genellikle imkansızdır. Merkeze ulaşmak için $M \neq 0$, hareketin dönüm noktalarında olmadığımız bir durumu düşünüyoruz, dolayısıyla

$$\frac{1}{2}m\dot{r}^2 = [E - U] - \frac{M^2}{2mr^2} > 0,$$

ve yeniden gruplandırıp yarıçap sıfıra giderken limiti alarak, buna izin veren tek potansiyelin aşağıdakileri karşılaması gerektiğini buluruz:

$$\lim_{r \to 0} r^2 U < -\frac{M^2}{2m}$$

yalnızca $n > 2$ veya ile $n = 2 \ and \ \alpha > \frac{M^2}{2m}$ negatif potansiyeller için mümkündür $U(r) = -\alpha/r^n$ .

Önceki örnekte $U(r) = -\alpha/r$ açısal momentum sıfırdan farklı olduğunda Kepler ve Coulomb potansiyellerinin ( ) merkezden harekete izin veren potansiyeller grubunda olmadığını gördük. Şimdi yerçekimiyle (ve zıt yükler arasındaki çekimle) ilgili çekici potansiyeli daha ayrıntılı olarak

49

ele alalım . $U(r) = -\alpha/r$Başlangıç olarak, etkin potansiyelin şu şekilde olduğu bu durum için açı integrali kolayca çözülebilir:

$$U_{eff} = -\frac{\alpha}{r} + \frac{M^2}{2mr^2} \ , and \ \min_r U_{eff} = -\frac{m\alpha^2}{2M^2} \ at \ r = \frac{M^2}{m\alpha}$$

$$(3\text{-}29)$$

burada fonksiyonun minimum ve önemli enerji alanları Şekil 3.7'de gösterilmektedir.

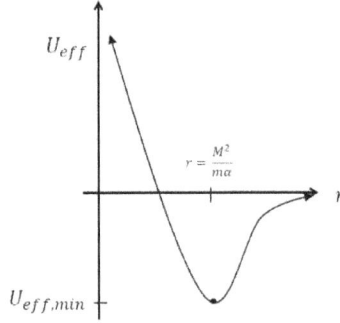

Şekil 3.7. Etkin potansiyelin bir taslağı. $U_{eff,min} = -\frac{m\alpha^2}{2M^2}$. Hareket sonlu ise $E < 0$, sonsuz ise $E \geq 0$.

Entegrasyon daha sonra şunu verir:

$$\varphi = \cos^{-1} \frac{\left(\dfrac{M}{r} - \dfrac{m\alpha}{M}\right)}{\sqrt{2mE + \dfrac{m^2\alpha^2}{M^2}}} + constant$$

$$(3\text{-}30)$$

aşağıda) oluşumuna karşılık $r_{min}$gelelim , bu durumda sabit sıfırdır. Ayrıca $\varphi = 0$, latus rektum olarak bilinen ve $e$eksantriklik 2polan yörüngeleri tanımlamanın iki biçimini ve $\{a, b\}$ana eksenin uzunluğu ve $2b$küçük eksenin uzunluğu olan konik bölüm parametrelerini $2a$de ele alalım :$\{p, e\}$

$$p = \frac{M^2}{m\alpha} \quad and \quad e = \sqrt{1 + \frac{2EM^2}{m\alpha^2}}$$

$$(3\text{-}31)$$

Yörünge denklemine ulaşmak için:

$$p = r(1 + e\cos\varphi)$$

$$(3\text{-}32)$$

50

Yörünge denkleminden şunu görebiliriz:

$$r_{min} = \frac{p}{1+e} \quad and \quad r_{max} = \frac{p}{1-e}$$

(3-33)

O zamandan beri $2a = r_{min} + r_{max}$:

$$a = \frac{p}{1-e^2} = \frac{\alpha}{2|E|}$$

(3-34)

ve oranlarının $r_{max}/b$ yeniden ölçeklendirme değişmezleri olduğunu ve birbirleriyle orantılı olması gerektiğini $e = 0$de görüyoruz , $b/r_{min}$ bunun için eşitlik gösteriliyor ve böylece $b = \sqrt{r_{min} \cdot r_{max}}$ şunu elde ediyoruz:

$$b = \frac{p}{\sqrt{1-e^2}} = \frac{M}{\sqrt{2m|E|}}$$

(3-35)

yörüngenin dışmerkezlik parametresi açısından çeşitli durumları ele alalım : $e = \sqrt{1 + \frac{2EM^2}{m\alpha^2}}$

(ne zaman oluşur ) $E = -\frac{m\alpha^2}{2M^2}$ için $e = 0$: Dairesel bir yörüngeye sahibiz $r_{min} = r_{max} = p$.

İçin $0 \le e < 1$(ne zaman oluşur $E < 0$): Eliptik yörüngeye sahibiz $r_{min} \ne r_{max}$.
Elipsler ve daire için sınırlı yörüngelerimiz var, bu da böyle bir yörüngenin tam sektörel integralini almamıza ve böylece elipsin veya dairenin alanını elde etmemize olanak tanıyor. Hatırlamak

$$\frac{d(area)}{dt} = V_{sectorial} = \frac{1}{2}r^2\dot{\varphi} = \frac{M}{2m}$$

(3-36)

bir T yörünge periyodu boyunca entegre olmak:

$$T = \frac{2m(area)}{M} = \frac{2m\pi ab}{M} = \pi\alpha\sqrt{\frac{m}{2|E|^3}}.$$

(3-37)

Bu kesin çözümden şunu görebiliriz ki $T^2 \propto \frac{1}{|E|^3} \propto a^3$ bu Kepler'in 3.
Yasasıdır .

51

Çünkü $e = 1$(ne zaman oluşur ): $E = 0$ Sonsuzda duran bir parçacığı tanımlayan, ile (sınırsız) parabolik bir yörüngemiz var .$r_{min} = \frac{p}{2}$ and $r_{max} = \infty$

İçin $e > 1$(ne zaman oluşur $E > 0$): Hiperbolik bir yörüngeye sahibiz (sınırsız).

### Laplace-Runge-Lenz Vektörü
Denklemde tanımlanan tek bir parçacığa etki eden ters kare merkezi kuvveti düşünün

$$A = p \times L - mk\hat{r} \rightarrow e = \frac{A}{mk},$$

(3-38)

Neresi

> $m$ *merkezi kuvvet altında hareket* eden nokta parçacığın kütlesidir ,
> **p** onun momentum vektörüdür,
> **L** = **r** × **p** açısal momentum vektörüdür,
> **r** parçacığın konum vektörüdür (Şekil 3.8),
> $\hat{r}$ karşılık gelen birim vektördür , yani,$\hat{r}$, Ve
> $r$ , **r'nin** büyüklüğü , yani kütlenin kuvvet merkezinden uzaklığıdır.

Sabit parametre $k$ , merkezi kuvvetin gücünü tanımlar; yerçekimi için $G \cdot M \cdot m$'ye ve elektrostatik kuvvetler için $- k_e \cdot Q \cdot q'ye$ eşittir . Kuvvet $k > 0$ ise çekici, $k < 0$ ise iticidir .

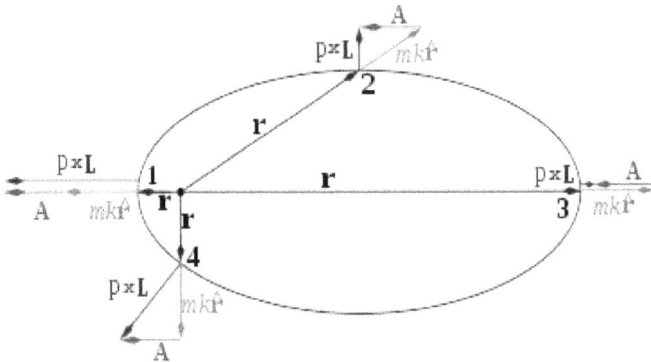

**Şekil 3.8** . LRL vektörü **A,** ters kare merkezi kuvvet altında eliptik yörünge üzerinde dört noktada. Çekim merkezi, konum vektörlerinin yayıldığı küçük siyah bir daire olarak gösterilir.

52

Açısal momentum vektörü **L** yörüngeye diktir. Eş düzlemli vektörler **p** × **L** ve ( $mk\,/\,r$ ) **r** gösterilmektedir. **A** vektörünün yönü ve büyüklüğü sabittir.

Yedi skaler büyüklük $E$ , **A** ve **L** (vektörlerdir, son ikisinin her biri üç korunan niceliğe katkıda bulunur) iki denklemle ilişkilidir: **A** · **L** = 0 ve A $^2 = m\,^2 k\,^2 + 2\,mEL\,^2$ , beş bağımsız hareket sabitini verir . Bu, parçacığın yörüngesini belirleyen altı başlangıç koşuluyla (parçacığın başlangıç konumu ve hız vektörleri, her biri üç bileşenlidir) tutarlıdır, çünkü başlangıç zamanı bir hareket sabiti tarafından belirlenmemektedir. Böylece 6 boyutlu faz uzayındaki 1 boyutlu yörünge tamamen belirlenmiş olur.

### Örnek 3.16. Kuzey kutbuna bir test kütlesi bırakıldı.
Bir test kütlesi, (dönme) kuzey kutbunun bir dünya çapı kadar yukarısında, hareketsiz halde serbest bırakılıyor. Atmosfer sürtünmesini göz ardı edin. ( Dünya yüzeyine yakın yer çekiminin hızlanması için kullanın 10 $\frac{m}{sec^2}$ ve dünyanın yarıçapı için $R_e$ = 6,400 km.)
a) Kütlenin dünyaya çarptığı andaki hızını (metre/sn cinsinden) bulun.
b) Kütlenin dünyaya çarpması için geçen süreyi belirten bir ifade bulun. İfadeniz boyutsuz bir integral içermelidir.

### Çözüm:
(a) Dünya yüzeyindeki hız: test kütlesinin potansiyel enerjisi: $\Phi = -\frac{mGM}{R}$. Enerjinin korunumu kinetik enerjinin potansiyel enerjideki değişime eşit olmasını sağlar:

$$\frac{1}{2}mv^2 = \Delta PE = \left(\frac{-mGM}{R}\right)\Bigg|_{R_e}^{3R_e} = \frac{2}{3}m\,R_e\,g$$

(b) Çarpmaya kadar geçen süre, önce düşmenin r yarıçapına olan ilişkisini alalım:

$$\frac{1}{2}mv^2 = \left(\frac{-mGM}{R}\right)\Bigg|_{r}^{3R_e} \qquad v$$

$$= \frac{dr}{dt} \text{ since no coriolis force at North pole}$$

$$\frac{1}{2}m\left(\frac{dr}{dt}\right)^2 = \frac{mGM}{r} - \frac{mGM}{3R_e}$$

$$\frac{dr}{dt} = \sqrt{\frac{2GM}{r} - \frac{2GM}{3R_e}} = \sqrt{2GM}\sqrt{\frac{1}{r} - \frac{1}{3R_e}}$$

$$dt = \frac{1}{\sqrt{2GM}} \frac{dr}{\sqrt{\frac{1}{r} - \frac{1}{3R_e}}}$$

$$T = \frac{1}{\sqrt{2GM}} \int_{R_e}^{3R_e} \frac{dr}{\sqrt{\frac{1}{r} - \frac{1}{3R_e}}} = \frac{(3R_e)^{\frac{3}{2}}}{\sqrt{2GM}} \int_{\left(\frac{1}{3}\right)}^{1} \frac{dx}{\sqrt{\frac{1}{x} - 1}} \cong 1.43 \frac{(3R_e)^{\frac{3}{2}}}{\sqrt{2GM}}$$

*Alıştırma 3.16 . Ekvator üzerine bir test kütlesi serbest bırakılır.*

### Örnek 3.17. M kütleli bir gezegen...

Kütlesi m olan bir gezegen, kütlesi M olan bir güneş etrafında dönmektedir. Keplerian sistemlerin genel özelliklerinde gezegenin, kuvvet merkezini içeren bir düzlemde hareket ettiğini gördük. (a) Hareket düzleminin kutupsal koordinatlarını girin ve Lagrangian'ı yazın; (b) Gezegen sisteminin açısal momentumunu ve enerjisini elde edin; ve (c) Kepleri analizinden yörüngenin bir elips olduğunu biliyoruz, bu nedenle yarı ana eksen uzunluğunu $a$ ve εbu elipsin dışmerkezliğini, aşağıdaki yörünge parametrelendirmesini kullanarak (b)'de elde edilen korunan enerji ve açısal momentle ilişkilendirin. bir elips:

$$\frac{1}{e} = \frac{1}{a(1 - \varepsilon^2)} + \frac{\varepsilon}{a(1 - \varepsilon^2)} \cos \theta$$

### Çözüm:
(a) Newton yerçekimi kuvvetinden yararlanıyoruz ve kütle merkezine doğru kayıyoruz:

$$F = \frac{mMG}{r^2} = \frac{M_T \mu G}{r^2}, \text{where } M_T = (m + M) \text{ and } \mu = \frac{mM}{m + M}$$

Bunun için potansiyel enerjiyi şu şekilde yazabiliriz:

$$U = -\frac{M_T \mu G}{r}$$

Yani kutupsal koordinatlarda Lagrangian $L = T - U$:

$$L = \frac{1}{2}\mu\left(\dot{r}^2 + r^2\dot{\theta}^2\right) - U(|\vec{r}|) \text{ and } \vec{r} = \vec{r}_m - \vec{r}_M, r = |\vec{r}|$$

(b) Enerjiyi elde etmek için, döngüsel koordinatlar için hareket denklemlerini (burada yörünge açısı) elde ederek başlayalım ve hareketin diğer sabitlerini elde edelim, sonra şunu kullanalım $E = T + U$:

$$\frac{d}{dt}\left(\mu r^2 \dot{\theta}\right) = 0 \rightarrow l = \mu r^2 \dot{\theta}, \text{angular momemtum conserved}$$

54

$$E = \frac{1}{2}\mu\dot{r}^2 + \frac{l^2}{2\mu r^2} - \frac{\mu M_T G}{r}$$

(c) Bir elipsin parametreleştirilmesiyle ilişki. At $r_{min}$ ve $r_{max}$ elimizde $\dot{r} = 0$, öyleyse şunu alın:

$$E = \frac{l^2}{2\mu r_{min}{}^2} - \frac{\mu M_T G}{r_{min}} \quad \text{and } E = \frac{l^2}{2\mu r_{max}{}^2} - \frac{\mu M_T G}{r_{max}}$$

Elips parametreleştirmesinden, for $r_{min}$ ve için sahip olduğumuz $r_{max}$:

$$\frac{1}{r_{min}} = \frac{1}{a(1-\varepsilon^2)} + \frac{\varepsilon}{a(1-\varepsilon^2)} \quad \Rightarrow \quad r_{min} = a(1-\varepsilon)$$

$$\frac{1}{r_{max}} = \frac{1}{a(1-\varepsilon^2)} + \frac{\varepsilon}{a(1-\varepsilon^2)} \quad \Rightarrow \quad r_{max} = a(1+\varepsilon)$$

Maksimum ve minimum r konumlarındaki enerji için iki denklemi kullanarak şunu elde ederiz:

$$\frac{l^2}{2\mu}\left(\frac{1}{r_{max}{}^2} - \frac{1}{r_{max}{}^2}\right) - \mu M_T G\left(\frac{1}{r_{min}} - \frac{1}{r_{max}}\right) = 0 \quad \rightarrow \quad l^2$$
$$= \mu^2 M_T G a(1-\varepsilon^2)$$

İlişkiyi $l^2$ iki enerji denkleminde ve $r_{min} = a(1-\varepsilon)$ ve ile yerine koyarsak $r_{max} = a(1+\varepsilon)$ şunu elde ederiz:

$$E = \frac{-\mu M_T G}{r_{min} + r_{max}} = \frac{-\mu M_T G}{2a}$$

Böylece,

$$a = \frac{-\mu M_T G}{2E} = \frac{mMG}{2|E|} = \frac{\alpha}{2|E|}, \text{where } a = \mu M_T G = mMG.$$

eksantrikliğin yerine get ifadesinde yeniden gruplandırdığımız ilişkiyi koyarsak :$l^2$

$$\varepsilon = \sqrt{1 + \left(\frac{2El^2}{\mu\alpha^2}\right)}.$$

*Alıştırma 3.17. Dünya-Ay sisteminin dışmerkezliği nedir? Dünya-Güneş sisteminden mi?*

**Örnek 3.18. Kütlesi m olan bir parçacık...**

Kütlesi m olan bir parçacık potansiyelde hareket ediyorU $= \alpha/r -$
$\beta/r^3$, $\alpha, \beta > 0$.

a) Dairesel yörüngeler a yarıçapı *r'nin hangi aralığı için*
kararlıdır? (r'nin koşulunu $\alpha$ ve $\beta$ cinsinden ifade edin.)
Dairesel bir yörüngenin $\Omega$ frekansını ve dairesel bir yörünge
etrafındaki küçük salınımların *w frekansını r, $\alpha$, $\beta$ ve m* cinsinden
bulun .

*Çözüm:*

(a) U $= \alpha/r - \beta/r^3$, $\alpha, \beta > 0$, ve yörüngeler için: L $= \frac{1}{2}m\left(\dot{r}^2 + r^2\dot{\theta}^2\right) -$

Uve E $= \frac{1}{2}m\dot{r}^2 + \frac{M_\theta^2}{2mr^2} + U$, dolayısıyla

$$U_{eff} = \frac{M_\theta^2}{2mr^2} - \frac{\alpha}{r} - \frac{\beta}{r^3}.$$

Aşağıdakiler için dairesel yörüngeler:

$$\frac{U_{eff}}{\partial r} = 0 \rightarrow -\frac{M_\theta^2}{mr^3} + \frac{\alpha}{r^2} + \frac{3\beta}{r^4} = 0$$

Aşağıdakiler için kararlı yörüngeler:

$$\frac{\partial^2 U_{eff}}{\partial r^2} = \frac{3M_\theta^2}{mr^4} - \frac{2\alpha}{r^3} - \frac{12\beta}{r^5} > 0.$$

(b) Taranan alanı, A'yı, ilişki:'yi hatırlayın $M_\theta = mr^2\dot{\theta} = 2m\frac{dA}{dt}$, sonra
şunu yazabilirsiniz:

$$dt = \frac{2m}{M_\theta}dA \Longrightarrow T = \frac{2m}{M_\theta}(\pi r_c^2)$$

$$\alpha r_c^2 - \frac{M_\theta^2}{m}r_c + 3\beta = 0$$

Dairesel yörüngenin frekansı $\Omega$:

$$\Omega = \frac{2\pi}{T} = \frac{M_\theta}{mr_c^2},$$

ve bu dairesel yörünge etrafındaki küçük salınımların frekansı:

$$\omega = \sqrt{\frac{1}{2m}\frac{\partial^2 U_{eff}}{\partial r^2}\bigg|_{r_c}} = \sqrt{\frac{1}{m}\left\{\frac{\alpha}{r^3} - \frac{3\beta}{r^5}\right\}}.$$

*Alıştırma 3.18.* $\alpha$ *ve* $\beta$ *şu şekilde seçildiğinde* $\Omega = \omega$*ne olur ?*
*Örnek 3.19. Merkezi kuvvet alanındaki parçacık.*
Bir parçacık, potansiyel tarafından verilen merkezi bir kuvvet alanında
hareket eder: U $= -K\dfrac{e^{-r/a}}{r}$burada Kve apozitif sabitlerdir. (a) Dairesel

56

yörüngeler için r, l ve E arasındaki ilişkiyi bulun. (b) Dairesel bir yörünge etrafındaki küçük salınımların (r-düzleminde) periyodunu bulun .θ

***Çözüm:***

(a) Yani, $U = -K\dfrac{e^{-r/a}}{r}$ ve var $L = \dfrac{1}{2}m(\dot{r}^2 + r^2\dot{\theta}^2) - U$. Merkezkaç bariyeri için elimizde:

$$\frac{d}{dt}\left(\frac{\partial L}{\partial \dot{\theta}}\right) = 0 \Rightarrow mr^2\dot{\theta} = |L|$$

Bu yüzden,

$$L = \frac{1}{2}m\dot{r}^2 - \frac{|L|^2}{2mr^2} - U$$

ve hareket denklemleri:

$$\frac{d}{dt}(m\dot{r}) - \left\{-\frac{|L|^2}{mr^3} - \frac{\partial U}{\partial r}\right\} = 0$$

dairesel yörüngelere sahip olun r = const:

$$\frac{|L|^2}{mr_0^3} = -\frac{\partial U}{\partial r}\bigg|_{r=r_0} \rightarrow \frac{l^2}{mr_0^3} + \frac{E}{r_0} = +\frac{K}{ar_0}e^{-r_0/a} \rightarrow \quad E$$

$$= \frac{l^2}{2mr_0^2} + \frac{K}{a}e^{-r_0/a}$$

(b) Elimizde $\omega = \sqrt{\dfrac{1}{2m}\dfrac{\partial^2 U_{eff}}{\partial r^2}}$ ve var $U_{eff} = \dfrac{+l^2}{2mr^2} - \dfrac{Ke^{-r/a}}{r}$ ve salınım dengesinde:

$$\frac{U_{eff}}{\partial r} = \frac{-l^2}{mr^3} + \frac{Ke^{-r/a}}{r^2} + \frac{Ke^{-r/a}}{ar} = 0,$$

Böylece,

$$\frac{\partial^2 U_{eff}}{\partial r^2} = \frac{3l^2}{mr^4} - \frac{2Ke^{-r/a}}{r^3} - \frac{Ke^{-r/a}}{ar^2} - \frac{Ke^{-r/a}}{ar^2} - \frac{Ke^{-r/a}}{a^2r}.$$

İtibaren

$$\left(\frac{1}{r^2} + \frac{1}{ar}\right)Ke^{-r/a} = \frac{l^2}{mr^3} \quad \text{and} \quad Ke^{-r/a} = \left(\frac{ar}{a+r}\right)\frac{l^2}{mr^2} = \frac{a}{a+r}\frac{l^2}{mr}$$

Daha sonra yeniden gruplaşabiliriz

$$\omega = \sqrt{\frac{l^2}{m^2r^2}\left\{\frac{a}{a+r}\right\}\left(\frac{1}{r^2} + \frac{1}{ar} - \frac{1}{a^2r}\right)}.$$

**Alıştırma 3.19.** *Diyelim ki* $\left.\dfrac{\partial^2 U_{eff}}{\partial r^2}\right|_{r_c}$ *bazı seçimler için* K *Ve* a,

*potansiyeldeki üçüncü dereceden türevin frekans formülünü türetin, yeni salınım frekansı nedir?*

## Örnek 3.20. Newton yasalarından Kepler'in 3. <sup>Yasası.</sup>

(a) Kütle merkezleri etrafında dairesel yörüngelerde bulunan m1 ve m2 kütleli iki yıldız için Kepler'in 3. Yasasının şu şekilde olduğunu doğrudan Newton yasalarından gösteriniz ̇ T $T^2 = \dfrac{4\pi^2}{G(m_1+m_2)} R^3$ periyot ve R yıldızlar arasındaki uzaklıktır.

(b) Formülün $T^2 = (m_1 + m_2)^{-1} R^3$ yıl cinsinden T, AU (astronomik birimler) cinsinden R ve güneş kütleleri cinsinden m olacak şekilde yeniden yazılabileceğini gösterin. (Eğer R yarı ana eksen ise, bu durum eliptik yörüngeler için de geçerlidir.)

(c) Büyük bir nesnenin yüzeyinde dairesel yörüngede bulunan küçük bir nesne için bunu gösterin $T = K\rho^{-1/2}$ ve sabiti bulun K. Küresel bir kayanın ( ) yüzeyindeki yörüngedeki bir çakıl taşının periyodu nedir ? $\rho = 3g/cm^3$

**Çözüm:**

(a) Hatırlayın: $L = r \times \mu v = const$ ve $dA = \frac{1}{2} r \cdot rd\theta$

Bu yüzden,

$$L = \mu r \times \left(\dot{r}\hat{r} + r\dot{\theta}\hat{\theta}\right) = \mu r^2 \dot{\theta} = 2\mu\frac{dA}{dt} = const$$

$$2\mu dA = Ldt \rightarrow 2\mu(\pi ab) = LT$$

Kütlelerin büyük ve küçük eksenlerle ilişkisini hatırlayın:

$$a = \frac{G(m_1 + m_2)\mu}{2|E|} \qquad b = \frac{L}{\sqrt{2\mu|E|}}$$

Böylece,

$$LT = 2\mu\pi \frac{G(m_1 + m_2)\mu}{2|E|} \frac{L}{\sqrt{2\mu|E|}}$$

$$\rightarrow \quad \frac{4\pi^2}{G(m_1 + m_2)}\left\{\frac{G(m_1 + m_2)\mu}{2|E|}\right\}^3 = T^2$$

Böylece, a = R yerine koyarsak (yarı ana eksende değerlendirme):

$$T^2 = \frac{4\pi^2}{G(m_1 + m_2)} R^3.$$

(b) Birim Değişikliği şu şekilde gerçekleşir:

$$T^2 \left(\frac{365 \times 24 \times 3600 \text{sec}}{1\text{yr}}\right)^2$$

$$= \frac{4\pi^2}{G(m_1 + m_2)\left(\frac{2 \times 10^{30}\text{kg}}{M_\Theta}\right)} R^3 \left(\frac{1.5 \times 10^8\text{km}}{1\text{A. U.}}\right)^3,$$

yani $T^2 = (m_1 + m_2)^{-1}R^3$KveK =

$$\frac{(1.5\times10^8\text{km})^3 4\pi^2}{6.67\times10^{-11}\text{Nm}^2/\text{kg}^2(3.15\times10^7\text{sec})^2(2\times10^{30}\text{kg})}\left[\frac{M_\Theta \cdot \text{yr}^2}{(\text{A.U.})^3}\right] = 1.0\left[\frac{M_\Theta \cdot \text{yr}^2}{(\text{A.U.})^3}\right].$$

Böylece,

$$T^2 = (m_1 + m_2)^{-1}R^3.$$

(c) $T^2 = (m_1 + m_2)^{-1}R^3 \simeq m_{\text{Large}}^{-1}R^3 \simeq \frac{\frac{4}{3}\pi R^3}{m_{\text{Large}}} \frac{1}{\frac{4}{3}\pi} = \frac{\rho}{\frac{4}{3}\pi}$, dolayısıyla T =

$K\rho^{-1/2}$ burada $K = \frac{1}{2\sqrt{\frac{\pi}{3}}}$ (T, yıl birimleri cinsindendir, R = AU's, m =

$M_\Theta$'sve $m_1 \gg m_2$. için $\rho = 3\text{g/cm}^3 = 3 \times 10^3\text{kg/m}^3$, dolayısıyla:

$$T = \sqrt{\frac{3\pi}{6.67 \times 10^{-11}}}(3 \times 10^3)^{-1/2}\text{sec} = 6.86 \times 10^3\text{sec} = 114 \text{ min}.$$

*Alıştırma 3.20.* Dünya yüzeyindeki ($\rho = 1\text{g/cm}^3$) ve bir nötron yıldızının yüzeyindeki ($\rho = 10^{16}\text{g/cm}^3$) yörüngedeki bir çakıl taşının periyodu nedir?

*Örnek 3.21. İkili sistemler.*
Yıldız kütleleri ikili sistemlerin gözlemlenmesiyle bulunur. Tipik olarak yıldızlar çözülemez, ancak spektrum, her yıldızın görüş hattı hızını veren, periyodik olarak değişen iki Doppler kaymasını gösterir. Hızları çağırın $V_1$ve $V_2$. Yörünge görüş hattına belli bir açıyla eğimliyse şunu gösterin :$\theta$

$$R = (V_1 + V_2)/\Omega \sin \theta \text{ve } M_2/M_1 = V_1/V_2\text{ve } \frac{m_2^3}{(m_1+m_2)^2} \sin^3 \theta =$$
$$(a_1 \sin \theta)^3/T^2.$$

İle başlayın : $V_1 = \mho_1 \sin \theta$ and $V_2 = \mho_2 \sin \theta$, burada $\mho_1 = r_1\Omega$ and $\mho_2 = r_2\Omega$. Let $R = r_1 + r_2$, ardından:

$$V_1 + V_2 = (\mho_1 + \mho_2) \sin \theta = R\Omega \sin \theta \rightarrow R = (V_1 + V_2)/\Omega \sin \theta$$

Kökeni Kütle Merkezinde: $M_1 r_1 + M_2 r_2 = 0$ ve $M_1 \mathrm{U}_1 + M_2 \mathrm{U}_2 = 0$,
dolayısıyla: $|M_1 V_1 / \sin\theta| = |M_2 V_2 / \sin\theta|$

ve $\frac{M_2}{M_1} = \frac{V_1}{V_2}$. Son ilişkiyi elde etmek için, yarı ana eksende (R için) şunu hatırlayın:

$$T^2 = (m_1 + m_2)^{-1} R^3,$$

Böylece:

$$T^2 = (m_1 + m_2)^{-1}\left\{\frac{(V_1 + V_2)}{\Omega \sin\theta}\right\}^3 = (m_1 + m_2)^{-1}\left\{\frac{\left(1 + \frac{m_1}{m_2}\right)V_1}{\Omega \sin\theta}\right\}^3$$

$$= (m_1 + m_2)^{-1}\left(1 + \frac{m_1}{m_2}\right)^3 a_1^3$$

Hangisinden alıyoruz:

$$\frac{m_2^3}{(m_1 + m_2)^2}\sin^3\theta = \frac{(a_1 \sin\theta)^3}{T^2}.$$

*Alıştırma 3.21. Nötron yıldızı ile ikili.*
Bir nötron yıldızına sahip bir ikili düşünün. Nötron yıldızının gözlemlenen Doppler kayması büyüklüğü $\frac{\Delta\lambda}{\lambda} = 2 \times 10^{-6}$ ve 4 günlük bir periyodu vardır. Nötron yıldızının kütlesi 3'ten küçükse $M_\Theta$ yoldaşının maksimum kütlesi ne kadardır?

*Örnek 3.22. Bir devrim paraboloitinin içindeki hareket.*
Kütlesi m olan bir parçacık, ekseni dikey olan bir paraboloitin iç kısmında yer çekimi altında sürtünmesiz hareket etmeye zorlanmıştır. Hareketine eşdeğer tek boyutlu problemi bulun. Parçacığın dairesel hareket üretmesi için başlangıç hızının koşulu nedir? Bu dairesel harekete göre küçük salınımların periyodunu bulun.

Silindirik koordinatları kabul edelim: $x = \rho \sin\theta$, $y = \rho \cos\theta$, bu durumda koordinatlarımız olur:
$z = \frac{a}{2}\rho^2$, $\rho^2 = x^2 + y^2$, $y = x^2$, ve potansiyel $U = mgz$. Böylece Lagrangian:

$$L = \frac{1}{2}m(\dot{x}^2 + \dot{y}^2 + \dot{z}^2) - mg\frac{a}{2}\rho^2,$$

Neresi

$$\dot{z} = a\rho\dot{\rho}, \quad \dot{x} = \dot{\rho}\sin\theta + \rho\cos\theta\,\dot{\theta}, \quad \dot{y} = \dot{\rho}\cos\theta + \rho\sin\theta\,\dot{\theta}.$$

Böylece,

60

$$L = \frac{1}{2}m\left(\dot\rho^2 + (a\rho\dot\rho)^2 + (\rho\dot\theta)^2\right) - mg\frac{a}{2}\rho^2$$

Euler-Lagrange denklemini kullanarak $\theta$:
$$\frac{d}{dt}\left(\frac{\partial L}{\partial\dot\theta}\right) - \frac{\partial L}{\partial\theta} = 0 \quad \text{gives} \quad m\rho^2\theta = M_\theta.$$

Böylece,
$$L = \frac{1}{2}m(\dot\rho^2 + (a\rho\dot\rho)^2) + \frac{1}{2}m(\rho\dot\theta)^2 - mg\frac{a}{2}\rho^2$$

Euler-Lagrange denklemini kullanarak şunu $\rho$elde ederiz:
$$m\ddot\rho + \frac{d}{dt}(m(a\rho)^2\dot\rho) - m(a\dot\rho)^2\rho - m\rho\dot\theta^2 + mga\rho = 0$$

$$m\ddot\rho(1 + a^2\rho^2) + ma^2\rho\dot\rho^2 - \frac{M_\theta^2}{m\rho^3} + mga\rho = 0$$

Dairesel hareket $\dot\rho = 0$:
$$\left(\frac{M_\theta}{m\rho}\right)^2 = ga\rho^2 \quad \text{and} \quad M_o = m\rho v.$$

Böylece
$$v = \rho\sqrt{ga} = \sqrt{2gz}$$

Şimdi küçük salınımları ele alalım.
$$m\ddot\rho(1 + a^2\rho^2) + ma^2\rho\dot\rho^2 - \frac{M_\theta^2}{m\rho^3} + mga\rho = 0$$

Let $\rho = \rho_0 + \eta$, ardından terimleri 1. $^{\text{sıraya}}$ kadar koruyalım $\eta$:
$$(1 + a^2\rho_0^2)m\ddot\eta - \frac{M_\theta^2}{m\rho_0^3}\left(1 - \frac{3\eta}{\rho_0}\right) + mga(\rho_0 + \eta) = 0$$

Böylece,
$$\ddot\eta + \frac{4ga\eta}{(1 + a^2\rho_0^2)} = 0 \quad \Rightarrow \quad \omega = \sqrt{\frac{4ga}{(1 + a^2\rho_0^2)}} \quad \Rightarrow \quad T$$

$$= \pi\sqrt{\frac{(1 + a^2\rho_0^2)}{ga}}.$$

*Egzersiz 3.22. Sonbahar zamanı.*
İki parçacık, yer çekimi kuvvetlerinin etkisi altında, T periyoduyla dairesel yörüngelerde birbiri etrafında hareket eder. Hareketleri aniden durdurulur ve serbest bırakılarak birbirlerine düşmelerine izin verilir. Zaman içinde çarpıştıklarını gösterin $t/4\sqrt{2}$.

61

## Örnek 3.23. Çekici merkezi güç.

(a) Eğer bir parçacık, çember üzerindeki bir noktaya yönlendirilen çekici bir merkezi kuvvetin etkisi altında dairesel bir yörünge tanımlıyorsa, bu durumda kuvvetin, mesafenin ters beşinci kuvveti kadar değiştiğini gösterin.
(b) Tanımlanan yörünge için parçacığın toplam enerjisinin sıfır olduğunu gösterin.
(c) Hareketin periyodunu bulun.
(d) $\dot{x}$, $\dot{y}$, ve 'yi vdaire etrafındaki açının fonksiyonu olarak bulun ve parçacık kuvvet merkezinden geçerken her üç niceliğin de sonsuz olduğunu gösterin.

## Çözüm

(a) tarafından verilen konumla başlayın $r - 2a\sin\theta$ for $0 \le \theta \le 180°$.
Ve Lagrangian'ımız var:

$$L = \frac{1}{2}m\left(\dot{r}^2 + r^2\dot{\theta}^2\right) - U(r) \quad \text{with} \quad \dot{r} = 2a\cos\theta\,\dot{\theta}.$$

Daha sonra,

$$\frac{d}{dt}\left(\frac{\partial L}{\partial\dot{\theta}}\right) - \frac{\partial L}{\partial\theta} = 0 \implies M_\theta = mr^2\dot{\theta} = \text{const. of motion}$$

İlgili kuvveti tanımlamak için $r$ üzerindeki "kısıtlama"yı kullanın .
Benzer şekilde, $r^2 + r^2\dot{\theta}^2 = 4_a^2\cos^2\theta\,\dot{\theta}^2 + 4_a^2\sin^2\theta\,\dot{\theta}^2 = 4_a^2\dot{\theta}^2 =$
hareketin integrali yani sabit elde ederiz :$E = 2ma^2\dot{\theta}^2 + U(r)$

$$E = 2ma^2\frac{M_\theta^2}{(mr^2)^2} + U(r) = \frac{2a^2M_\theta^2}{mr^4} + U(r) = \text{const}$$

Böylece,

$$\frac{dE}{dr} = -\frac{8a^2M_\theta^2}{mr^5} + \frac{dU}{dr} = 0$$

(çekici) kuvvetin şöyle olduğunu belirtir :

$$F(r) = \frac{8a^2M_\theta^2}{mr^5}.$$

(B) $\quad E = \frac{2a^2M_\theta^2}{mr^4} - \int_\infty^r -\frac{8a^2M_\theta^2}{mr^5} = 0$

(C) $\quad T =? \quad M_\theta = mr^2\dot{\theta} = m(4a^2)\sin^2\theta\frac{d\theta}{dt}$

62

$$dt = m(4a^2) \frac{\sin^2 \theta}{M_\theta} d\theta$$

$$T = \frac{1}{M_\theta} \int_0^\pi (4a^2) \, m \sin^2 \theta \, d\theta = \frac{2\pi m a^2}{M_\theta}$$

Alternatif olarak:

$$M_\theta = mr^2 \dot{\theta} = mr \cdot r \frac{d\theta}{dt} = m2 \frac{dA}{dt} \quad \rightarrow \quad dt = \frac{2mdA}{M_\theta} \quad \rightarrow \quad T = \frac{2\pi m a^2}{M_\theta}$$

(D) $\quad x = r\cos\theta = 2a\sin\theta\cos\theta = a\sin 2\theta \qquad \dot{x} = 2a(\cos^2\theta - \sin^2\theta)\dot{\theta}$

$\qquad y = r\sin\theta = 2a\sin^2\theta \qquad\qquad\qquad\qquad \dot{y} = 4a\sin\theta\cos\theta\,\dot{\theta}$

Bu yüzden,

$$\dot{x} = (2a)(1 - 2\sin^2\theta)\dot{\theta} = 2a\left(1 - \frac{1}{2}\left(\frac{r}{a}\right)^2\right)\frac{M_\theta}{mr^2}; \qquad \dot{y}$$

$$= 2r\sqrt{1 - \left(\frac{r}{a}\right)^2}\,\frac{M_\theta}{mr^2}$$

Ve

$$v = \sqrt{4a^2\{\cos^4\theta - 2\cos^2\theta\sin^2\theta + \sin^4\theta\} + 16a^2\sin^2\theta\cos^2\theta} \cdot \dot{\theta}$$
$$= 2a\dot{\theta}\sqrt{\cos^4\theta + \sin^4\theta}.$$

*Alıştırma 3.23. Merkezi harmonik potansiyeldeki parçacık.*
, pozitif yay sabiti k ile merkezi harmonik potansiyelde hareket eder . (a)
Tüm yörüngelerin sınırlı olduğunu ve $V(r) = (1/2)kr^2$aşılması
gerektiğini $\sqrt{kl^2/m}$göstermek için etkin potansiyeli kullanın $E_{min}$. (b)
Yörüngenin, orijini merkezde olan kapalı bir elips olduğunu doğrulayın.
Eğer ilişki $E/E_{min} = \cosh\xi$miktarı tanımlıyorsa $\xi$, a, b ve dış merkezlilik
için yörünge parametrelerini gösterin. Sınırlayıcı durumu tartışın
$E \rightarrow E_{min}$ve $E \gg E_{min}$. (c) Dönemin E ve l'den bağımsız olduğunu
gösterin.

### 3.8 Kararlı dengeyle ilgili küçük salınımlar
Şu ana kadar temel yörünge mekaniğini ele aldık ve bir elipsin (özel
durum olarak daire ile) klasik yörünge sonucunu elde ettik. Ancak ara sıra
dış etkileşimin bazı şeyleri dürtebileceği daha gerçekçi sistemler için bu
idealleştirilmiş sonuç ne kadar istikrarlı? Bu çözümler 'gerçeklikte' ne
kadar kararlı? Bunun, küçük salınımlarla (bu bölümde ayrıntılı olarak
açıklanacak) ve genel kararlılıkla (dinamiğin faz uzayında tanımlandığı
ve burada açıklanan formalizmde açıklandığı Bölüm 6'da açıklanacak)

63

ilgili bir sorun olduğu ortaya çıktı. stabilite kriterleri daha kolay belirlenebilir). Küçük tedirginliklere izin verecek şekilde çözüm sınıfını genişletmenin genel bir mekanik çözüme sahip olmanın ilk adımı olduğunu unutmayın, ancak bu ne kadar ileri götürülebilir? Daha sonraki bir bölümde de takip edilecek olan cevap, alfa ile muhtemelen özel ilişkisi de dahil olmak üzere evrensel sabitlere yol açan farklı bir şekilde ulaştığı "kaos sınırına" bağlıdır (detaylar [45]'te) $C_\infty$.

Dairesel yörünge durumunda küçük salınımı düşünelim. Potansiyelde, zaten potansiyelin minimumda olduğu (zamanla değişmeyen) bir durumdayız. Bu konfigürasyonu dürtersek, denge komşuluğundaki potansiyelin hakim olduğu bir potansiyel ortamı deneyimleyeceğimizi görürüz ve bu minimumda olduğundan (genel olarak sistemlerdeki denge için gereklidir, dolayısıyla bu tartışma şu durumlara genelleştirilmiştir: peki) o zaman birinci dereceden terim yoktur, yalnızca ikinciden sonraki daha yüksek dereceye kadar terim vardır:

$$U(r) - U(r_{min}) \cong \frac{1}{2}k(r - r_{min})^2 \ ...$$

artı daha yüksek dereceli terimler.

(3-39)

Şimdi küçük yer değiştirmeye odaklanırsak $x = r - r_{min}$ ve sabit $U(r_{min})$ terimi bırakırsak, x değişkeninde klasik yaylı osilatör Lagrange'a sahip oluruz:

$$L = \frac{1}{2}m\dot{x}^2 - \frac{1}{2}kx^2$$

(3-40)

Euler-Lagrange denklemleri ikinci dereceden hareket denklemini verir:

$$m\ddot{x} + kx = 0 \quad \rightarrow \quad \ddot{x} + \omega^2 x = 0, \quad \text{where } \omega^2 = \frac{k}{m}.$$

(3-41)

Bu bağlamda gelenek pozitif frekanslardan söz edeceğinden, pozitif kökü alın: $\omega = \sqrt{k/m}$. Diferansiyel denklemin genel çözümü şu şekildedir $x(t) = a \cos(\omega t) + b \sin(\omega t)$: Böylece 1 boyutlu klasik yayın iki bağımsız salınımı mümkün olur. Sınır koşulları genellikle tek bir bağımsız salınım serbestlik derecesine indirgenir. Örneğin, yörüngesel açısal momentumun küçük salınımla (tipik olarak) değiştirildiği, küçük salınım problemi olan dairesel yörünge için olduğu gibi; burada sınır koşulu seçimi, denge dairesel yörüngesi etrafında dalga yayılımına dönüşen yay salınımı için aynı yönelimdedir. sistem açısal momentumu, daha büyük bir net sistem açısal momenti verir veya net açısal momentum daha azken tam tersi olur. Bunun daha sonra salınımlardan yalnızca

64

birinin tutarlı olduğu bir çözüm seçtiğini, kolaylık sağlamak için seçtiğini varsayalım $x(t) = a \cos(\omega t)$, o zaman elimizde:

$$E = \frac{1}{2} m\omega^2 a^2 \propto (\text{amplitude})^2.$$

(3-42)

Yani sistem frekansı genliğe bağlı değildir ancak sistem enerjisi genliğin karesi olarak gider. 1 boyutlu yay salınımı hareket denkleminin şu şekilde yeniden yazılabileceğini unutmayın:

$$\frac{d^2 x}{dt^2} + \omega^2 \frac{d^2 x}{dX^2} = 0,$$

(3-43)

iki çözüm sınıfının artık formda yakalandığı yer:

$$x(t, X) = a \cos(\omega t - X) + b \cos(\omega t + X).$$

(3-44)

İpteki titreşimler için 1 boyutlu (kısmi diferansiyel) dalga denklemi bununla yakından ilişkilidir $y(t, X)$:

$$\frac{\partial^2 y}{\partial t^2} - \omega^2 \frac{\partial^2 y}{\partial X^2} = 0,$$

burada iki bağımsız çözüm sınıfı artık (D'Alembert [7]) formunda yakalanmıştır:

$$y(t, X) = f(\omega t - X) + g(\omega t + X).$$

Hem 1 boyutlu osilatör hem de 1 boyutlu dizi titreşimi için sınır koşulları, mevcut fonksiyonel serbestlik derecelerinin değerlendirmesini etkiler.

### 3.8.1 Tahrikli Sistemler

Artık sistemin 'doğal' salınımlarını anladığımıza göre, sisteme tekrar tekrar bir kuvvet uygularsak (yine de küçük salınımların yaklaşımı dahilinde kalarak) ne olur? Küçük salınım rejimi içinde kalarak yeterince zayıf bir potansiyele sahip olmalıyız ve bu durumda sistemin dengesinden ayrılmasıyla onu en düşük seviyeye kadar genişletebiliriz. Böylece, potansiyel enerjiden gelen yay geri getirme kuvvetine ek olarak $\frac{1}{2} kx^2$ şu anda sahip olduğumuz

$$U_{external}(x, t) \cong U_{ext}(0, t) + x[\partial U_{ext} / \partial x]_{x=0}$$

(3-45)

65

X bağımlılığı ve yazma kuvveti olmayan terimi çıkararak, $F(t) = -[\partial U_{ext}/\partial x]_{x=0}$ tahrik edilen osilatörün Lagrangianını elde ederiz:

$$L = \frac{1}{2}m\dot{x}^2 - \frac{1}{2}kx^2 + xF(t).$$

(3-46)

Bu diferansiyel denklemi doğurur:

$$\ddot{x} + \omega^2 x = \frac{F(t)}{m},$$

(3-47)

genel çözümü, homojen diferansiyel denklemlerin çözümlerinden yola çıkılarak, homojen olmayan diferansiyel denklemlerin olağan yöntemiyle elde edilebilir. Bu örnekte, bunun daha önce olduğu gibi $\{a, \alpha\}$ sınır $x_{hom}(t) = a\cos(\omega t + \alpha)$ koşullarıyla belirlenen genel çözüm olarak yazıldığını varsayalım. Parçayı $x(t) = x_{hom}(t) + x_{inhom}(t)$ hesaplamak için $x_{inhom}(t)$, periyodik itici güçler olan dış kuvvetleri göz önünde bulunduralım (bunun üzerine toplama, Fourier dönüşümünün tamlığı ile zamanla değişen herhangi bir dış kuvveti modelleyebilir):

$$F(t) = f\cos(\gamma t + \beta).$$

(3-48)

Bir çözüm tahmin edersek $x_{inhom}(t) = b\cos(\gamma t + \beta)$, bunun işe yaradığını görürüz $b = f/m(\omega^2 - \gamma^2)$, dolayısıyla genel çözümümüz için elimizde:

$$x(t) = a\cos(\omega t + \alpha) + \left[\frac{f}{m(\omega^2 - \gamma^2)}\right]\cos(\gamma t + \beta).$$

(3-49)

Bu çözümün sistemin doğal frekansında salınan bir parçadan ve kuvvetin sürücü frekansında salınan bir parçadan oluştuğuna dikkat edin. Ayrıca sürüş frekansının sistemin doğal frekansıyla eşleşmesi durumunda özel bir şeyin meydana geldiğine de dikkat edin. Bu rezonans olgusudur.

Rezonansta ne olduğunu incelemek için limiti almaya yönelik bir forma sahip olmak istiyoruz $\gamma \to \omega$. Bunun için ikinci terimin L'Hopital kuralını kullanmaya uygun bir biçimde olmasına ihtiyacımız var. Basitçe ilk terimin bir parçasını kırarak ve faz terimini gerektiği gibi kaydırarak (tümü birinci dereceden küçük salınım yaklaşımı içinde geçerlidir) basitçe yeniden yazabiliriz:

$$x(t) = a'\cos(\omega t + \alpha) + \left[\frac{f}{m(\omega^2 - \gamma^2)}\right][\cos(\gamma t + \beta) - \cos(\omega t + \beta)],$$

(3-50)

ve şunu elde ederiz:

66

$$\lim_{\gamma \to \omega} x(t) = a' \cos(\omega t + \alpha) + \left[\frac{ft}{2m\omega}\right] [\sin(\omega t + \beta)].$$

(3-51)

Görülebileceği gibi, rezonanstaki tanıdık kararsızlık, zamanla doğrusal olarak büyüyen (çok geçmeden küçük salınım varsayımlarını ihlal eden) ikinci terimde ortaya çıkıyor. Sistemler genellikle rezonansta çalıştırıldıklarında bozulurlar çünkü yalnızca küçük salınım varsayımlarını (ve daha fazla sürücü enerji emilimine yönelik alıcılığı) ihlal etmeye yetecek kadar sürücü enerjisini verimli bir şekilde ememezler, aynı zamanda bir sistem kısıtlamasını kırmaya da yeterli olurlar. Not: Süspansiyon rezonansta tahrik ediliyorsa ve süspansiyon sıçrama yüksek noktasındayken yanal itmeler yapılıyorsa, park halindeki bir araba küçük bir grup insan tarafından periyodik olarak arabayı iterek ("kaldırmadan" "zıplayarak") bu şekilde hareket ettirilebilir. .

Şimdi birden fazla serbestlik derecesine sahip sistemleri ele alalım. Genellikle yer değiştirmelerdeki potansiyel ifadesindeki düşük dereceli terimler çapraz terimleri içerecektir. Öyle bile olsa, genel olarak koordinatların, çapraz terimleri olmayan ("normal koordinatlar" olarak bilinir) düşük dereceli bir potansiyele ayrıştırılması aranabilir ve böylece N serbestlik derecesine sahip sistem, daha önce incelendiği gibi N 1-D salınımlarına ayrıştırılır.

[27] gösterimini takip ederek U'nun çoklu koordinatların bir fonksiyonu olduğunu düşünelim. Bu potansiyelin minimumdan küçük yer değiştirmelerle genişlemesiyle ilgileniyoruz (küçük salınımla denge varsayıldığından beri). Enerji ölçeğini değiştirme özgürlüğünü kullanarak, minimum potansiyelin sıfır olmasını ve ikinci dereceden terimlere kadar potansiyele sahip olmasını seçiyoruz (minimumdan beri doğrusal terim yok):

$$U = \frac{1}{2} \sum_{i,k} K_{ik} x_i x_k,$$

burada x'ler potansiyelin minimumundan koordinat yer değiştirmeleridir. Benzer şekilde, genelleştirilmiş koordinatlardaki kinetik terim hızlarda hala ikinci dereceden olacaktır, ancak katsayı genellikle koordinat bağımlılığına sahip olacaktır:

$$T = \frac{1}{2} \sum_{i,k} m(x_i, x_k) \dot{x}_i \dot{x}_k \cong \frac{1}{2} \sum_{i,k} m_{ik} \dot{x}_i \dot{x}_k,$$

genelleştirilmiş atalet fonksiyonunda en düşük dereceli terim alındığında $\sum_{i,k} m(x_i, x_k)$ sabit atalet matrisiyle elde edilir $m_{ik}$ (küçük yer değiştirme veya küçük salınım senaryolarıyla tutarlıdır). Lagrange şu şekildedir:

$$L = \frac{1}{2} \sum_{i,k} (m_{ik}\dot{x}_i\dot{x}_k - K_{ik}x_ix_k),$$

ve elde edilen Euler-Lagrange denklemleri:

$$\sum_k (m_{ik}\ddot{x}_k + K_{ik}x_k) = 0.$$

Farklı büyüklüklere ancak aynı frekansa sahip genelleştirilmiş koordinatlardaki olası yer değiştirme çözümlerini göz önünde bulundurun: $x_k = A_k \exp i\omega t$. Yerine koyarak şimdi çözmeliyiz:

$$\sum_k (-\omega^2 m_{ik} + K_{ik})A_k = 0 \quad \rightarrow \quad \det|-\omega^2 m_{ik} + K_{ik}| = 0,$$

Böylece, determinantı sıfıra eşitleyerek "N" derecesinin (genelleştirilmiş koordinatların sayısı) karakteristik denklemini elde ederiz. Çözümler $\{\omega_\alpha\}$ sistemin karakteristik frekanslarıdır. Bu, her bir genelleştirilmiş koordinat yer değiştirmesi için, tüm karakteristik frekansların toplamından oluşan genel bir çözüm önerir ([27] notasyonuyla tutarlı kalarak):

$$x_k = \sum_\alpha \Delta_{k\alpha}\theta_\alpha \ ; \quad \theta_\alpha = \text{Re}[C_\alpha \exp i\omega_\alpha t],$$

(3-52)

burada $C_\alpha$ keyfi karmaşık sabitler vardır ve $\Delta_{k\alpha}$'ler, karakteristik frekansların her biriyle ilişkili determinantın küçükleridir $\omega_\alpha$ (hepsinin $\omega_\alpha$ farklı olduğu varsayılarak). Dolayısıyla, sistemin her koordinatının zaman değişimi, N adet basit periyodik osilatörün (rastgele genlik ve faza sahip ancak N adet kesin frekansa sahip) bir süperpozisyonudur. Basitlik açısından, hepsinin $\omega_\alpha$ farklı olduğunu varsayalım ve basitçe yerine koyalım $x_k = \sum_\alpha \Delta_{k\alpha}\theta_\alpha$; buradan Lagrange'a ikame üzerine N ayrık denklemler elde ederiz (örneğin, karakteristik frekansları kullanarak, eylemsizlik faktörü dışında hem kinetik hem de potansiyel terimleri aynı anda köşegenleştiririz) $I_\alpha$. her frekans katkısı):

$$L = \frac{1}{2} \sum_\alpha I_\alpha(\dot{\theta}_\alpha{}^2 - \omega_\alpha{}^2\theta_\alpha{}^2),$$

(3-53)

normal koordinatlar için kinetik terimlerinin $1/2$ katsayısına sahip olduğu kuralına ulaşmak için koordinatın yeniden ölçeklendirilmesini gerektirir. Böylece $\theta_\alpha \rightarrow \theta_\alpha/\sqrt{I_\alpha}$ ve eğer kuvvet mevcutsa revize edilmiş Lagrange şu şekilde olur:

$$L = \frac{1}{2}\sum_\alpha (\dot\theta_\alpha{}^2 - \omega_\alpha{}^2\theta_\alpha{}^2) + \sum_\alpha \sum_k \frac{F_k(t)}{\sqrt{I_\alpha}}\Delta_{k\alpha}\theta_\alpha.$$

$$(3\text{-}54)$$

Böylece, normal koordinatların kullanılması, birden fazla serbestlik derecesine sahip bir sistemdeki zorlanmış salınımın, bir dizi tek boyutlu zorlanmış osilatör problemine indirgenmesini mümkün kılar.

### 3.8.2 Çok modlu ve kilitli modlu küçük salınım örnekleri
*Örnek 3.24. Sarkaç silindirik bir diskin kenarından asılıdır.*
Şekil 3.9'da gösterildiği gibi silindirik bir diskin kenarına basit bir sarkaç asılmaktadır. Sarkacın uzunluğu lve kütlesi vardır m. Diskin bir kütlesi r = l/2olan bir yarıçapı vardır M = 2mve merkezi boyunca bir eksen etrafında serbestçe dönebilir. Küçük salınım yaklaşımında normal modları ve frekansları bulun.

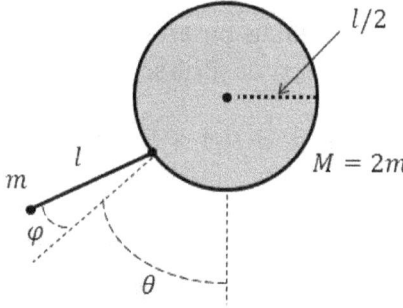

**Şekil 3.9.**

Lagrangian'ı elde etmek için öncelikle katı bir diskin eylemsizlik momentine ihtiyacımız var:

$$I = \int_0^r \rho r^2 (2\pi r)dr = 2\pi\rho\frac{r^4}{4}, \qquad \text{where } \rho(\pi r^2) = M,$$

Böylece,

$$I = \frac{1}{2}Mr^2 = \frac{1}{2}(2m)(\frac{l}{2})^2 = \frac{1}{4}ml^2.$$

Disk dönüşünün açısal koordinatı için $\theta$açısal frekansa sahibiz $\omega = \dot\theta$. Şimdi sarkaç bobunun koordinatlarını ele alalım:

$$y = \frac{l}{2}\cos\theta + l\cos(\theta + \varphi) \quad \text{and} \quad x = \frac{l}{2}\sin\theta + l\sin(\theta + \varphi)$$

zamana göre türevli:

69

$$\dot{y} = -\left\{\frac{1}{2}\sin\theta\dot{\theta} + l\sin(\theta + \varphi)(\dot{\theta} + \dot{\varphi})\right\} \quad \text{and} \quad \dot{x}$$
$$= \left\{\frac{1}{2}\cos\theta\dot{\theta} + l\cos(\theta + \varphi)(\dot{\theta} + \dot{\varphi})\right\}.$$

Kinetik terimler şu şekildedir:
$$T = \frac{1}{2}I\omega^2 + \frac{1}{2}m(\dot{x}^2 + \dot{y}^2)$$
$$= \frac{1}{2}\left(\frac{1}{4}ml^2\right)\dot{\theta}^2$$
$$+ \frac{1}{2}m\left\{\left(\frac{1}{2}\dot{\theta}\right)^2 + [l(\dot{\theta} + \dot{\varphi})]^2 + l^2\dot{\theta}(\dot{\theta} + \dot{\varphi})\cos\varphi\right\}$$

Potansiyel terim:
$$U = -mgy = -mgl\left(\frac{1}{2}\cos\theta + \cos(\theta + \varphi)\right).$$

Lagrangian'ı elde etmek için bunları bir araya getirirsek ve küçük açı yaklaşımına geçersek (ve sabitleri düşürürsek):
$$L = \frac{1}{8}ml^2\dot{\theta}^2 + \frac{1}{2}m\left\{\left(\frac{1}{2}\dot{\theta}\right)^2 + [l(\dot{\theta} + \dot{\varphi})]^2\right\} + mgl(\frac{1}{2}\left(-\frac{1}{2}\theta^2\right)$$
$$- \frac{1}{2}(\theta - \varphi)^2$$
$$= \frac{5}{4}ml^2\dot{\theta}^2 + \frac{3}{2}ml^2\dot{\theta}\dot{\varphi} + \frac{1}{2}ml^2\dot{\varphi}^2 - \frac{3}{4}mgl\theta^2 - mgl\theta\varphi - \frac{1}{2}mgl\varphi^2$$

EL ilişkisi kullanılarak hareket denklemleri şu şekilde olur:

$$\frac{5}{2}ml^2\ddot{\theta} + \frac{3}{2}ml^2\ddot{\varphi} + \frac{3}{2}mgl\theta + mgl\varphi = 0$$
$$ml^2\ddot{\varphi} + \frac{3}{2}ml^2\ddot{\theta} + mgl\varphi + mgl\theta = 0$$

$$\begin{vmatrix} \left(3\left(\frac{g}{l}\right) - 5\omega^2\right) & \left(2\left(\frac{g}{l}\right) - 3\omega^2\right) \\ \left(2\left(\frac{g}{l}\right) - 3\omega^2\right) & \left(2\left(\frac{g}{l}\right) - 2\omega^2\right) \end{vmatrix} = 0$$

$$\omega^2 = \frac{4\left(\frac{g}{l}\right) \pm \sqrt{\left(4\left(\frac{g}{l}\right)\right)^2 - 4\left(2\left(\frac{g}{l}\right)^2\right)}}{2} = \left(\frac{g}{l}\right)\{2 \pm \sqrt{2}\}$$

ve artık şunu yazabiliriz $\omega^2 = \left(\frac{g}{l}\right)\left(2 + \sqrt{2}\right)$:

$$(v - \omega^2 m)\rho^{(1)} = \begin{pmatrix} \{3 - 5(2+\sqrt{2})\}\left(\frac{g}{l}\right) & \{2 - 3(2+\sqrt{2})\}\left(\frac{g}{l}\right) \\ \{2 - 3(2+\sqrt{2})\}\left(\frac{g}{l}\right) & \{2 - 2(2+\sqrt{2})\}\left(\frac{g}{l}\right) \end{pmatrix}\begin{pmatrix} \theta \\ \varphi \end{pmatrix}$$
$$= 0$$

$$\left(-7 - 5\sqrt{2}\right)\theta + \left(-4 - 3\sqrt{2}\right)\theta = 0$$
$$\left(-4 - 3\sqrt{2}\right)\theta + \left(-2 - 2\sqrt{2}\right)\theta = 0$$

$$\theta = -\frac{\left(4 + 3\sqrt{2}\right)\varphi}{\left(7 + 5\sqrt{2}\right)} \simeq -\frac{4.1}{7}\varphi$$

Böylece:

$$\rho^{(1)} \simeq c\begin{pmatrix} 1 \\ -7/4 \end{pmatrix} \quad \text{for} \quad \omega^2 = \left(\frac{g}{l}\right)\left(2 + \sqrt{2}\right)$$

Benzer şekilde, $\omega^2 = \left(\frac{g}{l}\right)\left(2 - \sqrt{2}\right)$

$$(v - \omega^2 m)\rho^{(2)} = \begin{pmatrix} \{3 - 5(2-\sqrt{2})\}\left(\frac{g}{l}\right) & \{2 - 3(2-\sqrt{2})\}\left(\frac{g}{l}\right) \\ \{2 - 3(2-\sqrt{2})\}\left(\frac{g}{l}\right) & \{2 - 2(2-\sqrt{2})\}\left(\frac{g}{l}\right) \end{pmatrix}\begin{pmatrix} \theta \\ \varphi \end{pmatrix}$$
$$= 0$$

$$\theta = \frac{\left(-4 - 3\sqrt{2}\right)\varphi}{\left(-7 - 5\sqrt{2}\right)} \simeq 4\varphi$$

$$\rho^{(2)} \simeq c\begin{pmatrix} 1 \\ 1/4 \end{pmatrix} \text{ for } \omega^2 = \left(\frac{g}{l}\right)\left(2 - \sqrt{2}\right)$$

Şimdi vektörleri normalleştirelim:

$$M = m\begin{pmatrix} \dfrac{5}{2} & \dfrac{3}{2} \\ \dfrac{3}{2} & 1 \end{pmatrix}$$

71

$$mc^2\left(1 \quad \frac{-7}{4}\right)\begin{pmatrix}\frac{5}{2} & \frac{3}{2}\\\frac{3}{2} & 1\end{pmatrix}\begin{pmatrix}1\\-\frac{7}{4}\end{pmatrix} = mc^2\left(1 \quad \frac{-7}{4}\right)\begin{pmatrix}-\frac{1}{8}\\-\frac{1}{4}\end{pmatrix}$$

$$= mc^2\left(-\frac{1}{8}+\frac{7}{16}\right) = mc^2\left(\frac{5}{16}\right)$$

$$c \simeq \frac{4}{\sqrt{5m}}$$

$$\vec{\rho}^{(1)} = \frac{4}{\sqrt{5m}}\begin{pmatrix}1\\-7/4\end{pmatrix}$$

Benzer şekilde diğer mod için şunu elde ederiz:

$$c \simeq \frac{4}{\sqrt{53m}}$$

$$\vec{\rho}^{(2)} = \frac{4}{\sqrt{53m}}\begin{pmatrix}1\\1/4\end{pmatrix}$$

Böylece normal modlar birleşerek konum verirler:

$$\vec{x} = \frac{4}{\sqrt{5m}}\begin{pmatrix}1\\-7/4\end{pmatrix}\left\{c_1 \cos\left(\sqrt{(2+\sqrt{2})\left(\frac{g}{l}\right)}\,t\right)\right.$$

$$\left. + d_1 \sin\left(\sqrt{(2+\sqrt{2})\left(\frac{g}{l}\right)}\right)t\right\}$$

$$+ \frac{4}{\sqrt{53m}}\begin{pmatrix}1\\1/4\end{pmatrix}\left\{c_2 \cos\left(\sqrt{(2-\sqrt{2})\left(\frac{g}{l}\right)}\,t\right)\right.$$

$$\left. + d_2 \sin\left(\sqrt{(2-\sqrt{2})\left(\frac{g}{l}\right)}\right)t\right\}$$

*Alıştırma 3.24.* Katı bir disk yerine bir çember (aynı kütle) kullanın. Analizi tekrarlayın.

*Örnek 3.25. Dairesel bir tel üzerinde iki küçük boncuk.*
Bir sonraki örnek için, a yarıçaplı dairesel bir tel üzerinde sürtünmesiz hareket eden m kütleli ve e yüklü iki küçük boncuk düşünün. T=0'da boncuklar taban tabana zıttır. Eğer boncuk 2 başlangıçta hareketsizse ve boncuk 1 başlangıçta hıza sahipse:

$$v \ll \sqrt{\left(\frac{e^2}{ma}\right)},$$

küçük salınımlar için t zamanında boncuk 1'in konumunu bulun.

Öncelikle, koordinatların basitçe boncukların açısal konumu olduğu Lagrangian'ı yazalım:

$$L = \frac{1}{2}m\left(a^2\dot{\theta}_1^{\,2} + a^2\dot{\theta}_2^{\,2}\right) - U(r).$$

Potansiyel Coulomb kuvvetinden kaynaklanmaktadır, dolayısıyla

$$F = \frac{-e^2}{r^2} \implies U = \frac{e^2}{r}.$$

Şimdi yükler arasındaki r mesafesini hesaplayalım. Boncuklar arasındaki açısal ayrımı tanımlayarak başlayın: $\alpha = \theta_2 - \theta_1$ ve birinci boncuk telin alt kısmında ve başlangıç noktasında olacak ve iki kordonun şu şekilde olacağı şekilde eksen hizalamasını dikkate alın:

$$x = a\sin\alpha \quad \text{and} \quad y = a(1 - \cos\alpha) \quad \text{and} \quad r = a\sqrt{2(1 - \cos\alpha)} = 2a\sin\frac{\alpha}{2}.$$

Artık Lagrangian'ı şu şekilde yazabiliriz:

$$L = \frac{1}{2}ma^2\left(\dot{\theta}_1^{\,2} + \dot{\theta}_2^{\,2}\right) - \frac{e^2}{2a\sin\frac{\alpha}{2}}$$

$$= \frac{1}{2}ma^2\left(\dot{\alpha}^2 + 2\dot{\theta}_1\dot{\alpha} + 2\dot{\theta}_1^{\,2}\right) - \frac{e^2}{2a\sin\frac{\alpha}{2}}$$

, $\eta$ küçük olanın (minimum potansiyelde sıfır) olmasını $\sin\left(\frac{\pi}{2} + \frac{\eta}{2}\right) = \cos\left(\frac{\eta}{2}\right)$ isteriz ve elimizde olduğundan $\alpha = \pi + \eta$ şunu elde ederiz:

$$L = \frac{1}{2}ma^2\left(\dot{\eta}^2 + 2\dot{\theta}_1\dot{\eta} + 2\dot{\theta}_1^{\,2}\right) - \frac{e^2}{2a\sin\frac{2}{\eta}}$$

Daha sonra hareket denklemleri EL ilişkisinden çıkar ve $\frac{d}{dt}\left(\frac{\partial L}{\partial \dot{q}}\right) - \frac{\partial L}{\partial q} = 0$ şunu verir:

$$\frac{1}{2}ma^2\left(2\ddot{\eta} + 4\ddot{\theta}_1\right) = 0 \implies \ddot{\theta}_1 = -\frac{1}{2}\ddot{\eta}$$

$$\frac{1}{2}ma^2\left(2\ddot{\eta} + 2\ddot{\theta}_1\right) + \frac{e^2}{2a}\left(\frac{-\left(-\sin\left(\frac{\eta}{2}\right)\frac{1}{2}\right)}{\cos^2\left(\frac{\eta}{2}\right)}\right) = 0$$

Ve küçük için yaklaşık değer $\eta$:

73

$$\ddot{\eta} + \frac{e^2}{2ma^3}\left(\frac{\eta}{2}\right) = 0,$$

ve sistem için küçük salınımların frekansı:

$$\omega^2 = \frac{e^2}{4ma^3}.$$

t=0 anında elimizde $\alpha = \pi \Longrightarrow \eta = 0$. Verilen salınım frekansı için genel çözümün yazılması:

$$\eta = B\sin(\omega t).$$

Şimdi $t = 0$ elimizde $v_2 = v$, $v_1 = 0$ şu var:

$$v_2 = a\dot{\theta}_2 = v, \quad \text{and} \quad \dot{\eta} = \dot{\alpha} = \dot{\theta}_2 - \dot{\theta}_1 = \dot{\theta}_2 = \frac{v}{a} \quad \text{at } t = 0$$

$$\dot{\eta} = B\omega\cos(\omega t)\bigg|_{t=0} = \left(\frac{v}{a}\right) \rightarrow B = \frac{v}{a\omega}$$

Böylece $\eta = \frac{v}{a\omega}\sin(\omega t)$, yazabiliriz

$$\ddot{\theta}_1 = -\frac{1}{2}\ddot{\eta} \rightarrow \frac{d}{dt}\left(\dot{\theta}_1 + \frac{1}{2}\dot{\eta}\right) = 0 \rightarrow \dot{\theta}_1 + \frac{1}{2}\dot{\eta} = \frac{v}{2a}$$

Ve

$$\dot{\theta}_1 = \frac{v}{2a} - \frac{1}{2}\dot{\eta} \rightarrow \theta_1 = \frac{v}{2a}t - \frac{v}{2a\omega}\sin(\omega t) + \theta_0$$

için başlangıç açısı $\theta_1$ nerede $\theta_0$? Böylece,

$$\theta_1 = \frac{v}{2a}\left\{t - \frac{\sin(\omega t)}{\omega}\right\} + \theta_0, \quad \omega = \sqrt{\frac{e^2}{4ma^3}}$$

*Alıştırma 3.25.* İki boncuğun hareketsiz kalmasını, 175 derece aralıklarla konumlandırılmasını sağlayın ve bırakın. Küçük salınımlar için boncukların t zamanındaki konumlarını bulun.

## Örnek 3.26. Dönen çemberin içindeki sarkaç.

Şimdi, pürüzlü bir yatay yüzey üzerinde kaymadan yuvarlanan, yarıçapı R ve kütlesi M olan ince silindirik bir çember düşünün (Şekil 3.10). Kütlesi m olan fiziksel bir sarkaç, başlangıçta birleşen ve silindirik eksen etrafında serbestçe dönebilen bir sarkaç montajı sağlayan ihmal edilebilir kütleye sahip çubukların bir düzenlemesi vasıtasıyla silindirin ekseni üzerine monte edilir. Sarkacın kütle merkezi silindirik eksenden h kadar uzaktadır ve dönme yarıçapı k'dir. Denge konumu etrafındaki küçük salınımlar için, yukarıda belirtilen değişkenler cinsinden salınım periyodunu elde edin.

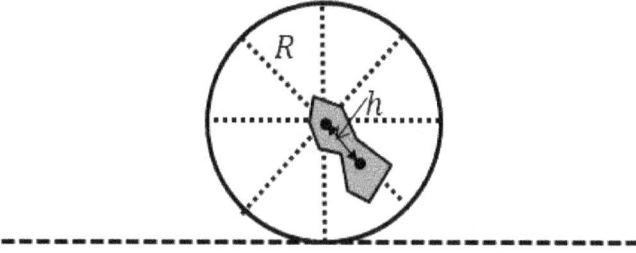

**Şekil 3.10.**

Çemberin kinetik enerjisi:

$$T_h = \frac{1}{2}I_h\omega_h^2 + \frac{1}{2}Mv_h^2, \quad \text{where} \quad I_h = MR^2 \quad \text{and} \quad \omega_h = \dot{\theta}, \quad v_h = R\dot{\theta}$$

Sarkacın kinetik enerjisi:

$$T_p = \frac{1}{2}I_{p(cm)}\omega_p^2 + \frac{1}{2}mv_p^2$$

Sarkacın eylemsizlik momenti paralel eksen teoremi ile verilir:

$$I = I_{cm} + mh^2 \quad \rightarrow \quad I_{p(cm)} = mk^2 - mh^2$$

Sarkacın konumunu Kartezyen koordinatlara yazmak:
$$x = h\sin\varphi \quad \text{and} \quad y = -h\cos\varphi,$$
zaman türevleriyle:
$$\dot{x} = h\cos\varphi\dot{\varphi} \quad \text{and} \quad \dot{y} = h\sin\varphi\dot{\varphi}.$$
Hızlar için şunu yazabiliriz:
$$\omega_p = \dot{\varphi} \quad \text{and} \quad v_T = |\vec{v}_h + \vec{v}_p| = \sqrt{(v_h + h\dot{\varphi}\cos\varphi)^2 + (h\dot{\varphi}\sin\varphi)^2}$$

Sarkacın kütle merkezinin toplam hızı bu nedenle
$$v_T^2 = v_h^2 + (h\dot{\varphi})^2 + 2v_h(h\dot{\varphi})\cos\varphi$$

ve sarkaç potansiyel enerjisi:
$$U = -mgh\cos\varphi.$$
Artık Lagrangian'ı yazabiliriz:

75

$$L = \frac{1}{2}MR^2\dot{\theta}^2 + \frac{1}{2}M(R\dot{\theta})^2 + \frac{1}{2}(mk^2 - mh^2)\dot{\varphi}^2$$
$$+ \frac{1}{2}m\{v_h^2 - (h\dot{\varphi})^2 + 2v_h(h\dot{\varphi})\cos\varphi\} + mgh\cos\varphi$$

ve şimdi küçük salınım formalizmine geçiyoruz (3. dereceden terimler ve daha yükseklerini bırakarak ):

$$L = MR^2\dot{\theta}^2 + \frac{1}{2}(mk^2 - mh^2)\dot{\varphi}^2 + \frac{1}{2}m\{(R\dot{\theta})^2 + (h\dot{\varphi})^2 + 2(R\dot{\theta})(h\dot{\varphi})\}$$
$$- \frac{1}{2}mgh\varphi^2$$
$$= \left(MR^2 + \frac{1}{2}mR^2\right)\dot{\theta}^2 + \frac{1}{2}mk^2\dot{\varphi}^2 + mRh\dot{\theta}\dot{\varphi} - \frac{1}{2}mgh\varphi^2$$

Artık EL denklemlerini kullanarak hareket denklemlerini elde edebiliriz:

$\theta$ equation: $\quad 2\left(MR^2 + \frac{1}{2}mR^2\right)\ddot{\theta} + mRh\ddot{\varphi} = 0$

$$\Rightarrow \quad \frac{d}{dt}\{(2M + m)R^2\dot{\theta} + mhR\dot{\varphi}\} = 0$$

diğer denklemde kullandığımızı elde ederiz : $\ddot{\theta} = -\frac{mRh\ddot{\varphi}}{(2M+m)R^2}$

$\varphi$ equation: $\quad mk^2\ddot{\varphi} + mhR\ddot{\theta} + mgh\varphi = 0$

değiştirildikten sonra yeniden yazma:

$$\left\{mk^2 - \frac{m^2h^2}{(2M + m)}\right\}\ddot{\varphi} + mgh\varphi = 0$$

$$\omega^2 = \frac{mgh}{mk^2 - \dfrac{m^2h^2}{(2M + m)}} \quad \rightarrow \quad \omega = \sqrt{\frac{g}{h}\left\{\left(\frac{k}{h}\right)^2 - \frac{m}{(2M + m)}\right\}^{-1}}$$

Ve $M \to \infty$çember göz ardı edilebilir hale geldikçe frekans da $\omega = \sqrt{\frac{gh}{k^2}}$beklendiği gibi olur. Dönem için şunu elde ederiz:

$$T = \frac{2\pi}{\omega} = 2\pi\sqrt{\frac{k^2}{gh}}\sqrt{1 - \left(\frac{h}{k}\right)^2\frac{m}{(2M + m)}}.$$

Çözümde R bağımlılığının olmadığına dikkat edin.

*Alıştırma 3.26.* Kasnağı sağlam bir diskle değiştirin. (Kalınlığın etkilerini göz ardı edin.)

**Örnek 3.27. Potansiyeldeki bir parçacık** $V(\vec{r}) = V_0 \log r$.

Kütlesi m olan bir parçacık bir potansiyel içerisinde hareket etmektedir $V(\vec{r}) = V_0 \log r$. r=R'deki dairesel bir yörüngenin frekansı ve $\omega$bu dairesel yörünge etrafındaki küçük radyal salınımların frekansı olsun . $\Omega$Bulmak $\omega/\Omega$.

Kutupsal koordinatlarda Lagrangian'dan başlayarak:

$$L = \frac{1}{2}m\left(\dot{r}^2 + r^2\dot{\theta}^2\right) - V(\vec{r}) = \frac{1}{2}m\left(\dot{r}^2 + r^2\dot{\theta}^2\right) - V_0 \log r$$

için EL denklemlerinden şunu $\theta$elde ederiz:

$$\frac{d}{dt}\left(mr^2\dot{\theta}\right) = 0 \rightarrow \quad mr^2\dot{\theta} = l.$$

R koordinatı için şunu elde ederiz:

$$m\ddot{r} - mr\dot{\theta}^2 + \frac{v_0}{r} = 0 \rightarrow \quad \ddot{r} - \frac{l^2}{m^2 r^3} + \frac{v_0}{m}\frac{1}{r} = 0$$

Dairesel yörüngeler için şunu r $=$ R'de ederiz $R^2 = \frac{l^2}{mv_0}$: veya:

$$R = \frac{l}{\sqrt{mv_0}}.$$

Dairesel yörüngenin periyodu $mr^2\dot{\theta} = l$bir çevrimi aşacak şekilde integre edilerek verilir. $mr^2(\frac{2\pi}{T}) = l$Böylece dönem olur $T = mr^2(\frac{2\pi}{l})$. Dönemi frekansla ilişkilendirirsek:

$$\Omega = \frac{l}{mR^2} = \frac{v_0}{l}$$

Şimdi küçük radyal salınımları ele alalım:

$$r = R + \eta \rightarrow \ddot{\eta} - \frac{l^2}{m^2(R+\eta)^3} + \frac{v_0}{m}\frac{1}{(R+\eta)} = 0$$

bu da küçük $\eta$olmanın basitleştirilmesini sağlar:

$$\ddot{\eta} + \eta \left(\frac{v_0^2}{l^2}\right) 2 = 0 \implies \omega = \frac{v_0}{l}\sqrt{2}.$$

Böylece frekansların oranı şöyle olur:

$$\frac{\omega}{\Omega} = \sqrt{2}.$$

**Alıştırma 3.27.** Ex'deki gibi deneyin. 3.27, ancak$V(\vec{r}) = -V_0/r$

## Örnek 3.28. Sarkaçlı kütlesiz çember.

Yarıçapı 2l olan kütlesiz bir çember düz bir zemin üzerinde kaymadan yuvarlanmaktadır ( Şekil 3.11). Halkaya, çember düzleminde serbestçe sallanabilen, uzunluğu 2l ve kütlesi m olan bir çubuk bağlanmıştır. Gösterilen denge konumu etrafındaki küçük salınımlar için salınım modunun frekansını bulun.

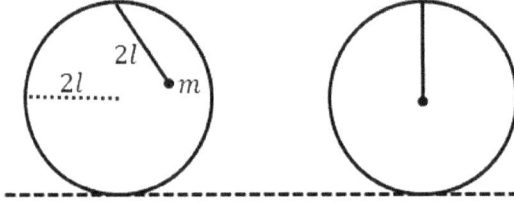

**Şekil 3.11.**

Destek noktasının denge konumundan yer değiştirmesini belirlemek için $\omega_1 = \dot{\theta}$ açıyı kullanalım , o zaman θkaymama koşulu bunu kasnağın yatay hızıyla ilişkilendirir: $v_h = 2l\omega_1\dot{\theta}$.

Çubuğun eylemsizlik momenti:

$$I = \frac{1}{3}mR^2 = \frac{1}{3}(m)(2l)^2 = \frac{4}{3}ml^2$$

Şimdi çubuk destek noktasının konumunu Kartezyen koordinatlarda ifade edelim:

$$x_s = (2l)\sin\theta \quad \text{and} \quad y_s = 2l + (2l)\cos\theta,$$

bunun için koordinat zaman türevleri şöyledir:

$$\dot{x}_s = 2l\cos\theta\dot{\theta} \quad \text{and} \quad \dot{y}_s = -2l\sin\theta\dot{\theta}.$$

Şimdi çubuğun kütle merkezinin destek noktasına göre konumunu açıyla ifade edelim φ:

$$x = (l)\sin\varphi \quad \text{and} \quad y = -(l)\cos\varphi,$$

bunun için koordinat zaman türevleri şöyledir:

$$\dot{x} = l\cos\theta\dot{\varphi} \quad \text{and} \quad \dot{y} = -l\sin\varphi\dot{\varphi}.$$

Artık kinetik enerjiyi yazabiliriz:

$$v = |\vec{v_s} + \vec{v_{cm}}| = \sqrt{((v_s)_x + \dot{x})^2 + ((v_s)_y + \dot{y})^2}$$

oyuncu değişikliğinden sonra:

78

$$v^2 = (v_h + (2l)\omega_1\cos\theta)^2 + 2(v_h + (2l)\omega_1\cos\theta)\dot{x} + \dot{x}^2$$
$$+ (-(2l)\omega_1\sin\theta)^2 - 2((2l)\omega_1\sin\theta)\dot{y} + \dot{y}^2$$
$$v^2 = 2[(2l)\omega_1]^2 + 2[(2l)\omega_1]\cos\theta + 2(2l)\omega_1(1 + \cos\theta)\dot{x}$$
$$- 2(2l)\omega_1\sin\theta\dot{y} + (l\dot{\varphi})^2$$

Böylece,

$$T = \frac{1}{2}I\omega^2 + \frac{1}{2}mV^2$$

$$T = \frac{1}{2}\left(\frac{4}{3}ml^2\right)\dot{\varphi}^2$$

$$+ \frac{1}{2}m\left\{2(2l\dot{\theta})^2(1 + \cos\theta) + 2(2l\dot{\theta})(1 + \cos\theta)\dot{x}\right.$$
$$\left. - 2(2l\dot{\theta})\sin\theta\dot{y} + (l\dot{\varphi})^2\right\}$$

Potansiyel enerji şu şekilde verilir:

$$U = -mgy_{cm} = -mg(y_s + y) = -mg\{2l + 2l\cos\theta - l\cos\varphi\}$$

Lagrangian'ı elde etmek için bunları bir araya getirirsek ve küçük açıları varsayarak:

$$L = T - U = \frac{2}{3}ml^2\dot{\varphi}^2 + 2m(2l\dot{\theta})^2 + 2m(2l\dot{\theta})(l\dot{\varphi}) + (l\dot{\varphi})^2 - mgl\theta^2$$
$$+ mgl\left(\frac{\varphi^2}{2}\right)$$

Artık hareket denklemlerini hesaplayabiliriz:

$$\theta: \qquad 4m(2l)^2\ddot{\theta} + m(2l)^2\ddot{\varphi} + 2mgl\theta = 0$$
$$\varphi: \qquad \frac{1}{3}m(2l)^2\ddot{\varphi} + m(2l)^2\ddot{\theta} - mgl\varphi = 0$$

Basitleştirmeden sonra:

$$\theta: \qquad 4\ddot{\theta} + \ddot{\varphi} + \frac{g}{2l}\theta = 0$$
$$\emptyset: \qquad \frac{1}{3}\ddot{\varphi} + \ddot{\theta} - \frac{g}{4l}\varphi = 0$$

Normal mod frekanslarını elde etmek için çözme:

$$\begin{vmatrix} \dfrac{g}{2l} & -\omega^2 \\ -\omega^2 & \dfrac{g}{4l} - \dfrac{1}{3}\omega^2 \end{vmatrix} = 0 \quad \rightarrow \quad \omega^2 = \left(\frac{g}{2l}\right)\left\{\frac{-5 \pm \sqrt{25 + 6}}{2}\right\}$$

ve salınım modu için kökü alıyoruz $\omega^2 > 0$:

$$\omega^2_{osc} = \left(\frac{g}{2l}\right)\left(\frac{\sqrt{31} - 5}{2}\right).$$

*Alıştırma 3.28.* Ex'deki gibi deneyin. 3,28, ancak çemberin kütlesi M'dir.

## Örnek 3.29. Toplar ve yaylar sorunu.

BCD çizgisi üzerinde iki yay ile birbirine bağlanan üç B, C, D topunu düşünün. Tüm hareketin x ekseni boyunca olduğunu düşünün. B topuyla çarpışma rotasında soldan gelen bir A topunu düşünün. Dört top kütlesinin tamamının m olduğunu düşünün. İki yay sabitini k olarak alın. Üç topun başlangıçtaki grubu hareketsizken, yaklaşan A topu v hızıyladır. Çarpışmanın zaman=0'da meydana geldiğini varsayalım ve çarpışma süresinin, ile karşılaştırıldığında kısa olduğunu varsayalım $\sqrt{(m/k)}$. D topunun konumunu zamanın fonksiyonu olarak bulun.

BCD sistemi için Lagrangian basitçe:

$$L = \frac{1}{2}m\left(\dot{x}_B{}^2 + \dot{x}_C{}^2 + \dot{x}_D{}^2\right)$$
$$-\frac{1}{2}k([x_C - x_B]^2 + [x_D - x_C]^2)$$

$$\tilde{v} = k\begin{vmatrix} 1 & -1 & 0 \\ -1 & 2 & -1 \\ 0 & -1 & 1 \end{vmatrix} \text{ and } \tilde{m} = m\begin{vmatrix} 1 & 0 & 0 \\ 0 & 1 & 0 \\ 0 & 0 & 1 \end{vmatrix} \text{ and } |\tilde{v} - \omega^2\tilde{m}| = 0$$

Sonra determinantı verin:

$$\begin{vmatrix} k - \omega^2 m & -k & 0 \\ -k & 2k - \omega^2 m & -k \\ 0 & -k & k - \omega^2 m \end{vmatrix} = 0$$

Böylece

$$m\omega^2(k - \omega^2 m)(3k - \omega^2 m) = 0$$

Ve frekanslar şunlardır: $\omega = 0$; $\omega = \sqrt{k/m}$; ve $\omega = \sqrt{3k/m}$, burada $\omega = 0$çeviriye karşılık gelir. Mod için$\omega_1 = 0$:

$$(\tilde{v} - \omega^2\tilde{m})\rho^{(1)} = \begin{pmatrix} 1 & -1 & 0 \\ -1 & 2 & -1 \\ 0 & -1 & 1 \end{pmatrix}\begin{pmatrix} x_B \\ x_C \\ x_D \end{pmatrix} = 0 \quad \rightarrow \quad \rho^{(1)} = c\begin{pmatrix} 1 \\ 1 \\ 1 \end{pmatrix}$$

Şimdi normalleştirmeyi elde etmek için:

$$\rho^{(1)}m\rho^{(1)} = mc^2(1 \quad 1 \quad 1)\begin{pmatrix} 1 & \square & \square \\ \square & 1 & \square \\ \square & \square & 1 \end{pmatrix}\begin{pmatrix} 1 \\ 1 \\ 1 \end{pmatrix} = c^2(3)m = 1$$

Böylece

$$\rho^{(1)} = \frac{1}{\sqrt{3m}}\begin{pmatrix} 1 \\ 1 \\ 1 \end{pmatrix}$$

Mod için $\omega_2 = \sqrt{\dfrac{k}{m}}$:

$$\begin{pmatrix} 0 & -k & 0 \\ -k & k & -k \\ 0 & -k & 0 \end{pmatrix}\begin{pmatrix} x_B \\ x_C \\ x_D \end{pmatrix} = 0 \qquad \rightarrow \qquad \rho^{(2)} = c\begin{pmatrix} 1 \\ 0 \\ -1 \end{pmatrix} \qquad \rightarrow \qquad \rho^{(2)}$$

$$= \frac{1}{\sqrt{2m}}\begin{pmatrix} 1 \\ 0 \\ -1 \end{pmatrix}$$

Ve mod için $\omega_3 = \sqrt{\dfrac{3k}{m}}$:

$$\begin{pmatrix} -2k & -k & 0 \\ -k & k & -k \\ 0 & -k & -2k \end{pmatrix}\begin{pmatrix} x_B \\ x_C \\ x_D \end{pmatrix} = 0 \qquad \rightarrow \qquad \rho^{(3)} = c\begin{pmatrix} 1 \\ -2 \\ 1 \end{pmatrix} \qquad \rightarrow \qquad \rho^{(2)}$$

$$= \frac{1}{\sqrt{6m}}\begin{pmatrix} 1 \\ -2 \\ 1 \end{pmatrix}$$

Bu üç modla çözümün genel formu şöyledir:

$$\vec{x}(t) = \vec{\rho}^{(1)}(c_1 + d_1 t) + \vec{\rho}^{(2)}(c_2 \cos \omega_2 t + d_2 \sin \omega_2 t)$$
$$+ \vec{\rho}^{(3)}(c_3 \cos \omega_3 t + d_3 \sin \omega_3 t)$$

$$\vec{x}(0) = \begin{pmatrix} 0 \\ 0 \\ 0 \end{pmatrix} \implies c_1 = 0, c_2 = 0, c_3 = 0$$

Başladığımız hızlar için

$$\dot{\vec{x}}(0) = \begin{pmatrix} v \\ 0 \\ 0 \end{pmatrix} = \vec{v}$$

Daha sonra,

$$\dot{\vec{x}}(0)\tilde{m}\rho^{(1)} = d_1 = (v\ 0\ 0)\frac{m}{\sqrt{3m}}\begin{pmatrix} 1 \\ 1 \\ 1 \end{pmatrix} = \frac{mv}{\sqrt{3m}} \quad \rightarrow \quad d_1 = \frac{mv}{\sqrt{3m}}$$

$$\dot{\vec{x}}(0)\tilde{m}\rho^{(2)} = \omega_2 d_2 = (v\ 0\ 0)\frac{m}{\sqrt{2m}}\begin{pmatrix} 1 \\ 0 \\ -1 \end{pmatrix} = \frac{mv}{\sqrt{2m}} \rightarrow d_2 = \frac{mv}{\sqrt{2k}}$$

$$\dot{\vec{x}}(0)\tilde{m}\rho^{(3)} = \omega_3 d_3 = (v\ 0\ 0)\frac{m}{\sqrt{6m}}\begin{pmatrix} 1 \\ -2 \\ 1 \end{pmatrix} = \frac{mv}{\sqrt{6m}} \rightarrow d_3 = \frac{mv}{3\sqrt{2k}}$$

Böylece,

$$\vec{x}(t) = \frac{v}{3}\begin{pmatrix} 1 \\ 1 \\ 1 \end{pmatrix}t + \frac{v}{2\omega_2}\begin{pmatrix} 1 \\ 0 \\ -1 \end{pmatrix}\sin\omega_2 t + \frac{v}{6\omega_2}\begin{pmatrix} 1 \\ -2 \\ 1 \end{pmatrix}\sin\omega_3 t$$

Özellikle D topu için:

$$x_D(t) = \frac{v}{3}t - \frac{v}{2\omega_2}\sin\omega_2 t + \frac{v}{6\omega_2}\sin\omega_3 t.$$

*Alıştırma 3.29.* Ex'deki gibi deneyin. 3.29, ancak C topunun kütlesi m değil 2 m'dir.

## Örnek 3.30. Burulma yaylı çubuklar.

Her birinin kütlesi m ve uzunluğu l olan iki düzgün ince çubuk bir burulma yayı ile birbirine bağlanmıştır ve bunlardan birinin diğer ucu burulma yayı ile sabit bir noktaya bağlanmıştır. Burulma yaylarının torku = k'dır θ. Dış çubuğun serbest ucu bir F kuvveti tarafından itilmektedir.
(a) Euler-Lagrange denklemleri nelerdir; (b) Küçük salınım yaklaşımında frekanslar nelerdir?

## Çözüm
(a) Burulma yaylarından gelen potansiyel enerji:

$$U = \frac{1}{2}k\left[\theta_1{}^2 + (\theta_2 - \theta_1)^2\right]$$

İki çubuğun atalet momentinin, bir çubuğun sabit bir ucu olduğu için farklı şekilde ele alınması gerektiğine dikkat edin; dolayısıyla ilgili atalet momentinin olduğu o sabit nokta etrafında dönmelere maruz kalacaktır.

$$I_1 = \frac{1}{3}ml^2,$$

diğer çubuk sabit değilken, ilgili atalet momentinin merkeze göre olduğu kütle merkezi çerçevesindeki hareketini ele alacağız:

$$I_2 = \frac{1}{12}ml^2.$$

Artık Lagrangian'ı yazabiliriz:

$$L = \frac{1}{2}I_1\omega_1{}^2 + \frac{1}{2}I_2\omega_2{}^2 + \frac{1}{2}M_2v_2{}^2 - U.$$

Şimdi serbest uçlu çubuğun kütle merkezi hızını elde etmek için:

$$x = l\left(\sin\theta_1 + \frac{1}{2}\sin\theta_2\right) \quad \text{and} \quad y = l\left(\cos\theta_1 + \frac{1}{2}\cos\theta_2\right),$$

ve hızlar:

$$\dot{x} = l\left(\cos\theta_1\dot{\theta}_1 + \frac{1}{2}\cos\theta_2\dot{\theta}_2\right) \quad \text{and} \quad \dot{y} = -l\left(\sin\theta_1\dot{\theta}_1 + \frac{1}{2}\sin\theta_2\dot{\theta}_2\right)$$

Buna göre hızlar:

$$v_2{}^2 = (l\dot{\theta}_1)^2 + \left(\frac{l}{2}\dot{\theta}_2\right)^2 + l^2\dot{\theta}_1\dot{\theta}_2\{\cos\theta_1\cos\theta_2 + \sin\theta_1\sin\theta_2\}$$

ve açı seçimine göre:

$$\omega_1 = \dot{\theta}_1 \quad \text{and} \quad \omega_2 = -\dot{\theta}_2$$

Lagrange şu şekildedir:

$$L = \frac{1}{2}\left(\frac{1}{3}ml^2\right)\dot{\theta}_1{}^2 + \frac{1}{2}\left(\frac{1}{12}ml^2\right)\dot{\theta}_2{}^2$$
$$+ \frac{1}{2}m\left\{(l\dot{\theta}_1)^2 + (\frac{l}{2}\dot{\theta}_2)^2 + l^2\dot{\theta}_1\dot{\theta}_2\cos(\theta_2 - \theta_1))\right\} - U$$

Bunun için hareket denklemleri:

$$\theta_1: \left(ml^2 + \frac{ml^2}{3}\right)\ddot{\theta}_1 + \frac{d}{dt}\left\{\frac{1}{2}ml^2\dot{\theta}_2\cos(\theta_2 - \theta_1)\right\}$$
$$- \frac{1}{2}ml^2\dot{\theta}_1\dot{\theta}_2\sin(\theta_2 - \theta_1)) + \{k\theta_1 + k(\theta_2 - \theta_1)(-1)\}$$
$$= F_1$$
$$\frac{4ml^2}{3}\ddot{\theta}_1 + \frac{ml^2}{2}\left\{\ddot{\theta}_2\cos(\theta_2 - \theta_1)\right.$$
$$\left. - (\dot{\theta}_2)^2\sin(\theta_2 - \theta_1)\right\} + k\{2\theta_1 - \theta_2\} = F_1$$

Ve

$$\theta_2: \frac{ml^2}{3}\ddot{\theta}_2 + \frac{ml^2}{2}\left\{\ddot{\theta}_1\cos(\theta_2 - \theta_1) + (\dot{\theta}_1)^2\sin(\theta_2 - \theta_1)\right\} + k(\theta_2 - \theta_1)$$
$$= F_2$$

Neresi

$$F_{\theta_2} = F_y\frac{\partial y}{\partial \theta_1} = (-F)(-l\sin\theta_2) = Fl\sin\theta_2 \quad \text{and} \quad F_{\theta_1} = (-F)\frac{\partial y}{\partial \theta_1}$$
$$= Fl\sin\theta_1$$

Böylece,

$$\theta_1: \frac{4}{3}ml^2\ddot{\theta}_1 + \frac{ml^2}{2}\left\{\ddot{\theta}_2\cos(\theta_2 - \theta_1) - \dot{\theta}_2{}^2\sin(\theta_2 - \theta_1)\right\} + k\{2\theta_1 - \theta_2\}$$
$$= Fl\sin\theta_1$$

Ve

$$\theta_2: \frac{1}{3}ml^2\ddot{\theta}_2 + \frac{ml^2}{2}\left\{\ddot{\theta}_1\cos(\theta_2 - \theta_1) - \dot{\theta}_1{}^2\sin(\theta_2 - \theta_1)\right\} + k\{\theta_2 - \theta_1\}$$
$$= Fl\sin\theta_2$$

(b) Şimdi küçük salınımlara geçiyoruz:

$$\frac{4}{3}ml^2\ddot{\theta}_1 + \frac{ml^2}{2}\{\ddot{\theta}_2\} + k\{2\theta_2 - \theta_1\} - Fl\theta_1 = 0$$

Ve

$$\frac{1}{3}ml^2\ddot{\theta}_2 + \frac{ml^2}{2}\{\ddot{\theta}_1\} + k\{\theta_2 - \theta_1\} - Fl\theta_2 = 0$$

Şimdi determinantın değerlendirilmesinden normal mod frekanslarını elde etmek için:

$$\begin{vmatrix} -[2k + Fl] - \dfrac{4}{3}ml^2\omega^2 & -k - \dfrac{1}{2}ml^2\omega^2 \\[3mm] -k - \dfrac{1}{2}ml^2\omega^2 & -[-k + Fl] - \dfrac{1}{3}ml^2\omega^2 \end{vmatrix} = 0$$

$$\left([-2k + Fl] + \dfrac{4}{3}ml^2\omega^2\right)\left([-k + Fl] + \dfrac{1}{3}ml^2\omega^2\right) - \left(-k - \dfrac{1}{2}ml^2\omega^2\right)$$
$$= 0$$

Ne zaman Fl $\gg$ k:

$$\left(Fl + \dfrac{4}{3}ml^2\omega^2\right)\left(Fl + \dfrac{1}{3}ml^2\omega^2\right) \cong 0 \;\to\; \omega_1{}^2 = -\dfrac{3F}{4ml} \;\text{ and }\; \omega_2{}^2$$
$$= -\dfrac{3F}{ml}$$

Ne zaman Fl $\ll$ k:

$$\left(-2k + \dfrac{4}{3}ml^2\omega^2\right)\left(-k + \dfrac{1}{3}ml^2\omega^2\right) - (k + \dfrac{1}{2}ml^2\omega^2)^2 = 0$$

frekanslar nerede:

$$\omega^2 = \dfrac{3kml^2 \pm \sqrt{9 - \dfrac{28}{36}(kml^2)}}{2 * \dfrac{7}{36}(ml^2)^2} \quad \text{(both positive)}.$$

**Egzersiz 3.30.** Ex'deki gibi deneyin. 3.30, ancak sabit uçlu artık ücretsiz.

### 3.8.3 Sönümleme

Artık serbest ve zorlanmış salınımları ele aldığımıza göre, bir sonraki temel fenomenolojik etki sönümlemedir (sürtünme) ve bu nihayet bize hareket denklemlerinde birinci dereceden bir zaman türevi terimi verir, örneğin artık karşıt bir sürtünme kuvvetine sahibiz hızda doğrusal ( F = $-\alpha\dot{x}$):

$$m\ddot{x} + kx = -\alpha\dot{x} \;\to\; \ddot{x} + 2\lambda\dot{x} + \omega^2 x = 0, \text{ where } \omega^2 = \dfrac{k}{m} \text{ and } 2\lambda$$
$$= \dfrac{\alpha}{m}.$$

karakteristik denklemin köklerine sahip olan $r_{1,2} = -\lambda \pm \sqrt{\lambda^2 - \omega^2}$ formu deneyin : x = exp (rt). Böylece, $x(t) = c_1 \exp(r_1 t) + c_2 \exp(r_2 t)$ genel çözümde aşağıdaki durumlara sahibiz:

_Durum < ω: üstel sönümlü salınımlar_
$$x(t) = a \exp(-\lambda t)\cos(\omega' t + \alpha), \qquad \omega' = \sqrt{\omega^2 - \lambda^2}.$$
Sürtünme hareketi geciktirdiğinden frekansta bir azalma olduğuna dikkat edin.

_Durum = ω: salınım olmadan üstel olarak sönümlenir_
$$x(t) = (c_1 + c_2 t)\exp(-\lambda t).$$
_Durum > ω: Periyodik olmayan sönümleme_
$$x(t) = c_1 \exp(r_1 t) + c_2 \exp(r_2 t), \text{ with } r_{1,2} \text{ roots real and negative.}$$

### 3.8.4 Enerji Tüketimi işleviyle ilk karşılaşma
N>1 serbestlik derecesine sahip çok boyutlu durumda sürtünmeyi düşünün $F_i = -\sum_k \alpha_{ik}\dot{x}_k$. Dönme kararsızlığından veya diğer istatistiksel mekanik patolojilerden kaçınmak için $\alpha_{ik}$ simetrik olmamız gerekir, böylece bir dağılım fonksiyonu tanıtabiliriz F:

$$F = \frac{1}{2}\sum_{i,k}\alpha_{ik}\dot{x}_i\dot{x}_k, \qquad F_i = -\frac{\partial F}{\partial x_i}$$

$$(3\text{-}55)$$

Sistemdeki enerjinin dağılma oranını ele alalım:

$$\frac{dE}{dt} = \frac{d}{dt}\left(\sum_i \dot{x}_i \frac{\partial L}{\partial \dot{x}_i} - L\right) = -\sum_i \dot{x}_i \frac{\partial F}{\partial \dot{x}_i} = -2F.$$

$$(3\text{-}56)$$

Yani Fadından da anlaşılacağı gibi enerjinin yayılma hızıyla orantılıdır.


### 3.8.5 Sürtünme altında zorlanmış salınımlar
Bu bölümde hem sürtünme kuvvetini hem de itici kuvveti bir arada birleştiriyoruz. Sönümlü zorlanmış salınımı tanımlayan diferansiyel denklemin genel formu (karmaşık form):

$$\ddot{x} + 2\lambda\dot{x} + \omega^2 x = \left(\frac{F}{m}\right)\exp i\gamma t.$$

$$(3\text{-}57)$$

Özel çözümü denediğimizde karakteristik denklem bize şunu verir:$x(t) = B \exp(i\gamma t)$

$$B = \frac{F}{m(\omega^2 - \gamma^2 + 2i\lambda\gamma)} = b\exp(i\delta),$$

$$(3\text{-}58)$$

Neresi

85

$$b = \frac{F}{m\sqrt{(\omega^2 - \gamma^2)^2 + (2\lambda\gamma)^2}}, \qquad \tan\delta = \frac{(2\lambda\gamma)}{(\omega^2 - \gamma^2)}.$$

$$(3\text{-}59)$$

Homojen denklemin genel çözümüne özel çözümü eklersek (ve $\omega >$ $\lambda$aşağıda kesinliği alırsak) ve gerçek kısmı çözümümüz olarak alırsak, şunu elde ederiz:

$$x(t) = a\exp(-\lambda t)\cos(\omega t + \alpha) + b\cos(\gamma t + \delta),$$

$$(3\text{-}60)$$

ve yeterli sürenin ardından, sadece $x(t) \cong b\cos(\gamma t + \delta)$.

Rezonansa yakın, $\gamma = \omega + \epsilon$bunu da varsayalım $\lambda \ll \omega$, o zaman

$$b = \frac{F}{2m\omega\sqrt{\epsilon^2 + \lambda^2}}, \qquad \tan\delta = \frac{\lambda}{\epsilon}.$$

$$(3\text{-}61)$$

Salınım ve dış kuvvet arasındaki faz farkı her zaman negatiftir. $\delta$Rezonanstan uzak $\gamma < \omega$: $\delta \to 0$;ve $\gamma > \omega$: $\delta \to -\pi$.rezonanstan geçerken $\gamma = \omega$: $\delta \to -\frac{1}{2}\pi$. Sürtünmenin yokluğunda, zorlanmış salınımın fazı $\pi$şu kadar süreksiz olarak değişir $\gamma = \omega$: Sürtünme eklendiğinde süreksizlik düzelir.

Kararlı durum hareketine ulaşıldığında, $x(t) \cong b\cos(\gamma t + \delta)$dış kuvvetten emilen enerji, sürtünmede dağılan enerjiyle eşleşir. Daha önce sürtünme nedeniyle dağılma oranımız $-2F$, $F = \frac{1}{2}\alpha\dot{x}^2 = \lambda m b^2 \gamma^2 \sin^2(\gamma t + \delta)$zaman ortalaması ile birlikte şu şekildedir: $2\bar{F} = \lambda m b^2 \gamma^2$. Yani birim zamanda tüketilen enerji $\lambda m b^2 \gamma^2$; Şimdi, tüm sürüş frekanslarında emilen enerjinin integralini istiyorsak, emilim, rezonansa yakın frekansların hakimiyetinde olacaktır; bunun için integral yaklaşık olarak yaklaşıktır $\pi F^2/4m$.

Bu analizde yalnızca doğrusal geri çağırma kuvvetine sahip yayı veya sarkacı dikkate aldığımızı unutmayın. Sarkaç için küçük açı yaklaşımında ise yerçekiminden kaynaklanan kuvvet teriminin olduğu durum söz konusudur $-mg\sin(\theta) \cong -mg\theta$. Daha sonra bu yaklaşım olmadan sönümlü tahrikli osilatöre döndüğümüzde, ortaya çıkan olası hareketler arasında kaotik hareketin her yerde bulunduğunu göreceğiz.

Dağılım konusuna geçmeden önce ve daha sonra tartışılacak olan Hamilton yaklaşımında kullanılan faz diyagramı gösterimine bir göz atmak için sistemi ele alalım:

$$m\ddot{x} + \gamma\dot{x} + \frac{dU}{dx} = 0,$$

(3-62)

potansiyel çift kuyu olduğunda. Şekil 3.12'de potansiyelin, sistem faz diyagramının $\gamma = 0$(dağılmanın olmadığı) ve sistem faz diyagramının çizimi gösterilmektedir $\gamma \neq 0$. Dağılımlı sistem için, enerji ayırıcı seviyeye dağıldığında lokalizasyon için bir kuyu seçen çürüyen bir spiralin olduğunu görüyoruz.

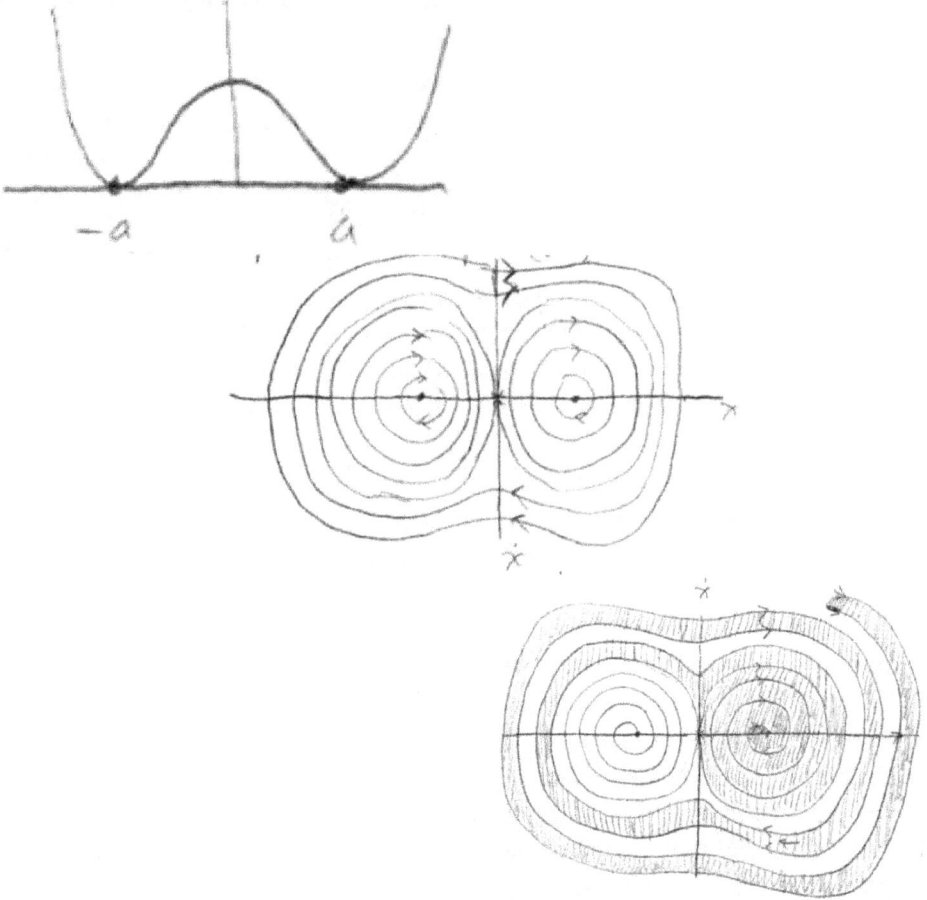

**Şekil 3.12.** Sol: çift kuyulu potansiyelin bir taslağı; Orta: Dağılım olmadan faz diyagramının taslağı; Dağılma (ve sonunda sağ kuyuya yerleşme) ile faz diyagramı.

### 3.8.6 Parametrik rezonans

Şimdi harici bir kuvvet yerine sistem parametrelerinin modülasyonlarını ele alalım (sistem kapalı değildir). Sistemi rezonansta yönlendiren bir dış kuvvet için, sistemin dengeden yer değiştirmesinde zaman içinde doğrusal bir büyüme bulduk . Parametrik rezonans için, rezonanstaki bu büyümenin *üstel* olduğunu göreceğiz , burada büyüme çarpımsaldır, ancak bu aynı zamanda bu rezonans büyüme olgusunun, yer değiştirme (veya sistem) başlangıç için dengedeyse meydana gelmeyeceği anlamına gelir (çünkü büyüme çarpı sıfırla çarpılır). ). Akılda tutulması gereken bir örnek tanıdık salınımdır. Bir kez harekete geçirildiğinde (sıfırdan farklı başlangıçla), salınım hareketi, parametrik bir rezonans olan salınım döngüsü ile salınım hareketinin uygun (rezonans uyumu) zamanlaması ile sürdürülür. Bu olguyu yakalamak için kütle ve yay sabiti k olan 1 boyutlu bir yay sistemini ele alalım:

$$\frac{d}{dt}(m\dot{x}) + kx = 0.$$

$$(3\text{-}63)$$

Zamana bağlı olduğu varsayılan m(t)'nin ayrılmasına izin vermek için zamanı yeniden ölçeklendirelim:

$$d\tau = \frac{dt}{m(t)} \rightarrow \frac{d^2x}{d\tau^2} + mkx = 0.$$

wlog ) kaybetmeden sorunu şu şekilde ele alabiliriz:

$$\frac{d^2x}{dt^2} + \omega^2(t)x = 0,$$

$$(3\text{-}64)$$

Bunu m=sabit olarak kabul ederek, ancak zamana bağlı sistem frekansına sahip bir forma ulaşarak en baştan elde edebilirdik $\omega(t)$.

Frekans $\gamma$ve periyodun periyodik olduğu $T = 2\pi/\gamma$durumu düşünün $\omega(t)$. Eğer $\omega(t) = \omega(t + T)$ise genel çözüm ile değişmez $t \rightarrow t + T$. Buna karşılık, bu, $x_1(t)$zamana bağlı olmayan bir sabit faktörün yanı sıra, yukarıdaki ikinci dereceden diferansiyel denklemdeki ikame ile görülebileceği gibi, yer değiştirmeler için iki bağımsız çözümün de değişmez olması gerektiği anlamına gelir; dolayısıyla genel çözümler $x_2(t)$, $t \rightarrow t + T$tatmin etmek:

$$x_1(t + T) = c_1x_1(t) \text{ and } x_2(t + T) = c_2x_2(t).$$

O halde en genel çözüm şudur:

$$x_1(t) = (c_1)^{t/T}P_1(t; T) \text{ and } x_2(t) = (c_2)^{t/T}P_2(t; T),$$

$$(3\text{-}65)$$

burada $P_1(t; T)$ ve T periyoduna sahip tamamen periyodik fonksiyonlardır. Bununla birlikte, $P_2(t; T)$ çözümlerdeki sabitlerin ve (üstelleştirilmiş olanların), bunlardan birini her zaman $c_2$ diğerinin tersi olmaya zorlayan bir ilişkiye sahip olduğu ortaya çıktı , dolayısıyla her zaman olacak $c_1$ üstel bir büyüme terimi olsun. Dikkate almak:

$$x_2(\ddot{x}_1 + \omega^2(t)x_1) = 0 \text{ and } x_1(\ddot{x}_2 + \omega^2(t)x_2) = 0 \rightarrow \frac{d}{dt}(\dot{x}_1 x_2 - x_1 \dot{x}_2)$$
$$= 0$$

Eğer $\dot{x}_1 x_2 - x_1 \dot{x}_2 = $ constant, o zaman bu sonuçların $t \rightarrow t + T$ ekstra genel faktörü ile birlikte $c_1 c_2$ bire eşit olması gerekir, yani biri cdiğerinin tersi olmalıdır. Buna parametrik rezonans denir, ancak bunun herhangi bir parametrik sürüş frekansı için gerçekleştiğini gözlemleyin; pratik olarak konuşursak, bu tür rezonans için erişilebilir alan, aşağıdaki türetmenin de belirttiği gibi daha kısıtlıdır. (Not: Sınır koşulları, tamamen periyodik fonksiyonların basitçe sıfır olacağı şekilde olabilir; bu, başlangıçta sıfır olduğu için üstel büyümenin meydana gelmediği özel bir durumdur.)

Parametrik rezonans, bir sistem parametresini modüle ederken genel bir olay olduğundan, bunu yapmak için en uygun frekans var mı? Cevap evet ve bu sistemin doğal rezonans frekansının iki katı. Sürtünmeli gerçek dünya uygulamalarında, bu optimize edilmiş sürüş frekansı genellikle hala parametrik (üstel büyüme) rezonansta çalışabilir. Sürüklemesiz durumda özel rezonansı göstermek için, frekans parametresinin zamandan bağımsız rezonans terimine $\omega_0^2$ ve zamana bağlı ofset çarpan terimine bölünmesiyle başlayın:
$$\omega^2(t) = \omega_0^2(1 + h\cos(\gamma t)),$$

(3-66)

nerede ve $h \ll 1$ nerede $\epsilon \ll \omega_0$ seçiyoruz $\gamma = 2\omega_0 + \epsilon$. Parametrik modülasyon olmadan formun bir çözümünü deneyelim, ardından bu modülasyonu parametrik sürücü frekansıyla eşleşen doğal frekansa göre bir dengeleme ile açıklayalım:

$$x(t) = x_1(t) + x_2(t) = a(t)\cos\left(\left[\omega_0 + \frac{1}{2}\epsilon\right]t\right) + b(t)\sin\left(\left[\omega_0 + \frac{1}{2}\epsilon\right]t\right)$$

Yukarıdaki çözümü yerine koyarak ve h'de birinci dereceden ve $\epsilon a(t)$ ve b(t)'nin 'ye göre yavaş değiştiği birinci dereceden genişleterek $\omega_0$ ve (daha sonra sonuç olarak doğrulandı) $\dot{b} \sim \epsilon b$ varsayarak $\dot{a} \sim \epsilon a$, ilk olarak trigonometrik çapraz terimleri göz önünde bulundurun:

$$\cos\left(\left[\omega_0 + \frac{1}{2}\epsilon\right]t\right)\cos([2\omega_0 + \epsilon]t)$$
$$= \frac{1}{2}\cos\left(3\left[\omega_0 + \frac{1}{2}\epsilon\right]t\right) + \frac{1}{2}\cos\left(\left[\omega_0 + \frac{1}{2}\epsilon\right]t\right).$$

Ortaya çıkan ilk terimdeki çoklu frekansın ne kadar yüksek olduğuna dikkat edin. Daha yüksek çoklu frekans terimleri, h'ye göre daha yüksek düzeyde küçüklüğe katkıda bulunacaktır, dolayısıyla daha yüksek düzeydeki h gibi, birinci düzey analizde bırakılabilir. Ortaya çıkan denklem:

$$-(2\dot{a} + b\epsilon + \frac{1}{2}h\omega_0 b)\omega_0\sin\left(\left[\omega_0 + \frac{1}{2}\epsilon\right]t\right) + (2\dot{b} - a\epsilon + \frac{1}{2}h\omega_0 a)\omega_0\cos\left(\left[\right.\right.$$
$$+\frac{1}{2}\epsilon\right]t\right) = 0$$

Trigonometrik terimlerin katsayıları bağımsız olarak sıfır olmalıdır. Karakteristik denklemlere yol açan ve b(t)~exp (st)deneyelim :a(t)~exp (st)

$$sa + \frac{1}{2}\left(\epsilon + \frac{1}{2}h\omega_0\right)b = 0 \text{ and } \frac{1}{2}\left(\epsilon - \frac{1}{2}h\omega_0\right)a - sb = 0 \rightarrow s^2$$
$$= \frac{1}{4}\left[\left(\frac{1}{2}h\omega_0\right)^2 - \epsilon^2\right].$$

Üstel büyümeye yönelik çözüm aralığının sgerçek olduğu yere dikkat edin, dolayısıyla şu kısıtlamaya sahibiz:

$$-\frac{1}{2}h\omega_0 < \epsilon < \frac{1}{2}h\omega_0.$$

### 3.8.7 Harmonik Olmayan Salınımlar

Şimdi üçüncü dereceden terimlere sahip, ancak pertürbasyon büyüklüğündeki genişlemelerle çalışmayı planlayan bir Lagrangian'ı ele alalım. Aslında diferansiyel denklemleri klasik ardışık yaklaşım yöntemini kullanarak çözüyoruz. Bu yaklaşımla olan şey, harmonik olmayan osilatörün bir dizi tahrikli harmonik osilatör problemine dönüştürülmesidir. Üçüncü dereceden genel bir Lagrangian ile başlayalım:

$$L = \frac{1}{2}\sum_\alpha (\dot{\theta}_\alpha^2 - \omega_\alpha^2\theta_\alpha^2) + \sum_{\alpha,\beta,\gamma} C_{\alpha\beta\gamma}\dot{\theta}_\alpha\dot{\theta}_\beta\theta_\gamma - \sum_{\alpha,\beta,\gamma} D_{\alpha\beta\gamma}\theta_\alpha\theta_\beta\theta_\gamma$$

(3-67)

bu da şu formdaki ikinci dereceden EL denklemine yol açar:

$$\ddot{\theta}_\alpha + \omega_\alpha^2\theta_\alpha = f_\alpha(\theta_\alpha, \dot{\theta}_\alpha, \ddot{\theta}_\alpha).$$

(3-68)

Bu daha sonra ardışık yaklaşımlar yöntemi, bir pertürbasyon analizi ile çözülür:

$$\theta_\alpha = \theta_\alpha^{(1)} + \theta_\alpha^{(2)}, \text{where } \theta_\alpha^{(2)} \ll \theta_\alpha^{(1)}, \text{and} \theta_\alpha^{(1)} + \omega_\alpha^2\theta_\alpha^{(1)} = 0.$$

Bu, etkin kuvvet açısından pertürbasyonu bırakır, ancak pertürbasyon analizinde, genelleştirilmiş kuvvetin genelleştirilmiş koordinat bağımlılığını önceki yaklaşım düzeyine göre yaklaşık olarak hesaplayabiliriz, burada:

$$\ddot{\theta}_\alpha^{(2)} + \omega_\alpha^2\theta_\alpha^{(2)} = f_\alpha\left(\theta_\alpha^{(1)}, \dot{\theta}_\alpha^{(1)}, \ddot{\theta}_\alpha^{(1)}\right).$$

(3-69)

ve $\omega_\alpha = 0$ dahil olmak $2\omega_\alpha$ üzere çeşitli kombinasyon frekansları tarafından değiştirilmiş sistemin doğal frekansına sahibiz $\omega_\alpha \pm \omega_\beta$. Bu süreç, daha yüksek yaklaşım seviyelerine gidilerek tekrarlanabilir, ancak $\omega_\alpha$ daha yüksek yaklaşımlardaki temel frekanslar, bunların bozulmamış seviyelerine eşit değildir. Bunu düzeltmek için, çözümdeki periyodik faktörlerin tam frekansları içerecek şekilde modifikasyonu yapılır. Daha spesifik olmak gerekirse, aşağıdaki 1-D harmonik olmayan osilatörün örneğini ele alalım [27]:

$$L = \frac{1}{2}m\dot{x}^2 - \frac{1}{2}m\omega_0^2x^2 + xF(t), \quad \text{where } F(t) = -\frac{1}{3}m\alpha x^2 - \frac{1}{4}m\beta x^3$$

(3-70)

bunun için şunu elde ederiz:

$$\ddot{x} + \omega_0^2x = -\alpha x^2 - \beta x^3.$$

(3-71)

Yukarıda açıklanan ardışık yaklaşımlar yöntemini kullanarak (bununla ilgili daha fazla ayrıntı Ek A'da bulunabilir), şunları elde ederiz:

$$x = x^{(1)} + x^{(2)} + x^{(3)} + \cdots,$$

(3-72)

homojen denklem çözümüyle başlayacağız, yani nerede tam değeriyle $\omega$ nerede $x^{(1)} = a\cos\omega t$:

$$\omega = \omega_0 + \omega^{(1)} + \omega^{(2)} + \omega^{(3)} + \cdots,$$

(3-73)

ve şunu elde ederiz:

$$\frac{\omega_0^2}{\omega^2}\ddot{x} + \omega_0^2x = -\alpha x^2 - \beta x^3 - \left(1 - \frac{\omega_0^2}{\omega^2}\right)\ddot{x}.$$

(3-74)

Bir sonraki yaklaşım düzeyine geçmek için ve'yi ele alalım $x = x^{(1)} + x^{(2)}$ ve $\omega = \omega_0 + \omega^{(1)}$ ikinci küçüklük derecesinin üzerindeki terimleri çıkaralım:

$$\ddot{x}^{(2)} + \omega_0^2x^{(2)} = -\alpha a^2\cos^2\omega t + 2\omega_0\omega^{(1)}a\cos\omega t$$

91

şimdi $\omega^{(1)} = 0$ basit bir çözüme ulaşmayı seçiyoruz ( $\omega$ benzer ayırma veya basitleştirme için ardışık yaklaşımlardaki değişiklikleri seçiyoruz):

$$x^{(2)} = -\frac{\alpha a^2}{2\omega_0^2} + \frac{\alpha a^2}{6\omega_0^2}\cos 2\omega t$$

(3-76)

ve $\omega = \omega_0 + \omega^{(2)}$ ile bir sonraki yaklaşım seviyesine giderek şunu $x = x^{(1)} + x^{(2)} + x^{(3)}$ elde ederiz:

$$\ddot{x}^{(3)} + \omega_0^2 x^{(3)} = -2\alpha x^{(1)} x^{(2)} - \beta\left(x^{(1)}\right)^3 + 2\omega_0\omega^{(2)} x^{(1)}$$

(3-77)

$$\ddot{x}^{(3)} + \omega_0^2 x^{(3)} = a^3\left[\frac{\beta}{4} - \frac{\alpha^2}{6\omega_0^2}\right]\cos 3\omega t$$
$$+ a\left[2\omega_0\omega^{(2)} + \frac{5a^2\alpha^2}{6\omega_0^2} - \frac{3}{4}a^2\beta\right]\cos \omega t$$

(3-78)

basit bir çözüm için sağdaki terimin sıfır olmasını seçiyoruz : $\omega^{(2)}$

$$\omega^{(2)} = -\frac{5a^2\alpha^2}{12\omega_0^3} + \frac{3\beta a^2}{8\omega_0}$$

(3-79)

Ve,

$$x^{(3)} = \frac{a^3}{16\omega_0^2}\left[\frac{\alpha^2}{3\omega_0^2} - \frac{\beta}{2}\right]\cos 3\omega t.$$

(3-80)

Parametrik rezonans, esas olarak küçük salınımlar altında hareket eden sistemlere ilişkin çalışmalarda belirgindir ve sistem parametrelerinin (bir sarkacın destek noktası gibi) (sonraki bölümde açıklanacaktır) zamanla değişimini içerir. Sönümlü veya sönümsüz zorlanmış salınımlar, sürücüden enerji emilimine bağlı olarak dağılım tipi bir frekansa sahiptir. Sistemin doğal frekansında rezonans vardır. Büyük ölçüde uyarılmış hareketler için Lagrangian'daki kinetik ve potansiyel enerji terimlerinin doğrusal olmayan rejimine giriyoruz. Harmonik olmayan veya doğrusal olmayan salınımlar (önceki bölümde olduğu gibi), doğrusal olmama nedeniyle karışır ve bu da kendilerinin rezonanslı görünebileceği kombinasyon frekanslarıyla sonuçlanır. Bu bağlamda ardışık yaklaşımlar yöntemi, karıştırma yoluyla kendi kendine yankılanan terimlere sahip olmayacak şekilde dikkatli bir şekilde kullanılmalıdır.

### 3.8.8 Hızla salınan alandaki hareket (iki zamanlı analiz olarak da bilinir)

Hızla salınan bir kuvvetin uygulandığı T periyoduna sahip bir potansiyeldeki hareketi düşünün ,U

$$m\ddot{x} = -\frac{dU}{dx} + f, \quad f = f_1 \cos \omega t + f_2 \sin \omega t, \quad \omega \gg \frac{1}{T}$$

(3-81)

Bunu varsaymıyoruz , f ≪ Uhatta f < Udaha doğrusu parçacığın sadece potansiyel altında geçeceği düzgün yolun üzerinde küçük salınımlarla bir sonuç olduğunu varsayıyoruz U:

$$x(t) = X(t) + \varepsilon(t), \quad \overline{\varepsilon(t)} = 0.$$

(3-82)

Buna bazen iki zamanlı analiz denir [30]. Yerine koyarsak Taylor açılımlarında birinci sıraya ulaşırız:

$$m\ddot{X} + m\ddot{\varepsilon} = -\frac{dU}{dx} - \varepsilon\frac{d^2U}{dx^2} + f(X, t) + \varepsilon\frac{\partial f}{\partial X}.$$

(3-83)

, frekans faktörlerinin çok büyük olduğu varsayıldığından (hızlı bir şekilde salındığından) terim dışındaki ɛtüm birinci dereceden terimler diğer terimlerle karşılaştırıldığında ihmal edilebilir düzeydedir. εDüzgün yörüngeyi ( X(t)yörünge ile f = 0) ve hızla salınan kısmı bölerek ikincisini elde ederiz:

$$m\ddot{\varepsilon} = f(X, t) \rightarrow \varepsilon = -\frac{f}{m\omega^2}$$

(3-84)

Şimdi birinci dereceden denklemde zamana göre ortalamayı düşünün, ve'nin tek başına birinci kuvvetleri εsıfır olacaktır :f

$$m\ddot{X} = -\frac{dU}{dx} + \overline{\varepsilon\frac{\partial f}{\partial X}} = -\frac{dU}{dx} - \frac{1}{m\omega^2}\overline{f\frac{\partial f}{\partial X}} = -\frac{dU_{eff}}{dx},$$

Neresi,

$$U_{eff} = U + \frac{\overline{f^2}}{2m\omega^2}, \quad U_{eff} = U + \frac{(f_1^2 + f_2^2)}{4m\omega^2} = U + \frac{1}{2}m\overline{\dot{\varepsilon}^2}$$

(3-85)

Bunun pratikte nasıl ortaya çıktığını görmek için, destek noktası hızlı *yatay salınımlara maruz kalan sarkacı düşünün* :
x = l sin φ + a cos γtVe$\dot{x}$ = l$\dot{\varphi}$ cos φ − aγ sin γt
y = l cos φVe$\dot{y}$ = −l$\dot{\varphi}$ sin φ
U = −mgl cos φ

$$L = T - U = \frac{1}{2}m(l\dot{\varphi})^2 - ml\dot{\varphi}a\gamma \cos \varphi \sin \gamma t + mgl \cos \varphi$$

Toplam zaman türevi ekleme özgürlüğünü kullanarak şunları
$\frac{d}{dt}$(mlaγ sin φ sin γt)elde edebilirsiniz:

93

$$L = T - U = \frac{1}{2}m(l\dot{\varphi})^2 + mla\gamma^2 \sin\varphi \cos\gamma t + mgl\cos\varphi$$

Euler-Lagrange denklemini kullanarak şunu elde ederiz:

$$ml^2\ddot{\varphi} = mla\gamma^2 \cos\varphi \cos\gamma t - mgl\sin\varphi = -\frac{dU}{dx} + f_\varphi,$$

Neresi,

$$f_\varphi = mla\gamma^2 \cos\varphi \cos\gamma t$$

Önceki tartışmadaki ilişkiyi kullanarak:

$$U_{eff} = U + \frac{\overline{f_\varphi}^2}{2m\gamma^2} = mgl\left[-\cos\varphi + \frac{a^2\gamma^2}{4gl}\cos^2\varphi\right].$$

Çözüm için, $\frac{dU_{eff}}{d\varphi} = 0$ikinci çözümün varlığının gerektirdiği yerde $2gl <$ $a^2\gamma^2$ve $\cos\varphi = 2gl/a^2\gamma^2$noktasında çözümler elde ederiz $\sin\varphi = 0$.

*dikey salınımlara* maruz kalan sarkacı da düşünebiliriz :
$x = l\sin\varphi$ Ve $\dot{x} = l\dot{\varphi}\cos\varphi$
$y = l\cos\varphi + a\cos\gamma t$ Ve $\dot{y} = -l\dot{\varphi}\sin\varphi - a\gamma\sin\gamma t$
$U = -mgl\cos\varphi + mga\cos\gamma t$

$$L = T - U = \frac{1}{2}m(l\dot{\varphi})^2 + ml\dot{\varphi}a\gamma\sin\varphi\sin\gamma t + \frac{1}{2}ma^2\gamma^2\sin^2\gamma t$$
$$+ mgl\cos\varphi - mga\cos\gamma t$$

Tamamen zamana bağlı fonksiyonları bırakarak ve toplam zaman türevi ekleme özgürlüğünü kullanarak şunları $\frac{d}{dt}(mla\gamma\cos\varphi\sin\gamma t)$elde edebilirsiniz:

$$L = T - U = \frac{1}{2}m(l\dot{\varphi})^2 + mla\gamma^2\cos\varphi\cos\gamma t + mgl\cos\varphi$$

Euler-Lagrange denklemini kullanarak şunu elde ederiz:

$$ml^2\ddot{\varphi} = -mla\gamma^2\sin\varphi\cos\gamma t - mgl\sin\varphi = -\frac{dU}{dx} + f_\varphi,$$

Neresi,

$$f_\varphi = -mla\gamma^2\sin\varphi\cos\gamma t$$

Önceki tartışmadaki ilişkiyi tekrar kullanarak:

$$U_{eff} = U + \frac{\overline{f_\varphi}^2}{2m\gamma^2} = mgl\left[-\cos\varphi + \frac{a^2\gamma^2}{4gl}\sin^2\varphi\right].$$

Çözüm için, $\frac{dU_{eff}}{d\varphi} = 0$ikinci çözümün varlığının gerektirdiği yerde $2gl <$ $a^2\gamma^2$ve $\varphi = \pi$noktasında çözümler elde ederiz $\varphi = 0$.

# Bölüm 4. Klasik Ölçüm

## 4.1 Zamana entegre edilebilir sistemlerde küçük ölçümlerin yakalanması

En yüksek hassasiyetle ölçüm, ölçüm olayının tekrarlandığı, çoğunlukla anahtar değerin zaman içinde toplandığı düzenlemelerde meydana gelir. Bu nedenle zamanla entegre edilebilen sistemlere hassas bir dedektörün anahtar bileşeni olarak bakmak doğaldır. Bir osilatör böyle bir sistemin bir örneğidir; bundan sonra kısa bir özet verilecektir. Bundan sonra son bir genelleme yapıyoruz; gerçek deneysel sınırların bir tanımını elde etmek için gürültü dalgalanmalarını (temelde termal gürültü kaynaklarına bağlı olarak mevcut) ekliyoruz. Başlangıçta, Bölüm 3'te gösterilen klasik mekanik sonuçlarından hareketle, gürültülü sönümlü tahrikli osilatörü geliştireceğiz ve osilatöre (kütleye) etki eden minimum algılanabilir kuvvetin ne kadarının mümkün olduğunu göreceğiz. Bu, kuvvet tespiti için bir "temas" yöntemini açıklamaktadır.

Gerçek tespit için doğrudan temas yöntemleri daha tipik olarak, elektrik (rezonans) devrelerine doğrudan bağlanabilen gerinim ölçerlere veya piezoelektrik elemanlara dayanır (sinyalin elektronik forma dönüştürülmesine dikkat edin, bu norm olacaktır). Kapasitans ölçerlere dayanan dolaylı temas yöntemleri, bir yer değiştirmenin ölçümünün kapasitansı doğrudan değiştirdiği (yer değiştirmeyle doğrudan ilişkili plaka ayrımı yoluyla) bu kategoride en iyi sonucu verir. Dinlenme kapasitansı, rezonansta (veya rezonans eğrisinin dik kısmında) çalışan bir devrede seçilir [51], böylece devre frekansı kaymaları, ikincil devre (dolaylı temas) ölçüm cihazı tarafından en çok fark edilir. Kapasitans ölçerlerin örnekleri, basit olmasına rağmen [52] devre açıklamalarında yer almaktadır, bu açıklamanın kapsamı dışında olduğundan daha fazla tartışılmayacaktır.

Optik temassız yöntemler en yüksek hassasiyeti sunar ve bunlar, temas yöntemleri için daha açık sonuçların ardından kısaca tartışılacaktır (çünkü bir osilatörün doğrudan temaslı detektörünün sunumu, anahtar kavramların ve sınırlayıcı faktörlerin çoğunu gösterir). En aşırı "temassız" algılamanın kuantum yıkımsız tespit olduğunu unutmayın, ancak bu tartışılmayacaktır. LIGO projesinden notlar ve Prof. Drever'in Ph118 ca. 1988 (Ek B'de, ~1988 LIGO iletişim listesi projede 30'dan az kişiyi gösteriyor, ben de o zamanlar yüksek lisans öğrencisiydim, şu anda bu projeye dünya çapında 3000'den fazla katkıda bulunan kişi var).

### 4.1.1 Sönümlü tahrikli osilatörün özeti
Sönümlü tahrikli osilatör için Adi Diferansiyel Denklemi elde ederiz:

$$\ddot{x} + 2\lambda\dot{x} + \omega^2 x = \left(\frac{F}{m}\right) \exp i\gamma t,$$

$$(4\text{-}1)$$

çözüm ile:
$$x(t) = a \exp(-\lambda t)\cos(\omega t + \alpha) + b\cos(\gamma t + \delta) \cong b\cos(\gamma t + \delta),$$
$$(4\text{-}2)$$

Neresi

$$b = \frac{F}{m\sqrt{(\omega^2 - \gamma^2)^2 + (2\lambda\gamma)^2}} \quad \tan\delta = \frac{(2\lambda\gamma)}{(\omega^2 - \gamma^2)}.$$

$$(4\text{-}3)$$

Kararlı durum hareketine ulaşıldığında, $x(t) \cong b\cos(\gamma t + \delta)$dış kuvvetten emilen enerji, sürtünmede dağılan enerjiyle eşleşir. Daha önce sürtünme nedeniyle dağılma oranımız $-2F$, $F = \frac{1}{2}\alpha\dot{x}^2 = \lambda mb^2\gamma^2\sin^2(\gamma t + \delta)$zaman ortalaması ile birlikte şu şekildedir: $2\bar{F} = \lambda mb^2\gamma^2$. Yani birim zamanda tüketilen enerji $\lambda mb^2\gamma^2$; Şimdi, tüm sürüş frekanslarında emilen enerjinin integralini istiyorsak, emilim, rezonansa yakın frekansların hakimiyetinde olacaktır; bunun için integral yaklaşık olarak yaklaşıktır $\pi F^2/4m$.

### 4.1.2 Gürültü dalgalanmalarına sahip sönümlü tahrikli osilatör
Şimdi gürültü dalgalanmalarına sahip sönümlü tahrikli osilatörü ele alalım ve sistemin sağlayabileceği minimum tespit edilebilir kuvveti belirleyelim. Bu, ölçümün hassasiyetine doğru bir sınır sağlayan, gerçekçi gürültü dalgalanmalarına sahip senaryodur. Gürültü dalgalanmaları terimi eklenmiş yeni Adi Diferansiyel Denklemi ile başlayalım $F_{fl}$:
$$\ddot{x} + 2\lambda\dot{x} + \omega^2 x = F(t) + F_{fl},$$

$$(4\text{-}4)$$

burada dalgalanma gürültü kuvvetleri olmadan daha önce elde edilen kararlı durum sonucu şuydu $x(t) \cong b\cos(\gamma t + \delta)$. Hala biraz daha genel bir biçimde istikrarlı bir durum var mı? Öncelikle genlik ilişkisi süresinin verildiğini düşünün $\tau_m = 1/\lambda$ve niyetin hassas ölçümler yapmak olduğunu varsayıyoruz, bu nedenle minimum bir sönümleme, dolayısıyla maksimum bir gevşeme süresi arıyoruz $\tau_m$, dolayısıyla ölçüm zamanı ve

96

ölçüm zamanı ile karşılaştırıldığında etkili bir şekilde kararlı durum. Etkinin F(t)tespit edilmesi amaçlanmıştır. Böylece bir tahminde sabitlerdeki olası zamana bağlılığı gösteren kararlı durum formunu elde etmiş olacağız . Tahmini denemek ve doğrulamak, bunun doğru olduğunu kanıtlar [53] ve [54]. Şimdi Braginsky notasyonuna [51] geçerek, "Bir osilatörün bir dış kuvvet tarafından uyarılmasının belirlenmesi için İstatistiksel Kriterler" başlıklı Ek [51]'de gösterilen Braginsky'nin türetilmesini özetleyeceğiz:

$$x(\tau) \cong A(\tau)\sin\big(\omega_0\tau + \varphi(\tau)\big) \qquad \overline{A(\tau)} \gg \frac{1}{\omega_0}\frac{dA(\tau)}{d\tau}.$$

(4-5)

Bir tespit olayıyla ilgili iddiamız, özellikle stokastik bir sürecin (gürültü dalgalanmaları) eklenmesi göz önüne alındığında, olasılıksal olacaktır. Ölçümün zaman çerçevesine denk gelen bir zamanda meydana gelen t̂bir kuvvet olayının olasılığını dikkate almak istiyoruz . F(t)Böyle bir olayın tespit edilebilirliği, onu yanlış sinyallerden ve dalgalanma gürültüsünden ayırt etmeyi gerektirir $F_{fl}$. Buna karşılık, tespit edilebilirliğin doğası her ikisi için de incelenmelidir. Her iki durumda da aradığımız şey, salınım genliğinin farka göre değişmesidir $A(\tau) - A(0)$ve dalgalanma gürültüsü durumunda bu sınırın " $1 - \alpha$" olasılığı ile geçerli olacak şekilde nitelendirilmesi gerekir. Bu yaklaşım, olay zamanından sonra salınım genliklerinin keyfi dağılımının olasılık yoğunluğu için [54]'teki ifadeyle motive edilmektedir t̂:

$$P[A(\hat{t})|A(0)]$$
$$= \frac{A(\hat{t})}{\sigma^2(1-\varepsilon^2)}I_0\left(\frac{\varepsilon A(0)A(\hat{t})}{\sigma^2(1-\varepsilon^2)}\right)\exp\left(-\frac{\big(A(\hat{t})\big)^2 + \varepsilon\big(A(0)\big)^2}{2\sigma^2(1-\varepsilon^2)}\right),$$

(4-6)

Neresi,

$$\varepsilon = e^{(-\hat{t}/\tau_m)} \quad \text{and} \quad \sigma^2 = \overline{A(\tau)^2}.$$

Birinci tür formalizmin istatistiksel hatası (" $1 - \alpha$") şimdi şu şekli alır:

$$1 - \alpha = \int_{A(0)}^{A(\hat{t})} P[A(\hat{t})|A(0)]dA(\hat{t}).$$

(4-7)

Braginsky'nin analizini takiben şimdi iki durum için integrali çözmeyi ele alacağız: $A(0) = 0$ve $A(0) = \sigma$. Minimum tespit edilebilir kuvvetin değerlendirmesinin, genliğin başlangıç değerine bakılmaksızın kabaca aynı olduğunu, osilatörle enerji alışverişinin ise başlangıç genliğinden önemli ölçüde etkilendiğini bulacağız. Ayrıca Braginsky'yi takip ederek gürültü kaynağımızın tamamen termal bir gürültü kaynağı olduğunu

97

varsayacağız. Termal gürültü kaynakları fiziksel sistemlerde çeşitli şekillerde temel olduğundan bu en iyi durum senaryosudur (örneğin devrelerde bu gürültü kaynaklarının türetilmesi için [24]'e bakınız). Eğer "sadece" termal gürültüyü varsayarsak, termalizasyon sıcaklığına göre Taşağıdakilere sahip oluruz:

$$\sigma^2 = \frac{k_B T}{k}, \quad \text{where } \omega_0 = \sqrt{k/m}.$$

(4-8)

İntegrali çözüp yerine koyarsak şunu elde ederiz:

$$[A(\hat{\tau})]_{1-\alpha} = 2\sigma\sqrt{(\hat{\tau}/\tau_m)\ln(1/\alpha)}.$$

(4-9)

Dolayısıyla, bir algılama olayını ile başlatırsak ve genliğin zamanla $A(0) \cong 0$öyle $A(\hat{\tau}) > [A(\hat{\tau})]_{1-\alpha}$büyüdüğünü görürsek $\hat{\tau}$, o zaman olasılık veya "güvenilirlik" ile $(1 - \alpha)$bir olayın meydana geldiğini elde ederiz. Braginsky'nin belirttiği gibi, şu ana kadar sahip olduğumuz şey, eşiğe ulaşılması durumunda ne yapılacağını açıklayan yalnızca bir eşik koşuludur. Eşiğe ulaşılırsa, o zaman algılama olayı yok diyoruz, örneğin bu $F(t) = 0$, ancak bu yalnızca olay kuvvetinin ve dalgalanma kuvvetlerinin talihsiz bir şekilde iptal edilmesinden kaynaklanıyor olabilir. Bundan kaynaklanabilecek hatayı değerlendirmek için Braginsky, $F(t) \neq 0$hâlâ eşiğin altında olaya sahipken yaşanma olasılığına karşılık gelen ikinci türden istatistiksel bir hatanın ölçümünü sunar $A(\hat{\tau}) < [A(\hat{\tau})]_{1-\alpha}$. Spesifik olarak, herhangi bir dalgalanma kuvveti mevcut olmadığında ve zaman içinde genlikteki değişimin $\hat{\tau}$eşikten daha büyük bir değerde olacağı şekilde $\Gamma$kuvveti düşünün ;$F(t)$

$$\gamma = \Gamma/[A(\hat{\tau}) - A(0)]_{1-\alpha}$$

(4-10)

ile $\gamma \geq 1$. Bu, ikinci türdeki hatayı değerlendirmenin temelini oluşturur (daha fazla ayrıntı [51]'de bulunmaktadır). Sonuç, basit bir sabit faktörün, $\sim 1$tespit olayı için eşik koşulunu değiştirebilecek tek şey olduğudur.

Şimdi genlikte tespit edilebilir minimum değişikliği yukarıdaki formu kullanarak osilatörden verilen veya çıkarılan enerjiyle ilişkilendirelim $\gamma$:

$$\Delta E = k\gamma^2 [A(\hat{\tau})]_{1-\alpha}^2 = 2\ln(1/\alpha)\,(2\hat{\tau}/\tau_m)\gamma^2 k_B T.$$

(4-11)

0'dan itibaren zaman aralığı (ve bu zaman aralığının dışında sıfır kuvvet) $\hat{\tau}$gibi basit bir duruma geri dönersek $F(t) = F_0 \sin(\omega\tau)$, o zaman aşağıdakine göre genlikte doğrusal bir büyüme elde ederiz:

$$\Gamma = \frac{F_0 \hat{\tau}}{2m\omega}, \quad \text{where} \quad \omega = \sqrt{k/m}$$

(4-12)

ve bunu gerektirmek $\Gamma > [A(\hat{\tau}) - A(0)]_{1-\alpha}$, tespit edilebilecek minimum değeri verir $F_0$:

$$[F_0]_{min} = \rho\sqrt{4k_B Tm/(\hat{\tau}\tau_m)},$$

(4-13)

değişen $\rho$boyutsuz bir güvenilirlik faktörüdür (bkz. [51]'deki Tablo A1). $\alpha$Tespit olayının başlangıcında, güvenilirlik faktörlerinin aynı formüle indirgendiği durum için benzer bir analiz. $A(0) \cong \sigma 1,96$ ile $3,88$ arasında. Bu nedenle, tespit edilebilir minimum kuvvet, genliğin başlangıç değerine bakılmaksızın kabaca aynıdır ve şu şekildedir:

$$[F_0]_{min} \propto \sqrt{\frac{4k_B Tm}{(\hat{\tau}\tau_m)}}.$$

(4-14)

### 4.1.3 Optik temassız yöntemler

Burada odaklanacağımız iki tür optik ölçüm vardır: ( i ) bıçak kenarı; ve (ii) kendine müdahale. Bıçak kenarı yöntemleri, belirli bir kapasitede optik bir kolu içerir. Bir lazer ışınını bir aynaya yansıtırsak ve D mesafesindeki bir ekrandaki dalgalanmalarını ölçersek, projeksiyon mesafesini 2B'ye iki katına çıkarırsak, yansıtılan sinyal iki kat daha büyük olur. Daha yaygın olanı ve ( i ) ve (ii) tipinin bir karışımı , kazanç etkisinin, ışın iletim ölçümünün bir parçası olan hareketli kırınım ızgarasındaki ayrıma göre çarpıldığı bir kırınım ızgarası kullanmaktır (bir ikinci, sabit, kırınım ızgarası). Bununla birlikte, optik kendi kendine girişim türündeki algılama olaylarının en hassası, tipik olarak bir Michelson-Morley girişimölçer içerir. Temel fikir, ışın bölücünün iletilen kısmında mükemmel iptalin ayarlanacağı şekilde ışının bölünmesi ve kendi kendine müdahale etmesine izin verilmesidir. Aynada bir yer değiştirme (veya ayna boşluğu mesafesi) meydana geldiğinde, iptal edilmiş durumdan bir kayma görürüz ve sinyalin gücüyle ilişkili olan iptal olmama derecesine göre bir ışık parlaması görürüz. Tespit yöntemlerinin çoğunda olduğu gibi, duyarlılığın değerlendirilmesi çoğu zaman umut verici görünmektedir ancak gerçekte ihtiyaç duyulan fiziksel cihaz parametrelerinin elde edilmesi çoğu zaman elde edilemez. Bununla birlikte, interferometrik yaklaşımlarda, başlangıç olarak çok güçlü lazerler, son derece yansıtıcı aynalar, mükemmel şekilde stabilize edilmiş aynalar ve ışın ayırıcı ayna kullanılarak ihtiyaç duyulan şey genellikle ulaşılabilir durumdadır . Bunun yapılabileceği ortaya çıktı, ancak bu bir ölçek meselesi.

1980'lerde prototip LIGO dedektörüyle ilgili olarak katıldığım çalışma, interferometrik yöntemlerin son derece iyi çalıştığının kanıtlandığı bir örnekti. Ancak prototip interferometre kolları, sonunda olması gerektiği gibi 2 km değil, 20 m uzunluğundaydı. Dolayısıyla vakumun ölçeği çok farklıydı (lazer interferometre boşlukları, gürültüyü ortadan kaldırmak ve daha da önemlisi, (çok pahalı) yüksek derecede yansıtıcı aynalar üzerinde yıkıcı bir süreçten kaçınmak için yüksek vakumda tutulur (bir EM etkisi [40]'da tartışılacaktır) , yüksüz "toz"un etkili bir yük almasına neden olur ve boşluğun düzgün olmayan elektrik alanında, tozun aynalara sürülmesi ve bunların sürekli bozulmasına neden olması ortaya çıkar. Bu ve diğer ölçeklendirme sorunları, bir 30 yıl daha gerektirdi. LIGO projesi nihayet ilk kütleçekimsel dalga gözlemeviyle faaliyete geçene kadar (Kip Thorne ve diğerleri için Nobel Ödülü) birkaç yıllığına katıldığım 1980'lerde (daha teorik konulara geçmeden önce, ['de açıklanacak). 45,46]) LIGO grubu oldukça küçüktü (yaklaşık 30, bkz. Şekil B.1'deki eski Dizin). Cihaz boyutunda 100x'lik ölçeklendirme, 2020 yılına kadar grup çalışmasında kısmen 100x'lik bir yeniden ölçeklendirmeyle karşılandı.

LIGO tespit metodolojisinin doğru bir açıklaması bizi lazer gürültüsü özellikleri ve optik boşluk özellikleri konusunda çok uzaklara götürecektir, ancak yine de yüksek düzeyde bir açıklama verilmektedir. Birincisi, "L-şekilli" interferometre, aranan tespit olayının türü açısından iki kat önemlidir; LIGO için bu bir yerçekimi dalgasıydı. Böyle bir dalga yalnızca dört kutuplu etkisi yoluyla ölçülebilir (dik detektör kolları ile, ayrıntılar için Kitap 3'e bakın), bu sayede interferometrenin bir kolu uzatılırken diğeri kısaltılır ve girişim sinyalinde bir değişiklik sağlanır (bu dört kutuplu dalga için). dedektöre mükemmel bir şekilde enine ve dedektör kollarına hizalanmış şekilde çarpmak). İkincisi, lazer gürültüsü (çok modluluk), ana moddaki "kilitlenen" geçişlerle doğrudan ilgilidir; bu bir gürültü sorunudur ve dolayısıyla lazer gürültüsünü "temizleyecek" bir şey gerektirir. Benim LIGO'da çalıştığım dönemde bu görev için kullanılan rezonans boşluğu Ron Drever tarafından " dewiggler " olarak adlandırılmıştı. Böylece, mod temizleyiciyi ( dewiggler ) besleyen ve daha sonra "L-şekilli" interferometreyi besleyen bir lazer boşluğu (yüksek güçlü) vardır. Üçüncüsü, tespit için ilgilenilen frekans bandındaki konumsal dalgalanmalara karşı kol uzunluklarının stabilize edilmesi meselesi vardır. Temelde, uç aynaların ve ışın ayırıcı aynanın hepsinin birbirine göre sabit konuma getirilmesi gerekir (tüm sistem nispeten 'kilitli' iken çevredeki vakum odasına göre yüzer). Sonuçta bilinen bir sinyal profilinin (veya profil grubunun) tespiti için özel sinyal işlemeye ihtiyaç vardır. Temel olarak, optimum algılama kapasitesi için aranan sinyalle eşleşmeye dayalı özel bir filtre kullanılır.

## 4.2 Ölçüm Teorisi – Rastgele Değişkenler ve Süreçler

ölçülebilir başka bir özelliğin olduğu birçok deney açıklanmaktadır . "Doğru ölçüm" almak istiyoruz ama bu ne anlama geliyor? Başlamak için, bazı durumlara yönelik, belki de bir şeyin tekrar tekrar ölçülmesi kadar basit bir dizi ölçümü düşünün. Ölçüm teorisinde, zamanla değişmeyen en basit durumlarda, bu tür ölçümler dizisi, tek tip arka plan dağılımından bir örnek olarak görülür. Tekrarlanan ölçümler yaparak ( $x_N$) sezgisel olarak daha iyi veya 'daha güvenli' bir ölçüm elde ettiğimizi biliyoruz, fakat bu neden? Örnek varyansının alınan ölçüm sayısıyla azaldığı özelliğini türetmenin basit olduğu ortaya çıktı. Bu durumda kaç ölçüm yapılması gerektiği, "hata çubuklarınızın" ( $\sigma$ortalamanın altındaki bir standart sapma veya (sigma) ile bir standart sapma üstündeki bölge) ne kadar sıkı olmasını istediğinize dönüşür. Rastgele değişkenin (X) tek bir ölçümünün standart sapmasının Varnerede olduğunu ve $\sigma$tekrarlanan ölçümün varyansının (std. sapma karesi) olduğunu göreceğiz . $Var(\bar{x}_N) = \sigma^2/N$Bu hesaplama, ortalamanın sigmasını hesaplamak olarak bilinir ve bunu elde ederiz $\sigma_\mu = \sigma/\sqrt{N}$, böylece alınan ölçüm sayısına (N) göre ölçüm doğruluğumuzu (ortalamada azaltılmış sigma) geliştirebiliriz. Yukarıdaki temel sonuç (deneysel süreçte tekrarlanan ölçümlerin gerekçesi) ve diğerleri şimdi daha ayrıntılı olarak özetlenecektir. Yukarıdaki tartışmada zaten bir dizi teknik terim ortaya çıkmıştır, bu nedenle şimdi ilk olarak temel terminoloji ve tanımlara ilişkin kısa bir inceleme yapılacaktır.

### *Tanımlar*
Bu bölümde takip eden tanımların çoğu [55]'te daha ayrıntılı olarak açıklanmıştır.

### *Rastgele değişken*
X'in her sonucuna θbir x( ) sayısının atanmasıdır .θ

### *Stokastik süreç*
, X'in her sonucuna θzaman parametresine bağlı bir sayı olan x( ,t)'nin atanmasıdır .θ

Bir indeks olarak bakıldığında, eğer t zaman parametresi sürekli ise, o zaman bir sürekli zamanlı sürecimiz olur, aksi halde bu bir ayrık zamanlı süreç olur. Şimdilik ayrık zamanlı süreçlerle çalışalım ve daha fazla tanım sunalım; tekrarlanan deneysel ölçüm senaryosunun temelini atalım:

### X rastgele değişkeninin beklentisi E(X)

X rastgele değişkeninin beklentisi E(X) şu şekilde tanımlanır:

$$ESK\dot{I}) \equiv \sum_{i=1}^{L} x_i\, p(x_i) \text{eğer } x_i \in \mathcal{R}.$$

(4-15)

Benzer şekilde, X rastgele değişkeninin g(X) fonksiyonunun beklentisi E(g(X)) şöyledir:

$$E(g(X)) \equiv \sum_{i=1}^{L} g(x_i)\, p(x_i) \text{eğer } x_i \in \mathcal{R}.$$

Shannon entropisine yol açan $g(x_i) = -log(p(x_i))$ özel durumunu düşünün :

$$H(X) \equiv E[g(X)] = -\sum_{i=1}^{L} p(x_i) \log(p(x_i)) \text{ eğer } p(x_i) \in \mathcal{R}^+,$$

Karşılıklı Bilgi için benzer şekilde $g(X,Y) = $ kullanarak $\log(p(x_i,y_i)/p(x_i)p(y_i))$ şunu elde edin:

$$I(X;Y) \equiv E[g(X,Y)] \equiv \sum_{i=1}^{L} p(x_i,y_i) \log(p(x_i,y_i)/p(x_i)p(y_i)),$$

ve eğer $p(x_i)$, $p(y_i)$, $p(x_i, y_i)'$ nin hepsi $\in \mathcal{R}^{+ \text{ ise}}$, o zaman bu, bir ortak dağılım ile aynı dağılım arasındaki Göreli Entropiye eşdeğerdir, eğer rastgele değişkenler bağımsızsa, yani Kullback-Leibler Diverjansıdır. : $D(p(x_i,y_i) \| p(x_i)p(y_i))$ bilgi teorisinde yaygındır [24] .

### Jensen Eşitsizliği

Aşağıda verilen Jensen eşitsizliğinin basit bir kanıtının temeli atılmıştır. Bu eşitsizlik, takip edilecek diğer tanımlarda kullanılan önemli bir manevradır ( Hoeffding ).

( · ) gerçek doğrunun dışbükey bir alt kümesinde dışbükey bir fonksiyon olsun $\varphi$: $\varphi: \chi \to \mathcal{R}$. Tanım gereği dışbükeylik: $\varphi(\lambda_1 x_1 + ... y_n x_n) \leq \lambda_1 \varphi(x_1) + ... + \lambda_n \varphi(x_n)$ , burada $\lambda_i \geq 0$ ve $\Sigma \lambda_{ben} = 1$. Dolayısıyla, eğer $\lambda_1 = p(x_1)$ ise, ayrık olasılık dağılımlarının yanı sıra çizgi enterpolasyonuna yönelik ilişkileri de karşılarız, dolayısıyla Beklenti tanımına göre yeniden yazabiliriz:

$$\varphi(E(X)) \leq E(\varphi(X)).$$

Dışbükey bir fonksiyon olan (x) = -log(x)'i seçerek Shannon Entropisini içeren bir ilişki elde etmek için bunu uygulayalım , dolayısıyla şunu elde ederiz:$\varphi$

$$log(E(X)) \geq E(log(X)) = -H(X).$$

102

## Varyans

$$Var(X) \equiv E(\ [X - E(X)]^2\ ) = \sum_{i=1}^{L}(x_i - E(X))^2 p(x_i) = E(X^2)$$
$$-(E(X))^2$$

(4-16)

## Örnek Varyans

$$Var_N(X) = \frac{1}{N-1}\sum(x_i - E(x))^2$$

(4-17)

## Chebyshev Eşitsizliği

$$k>0 \text{ için } P(|X - E(X)|>k) \leq Var(X)/k^2$$

(4-18)

İspat: $Var(X) = \sum_{i=1}^{L}(x_i - E(X))^2 p(x_i)$

$= \sum_{\{x_i| \ |x_i - E(X)|>k\}}(x_i - E(X))^2 p(x_i)$

$+ \sum_{\{x_i| \ |x_i - E(X)|\leq k\}}(x_i - E(X))^2 p(x_i)$

$$\geq k^2 P(|X - E(X)|>k)$$

## Tekrarlanan ölçüm ve ortalamanın sigması

$_{Xk'nin}$ bağımsız, X'in aynı şekilde dağıtılmış ( iid ) kopyaları olduğunu ve X'in "alfabe" gerçek sayısı olduğunu varsayalım . $=E(X)$, $\sigma^2 = Var(X)$ olsun μve şunu gösterelim

$$\bar{x}_N = \frac{1}{N}\sum_{k=1}^{N} X_k$$
$$E(\bar{x}_N) = \mu$$
$$Var(\bar{x}_N) = \frac{1}{N^2}\sum_{k=1}^{N} Var(X_k) = \frac{1}{N}\sigma^2$$

Böylece, tekrarlanan ölçümler için ortalamanın sigması şu şekildedir: $\sigma_\mu = \sigma/\sqrt{N}$, Daha önce bahsedildiği gibi. Bu senaryonun analizine devam edersek Chebyshev ilişkisini elde ettiğimizi unutmayın:

$$P(|\bar{x}_N - \mu|>k) \leq Var(\bar{x}_N)/k^2 = \frac{1}{Nk^2}\sigma^2.$$

(4-19)

Büyük Sayılar Yasası bundan türetilebilir.

## Yasası , Zayıf Form (Zayıf-LLN)

LLN artık klasik "zayıf" formda türetilecektir. ("Güçlü" biçim, daha sonraki bir bölümde Martingal'in modern matematik bağlamında türetilmiştir.) N olarak, →∞Büyük Sayılar Yasası (zayıf) olarak bilinen şeyi elde ederiz; burada $P(|\bar{x}_N - \mu|>k) \to 0$, herhangi bir k>0 için.

Böylece, bir iid dizisinin aritmetik ortalaması rvs ortak beklentilerine

103

yaklaşıyor . Zayıf form "olasılıkla" yakınsamaya sahipken, güçlü form "bir olasılıkla" yakınsamaya sahip olacaktır.

## 4.3 Çarpışmalar ve Saçılma

Şimdi çarpışma ve saçılma konusunu ele alalım. Bu, Lagrangian analizinin, özellikle her zaman bir cevabı olan klasik saçılma göz önüne alındığında genellikle basit olan bir uygulamasıdır [56]. Bunu, enerjinin korunan bir miktar olduğu Lagrange temelli formülasyonla yapacağız ve sınırsız yörüngeleri (gelen ve giden) dikkate alacağız. Daha sonra Reed&Simon [56] 'nın çizgileri boyunca klasik saçılımın çok kısa ama resmi bir açıklaması verilecektir, bu daha sonra doğrudan kuantum saçılımı tanımına geçebilir ([56]'da gösterildiği gibi). Resmi açıklamaya başlamadan önce, Rutherford saçılımını (1911) [57] ve Compton saçılımını (1923) [73] yeniden inceleyerek temelleri ele alalım; ilki bizi atomun erikli puding modelinden uzaklaştırır. kompakt çekirdeğe ve elektron bulutuna sahip olan ve alfanın merkezi rolünü ortaya koyan modern olana; ikincisi 4 vektörlü matematiğin doğrudan kanıtını sağlar (Özel Göreliliğin kanıtı). (Compton saçılması 1905'ten önce gözlemlenmiş olsaydı, o zamanın klasik deneysel cihazlarından erişilebilen ve Özel Göreliliğe işaret eden fiziğin başka bir kısmı olurdu.)

Şimdiye kadar klasik mekaniğin odak noktası matematiksel teori üzerinde olmuştur ve gözlemlenen temel parçacıkların gözlemlenen parametreleri veya "ağırlaştırılabilir ortam"ın fenomenolojik tanımı üzerinde değildir (klasik mekanik ortam için Bölüm 5.1'de Rijit için tartışılacaktır). Gövdeler ve Malzeme Gövdeleri için Bölüm 5.2). Ve bu, temel parçacık parametrelerini ve fenomenolojik parametreleri, temel matematiksel parametreler de dahil olmak üzere matematiksel yapıdan açıkça ayırmak için yapılmıştır. Saçılma ile ilgili Bölüm 4.3 ve Kolektif Hareket ile ilgili Bölüm 5'te (Malzeme özelliklerinin erken keşfi), fiziksel parametreler kaçınılmazdır ve aynı zamanda belirli deneysel modellerin gücünü gösteren önemli deneylerle de ilgilidir, dolayısıyla sunumda görünmeye başlayacaklar. . Basitçe düşük hızda Coulomb saçılımı olan (göreceli olmayan) Rutherford saçılımı [57] ile başlıyoruz. Bir formül elde ederiz ve eğer modern atom modelini (negatif elektron bulutlu pozitif, kompakt çekirdek) varsayarsak, deneye oldukça iyi uyar. Formülde tek bir "fit parametresi" vardır ve o da boyutsuz alfa parametresidir. Böylece, alfanın ilk kez klasik mekanik tartışmasında ortaya çıktığını görüyoruz (olarak gruplandırılmıştır $\alpha\hbar$) ve doğrudan atomik özellikler (yük), elektromanyetik özellikler (boş uzayın geçirgenliği), özel görelilik özellikleri (ışık hızı) ve kuantum özellikleriyle ilgilidir. (Planck sabiti).

(Not: Alfa, erken Kuantum Mekaniği çalışmalarında ince yapı sabiti olarak, Sommerfeld'in [58] spektrografik analizinde ortaya çıkmıştı ; bu, 4. Kitapta tartışılacaktır.) Birkaç örnek üzerinde çalışmadan önce, Compton Saçılması da gösterilmektedir. . Compton saçılma deneyi gerçekte yapıldı ve açıklama, Compton deneyinin Fizik lisans öğrencileri için standart bir laboratuvar gereksiniminin parçası olarak yapıldığı Caltech Ph 7 laboratuvar notlarına dayanmaktadır. Tesadüf tespiti özelliğinin kullanılması mükemmel verilerin elde edilmesine olanak sağlar . Compton'un saçılma formülünün doğrulanması, sırasıyla şunları göstermeye hizmet eder:( i ) ışığın salt bir dalga olgusu olarak açıklanamayacağını (kuantum tartışmasının devamı Kitap 4'e [42] ertelenmiştir); ve (ii) bu tutarlılık, göreli enerji-momentum 4-vektör ilişkisinin kullanılmasını gerektirir (Özel Görelilik, Kitap 2'de [40] ele alınmıştır).

Saçılmada sıklıkla belirli bir açıya (Rutherford'da olduğu gibi) saçılma miktarını (veya saçılma olasılığını) incelemeye çalışırız. Belirli bir sürecin olasılığının ölçüsü böylece ilgili "kesit"in değerlendirilmesine indirgenir. Bu tanımlar ve kurallarla ilgili daha fazla ayrıntı, daha sonra tartışılacak olan Rutherford saçılımının incelenmesi sırasında ortaya çıkarılacaktır.

### 4.3.1. Rutherford Saçılması
Merkezi bir Coulomb potansiyeli altında etkileşen iki yüklü nokta parçacığını düşünün. Klasik merkezi potansiyel, kütle merkezi hareketi ile bağıl hareketin ayrılmasına izin verir, bu nedenle parçacık 1'in hareket halinde olduğu (parçacık 2'deki olay) parametrelerle uygun bir "çerçeve" seçiyoruz: $m_1$, $q_1 = Z_1 e$(burada etemel yük ve $Z_1$ pozitif bir tam sayıdır) ) ve çok uzaktayken ölçülen sıfır olmayan bir hız .$v_1$

Bölüm 3.7, çözümü elde ettiğimiz merkezi bir Coulomb alanındaki hareketi (zıt yüklere sahip iki nokta parçacıkla) tanımlamaktadır:
$$p = r(1 + e\cos\theta).$$
$$(4\text{-}20)$$
Genel çözüm (sınırsız hareket dahil) yakından ilişkilidir ve şu şekilde verilir:

$$u = u_0 \cos(\theta - \theta_0) - C, \qquad u = \frac{1}{r}.$$
$$(4\text{-}21)$$

Şimdi ilginin giren/giden dağılımı için asimptotik olarak sınır koşullarını ele alırsak, aşağıdakileri sağlayan çözümlerimiz olmalıdır:

$$u \to 0 \text{ and } r \sin\theta \to b \text{ as } \theta \to \pi,$$

etki parametresi nerede . bSapma açısı ile arasındaki ilişkiyi sağlayacak şekilde çözüldüğünde şunu elde ederiz:b

$$b = \frac{Z_1 Z_2 e^2}{4\pi\epsilon_0 m v_1^2} \cot\frac{\theta}{2}.$$

(4-22)

standart formül kullanılarak kesitin kolayca elde edilebileceği bir ilişki elde ettik :b(θ)

$$\frac{d\sigma}{d\Omega} = \frac{b}{\sin\theta}\left|\frac{db}{d\theta}\right|.$$

(4-23)

Ancak devam etmeden önce bu formülü yeniden türetelim ve bunu yaparken "saçılma kesiti" ile ne kastedildiğini tam olarak bilelim. Resmi tanım şudur:

$$\frac{d\sigma}{d\Omega}d\Omega = \frac{\text{number scattered into } d\Omega \text{ per unit time}}{\text{incident intensity}}.$$

(olay yoğunluğu başına birim zamanda katı açıya saçılan sayı)

(4-24)

ve b + dbarasında olan, içeri giren (eksenel) bir parçacık ışınını düşünün; bistenen darbe parametresine gelen parçacıkların sayısı şöyle olur:

$$2\pi I b |db| = I\frac{d\sigma}{d\Omega}d\Omega,$$

(4-25)

katı açıya dağılmış parçacıkların sayısının tanımından faydalanıldığında dΩ. Saçılma potansiyeli radyal olarak simetrik olduğundan $d\Omega = 2\pi \sin\theta\, d\theta$, şuna sahibiz:

$$\frac{d\sigma}{d\Omega} = \frac{b}{\sin\theta}\left|\frac{db}{d\theta}\right|.$$

Formülün uygulanması:

$$\frac{d\sigma}{d\Omega} = \left(\frac{Z_1 Z_2 e^2}{8\pi\epsilon_0 m v_1^2 \sin^2\frac{\theta}{2}}\right)^2 = \left(\frac{Z_1 Z_2 (\alpha\hbar c)}{2m v_1^2 \sin^2\frac{\theta}{2}}\right)^2, \quad \alpha = \frac{e^2}{4\pi\epsilon_0 \hbar c}.$$

(4-26)

### 4.3.2. Compton Saçılması

Şimdi X-ışını saçılımını ele alalım. X-ışınları parçacık benzeri bir şekilde çeşitli açılara saçılmakla kalmıyor, aynı zamanda 'parçacığın' kendisi de X-ışını dalga boyunun saçılma miktarına (açısına) göre değişmesiyle

106

değişiyor gibi görünüyor. Compton, Einstein'ın fotovoltaik etkisi formülünü kullanarak fotonları parçacık-dalga formalizminde ele alacak. Compton ayrıca fotonları göreceli bir ortamda ele alacak, öyle ki özel göreliliğin enerji-momentumu toplam enerjiyi temsil edecek. Saçılma deneyi, gelen (koşulandırılmış) bir X-ışını ışınının sabit bir elektrona çarpması, X-ışınının saçılması ve elektronun geri tepmesinden oluşacaktır. Böylece enerjinin korunumundan (göreceli) şunu elde ederiz:

$$hf + mc^2 = hf' + \sqrt{(pc)^2 + (mc^2)^2},$$

(4-27)

gelen X-ışınının frekansı (Einstein'ın Planck sabiti ile ilişkisi kullanılarak h) f, melektronun (geri kalan) kütlesi, cışığın hızı, $mc^2$ dolayısıyla Einstein'ın özel göreliliğine göre elektronun dinlenme enerjisidir. RHS'de yeni X-ışını frekansına f', yani sıfır olmayan elektron geri tepme momentumuna sahibiz p, öyle ki geri tepme elektronunun göreli enerji-momentumu $\sqrt{(pc)^2 + (mc^2)^2}$. 4-momentumun korunumu için elimizde:

$$p = p_\gamma - p_{\gamma'}$$

(4-28)

şu şekilde yeniden yazılabilir:

$$(pc)^2 = \left(p_\gamma c\right)^2 + \left(p_{\gamma'} c\right)^2 - 2\left(p_\gamma c\right)\left(p_{\gamma'} c\right) \cos\theta,$$

(4-29)

ve enerjinin korunumu ilişkisiyle birleştirildiğinde ünlü Compton denklemini elde ederiz:

$$\frac{c}{f'} - \frac{c}{f} = \frac{h}{mc}(1 - \cos\theta).$$

(4-30)

Saçılan fotonların açısal dağılımı Klein-Nishina formülüyle tanımlanır:

$$\frac{d\sigma}{d\Omega} = \frac{\left(\frac{1}{2r_0}\right)[1 + \cos^2\theta]}{\left[1 + 2\varepsilon \sin^2\left(\frac{\theta}{2}\right)\right]} \left\{ 1 + \frac{4\varepsilon^2 \sin^4\left(\frac{\theta}{2}\right)}{[1 + \cos^2\theta]\left[1 + 2\varepsilon \sin^2\left(\frac{\theta}{2}\right)\right]} \right\}$$

(4-31)

**Egzersiz yapmak.** Klein-Nishina formülünü türetin.


### 4.3.3. Teorik Tartışma ve Örnekler

Şu ana kadar saçılma açıklamaları, yerçekimi veya zıt yüklere sahip Coulomb gibi çekici kuvvetlere sahip potansiyelleri içeriyordu. Ayrıca, doğası gereği Coulombic olduğu sürece (dolayısıyla diğer şeylerin yanı sıra küresel olarak simetrik), önceki analizle hemen hemen aynı sonuca sahip itici kuvvetleri de içerebilirler. Daha çeşitli karmaşık potansiyeller düşünülebilir ancak temel nitelik, asimptotik durumların ve belki de bağlı

107

durumların olmasıdır. Giden asimptotik durumlara "dağılmış" olan gelen asimptotik durumların potansiyelini büyük ölçüde belirleyebiliriz (sıfır olmayan etkileşim potansiyeli ile) veya karşılığında bu potansiyelin ne olacağına dair teorik tahminimizi doğrulayabiliriz. Burası, deneysel fiziğe bağlanan teorik fizik ile "kauçuğun yolla buluştuğu" yerdir.

Sınırsız asimptotik durumlardan veya serbest durumlardan ve bağlı durumlardan bahsederken, aynı dinamik sistem içinde var olan iki dinamik sonuçtan bahsettiğimize dikkat edin. Bunu daha önce iki zamanlı analiz bağlamında ve genel olarak pertürbatif analiz için görmüştük (pertürbatif analiz bir referans sisteminin dinamiklerini varsayar, ardından ikinci bir sistemi, pertürbasyonlu sistemi dikkate alır). İlgili etkileşimden "bağımsız" olan asimptotik durumları, bunları tespit aparatımızda yakalayarak asimptotik olarak "görebiliriz". Dolaylı olarak belirlediğimiz bağlı durumlar için aynı şey söylenemez.

Reed ve Simon'a [56] göre saçılma teorisinin cevaplamaya çalıştığı temel soruları özetleyelim (daha fazla ayrıntı için bkz. [56]). Başlamak için serbest ve bağlı durumlar için gösterimlerini benimseyelim: $\rho_+$ gelecekte asimptotik olarak serbesttir ( $t \to \infty$), $\rho_-$ geçmişte asimptotik olarak serbesttir ( $t \to -\infty$) ve $\rho$ bağlı bir durumdur. Hamiltonian formülasyonundan, Hamiltonian seçimine göre yukarıda bahsedilen durumlara etki eden bir "zaman dönüşüm operatöründen" bahsedebileceğimizi biliyoruz, burada etkileşimli/etkisiz: $\{ T_t, T_t^{(0)} \}$. Böylece asimptotik limitleri dikkate almak mümkündür:

$$\lim_{t \to -\infty}\left(T_t\rho - T_t^{(0)}\rho_-\right) = 0 \qquad \lim_{t \to \infty}\left(T_t\rho - T_t^{(0)}\rho_+\right) = 0 .$$

(4-32)

Bu sınırlar yalnızca { } çiftleri için çözümler oluştuğunda iyi tanımlanır; $\rho_-, \rho$ burada her biri için $\rho$ yalnızca bir karşılık gelen vardır $\rho_-$, aynı şekilde { $\rho_+, \rho$} için de geçerlidir. Anahtar sorular:

(1) Özgür devletler nelerdir? Hepsi deneysel olarak hazırlanabilir mi (hazırlık konusunda tamlık)?
} ve { $\rho_+, \rho$} yazışmalarında benzersizlik var mı ? $\rho_-, \rho$
(3) Saçılmada (zayıf) tamlık var mı? örneğin, tümünü $\rho_-$ üzerine eşleyin, $\rho \in \Sigma$, 'nin bu alt kümesini çağırın $\Sigma$; $\Sigma_{in}$ almak $\Sigma_{out}$ için tekrarlayın $\rho_+$, öyle mi $\Sigma_{in} = \Sigma_{out}$? Bu, zayıf asimptotik tamlık olarak bilinir [56].
(4) Yukarıdakiler göz önüne alındığında, kendisine ilişkin bir yansıtma tanımlayabiliriz $\Sigma$, öyle ki aşağıdakiler iyi tanımlanır: $\rho_- = \Omega^- \rho$ ve $\rho_+ =$

$\Omega^+\rho$, burada $\Omega^-$ ve $\Omega^+$ önyargılı eşlemelerdir. Böylece saçılmayı bir yansıtma cinsinden tanımlayabiliriz:

$$S = (\Omega^-)^{-1}\Omega^+.$$

Klasik mekanikte bu her zaman faz uzayında bir eşleşme olarak var olacaktır. Kuantum mekaniğinde S, S-matrisi olarak bilinen doğrusal üniter bir dönüşüm olacaktır.

(5) Simetriler var mı? Bazen S, simetriler nedeniyle belirlenebilir; bu, Kuantum Mekaniği bağlamında [42]'de daha ayrıntılı olarak incelenecektir.

(6) Analitik devam nedir? Gerçek teorisinin dalga olaylarını kapsayacak şekilde (kuantum teorisine geçişte olduğu gibi) yaygın bir iyileştirmesi, Gerçek teorisini analitik bir fonksiyonun sınır değeri olarak görerek karmaşık bir teoriye geçmektir. Seçime göre S-dönüşümünün analitikliği aynı zamanda nedensellik de kazandırır ([43]'te yayıcılar için Feynman'ın kontur integral tanımlarını seçmesinde olduğu gibi).

(7) Asimptotik olarak tamamlandı mı: $\Sigma_{bound} + \Sigma_{in} = \Sigma_{bound} + \Sigma_{out}$? Klasik mekanik için "+" işlemleri teorik olarak ayarlanmıştır, bu nedenle bu , olası bir sıfır ölçüm kümesi dışında (zayıf asimptotik tamlık) (yani sıfır ölçüm sorunlarının var olup olmadığı - sınır durumları kümesi olabilir) sorusuna indirgenir. $\Sigma_{in} = \Sigma_{out}$ süper sete göre sıfır ölçüsü). Kuantum teorisinde "+" Hilbert uzaylarının doğrudan toplamıdır; bu daha karmaşıktır ve burada tartışılmamıştır.

*Örnek 4.1. Klasik Çürüme.*
$m$ kütleli üç özdeş parçacığa bozunduğu A$\to$ 3B klasik bozunumunu düşünün . Kütle merkezi çerçevesinde her son parçacığın aynı enerjiye sahip olduğunu , orijinal parçacığın laboratuvarın z ekseni boyunca $\epsilon V$ hızıyla hareket ettiğini ve bozunma enerjisinin olduğunu varsayalım . Parçacıklardan biri pozitif z ekseni boyunca ortaya çıkıyorsa, diğer iki parçacık z eksenine hangi açıda çıkıyor?

*Çözüm*
Kütle merkezi çerçevesinde aynı enerjiye , yani aynı momentuma sahibiz . Böylece kütle merkezi çerçevesinde

$$\frac{1}{2}(3m)V^2 = 3\frac{1}{2}(m)V'^2 + \epsilon \;\to\; (mV') = \sqrt{m^2V^2 - \frac{2}{3}m\epsilon}$$

Ve

$$\tan\phi = \frac{|(m\vec{V}')|\sin(60°)}{|(3m\vec{V})| - |(m\vec{V}')|\cos(60°)} \qquad \sin 60° = \frac{\sqrt{3}}{2} \qquad \cos 60° = \frac{1}{2}$$

Böylece,

$$\phi = \tan^{-1}\left\{\frac{\sqrt{m^2V^2 - \frac{2}{3}m\epsilon}\frac{\sqrt{3}}{2}}{3mV - \sqrt{m^2V^2 - \frac{2}{3}m\epsilon\frac{1}{2}}}\right\}$$

$$= \tan^{-1}\left\{\frac{\sqrt{3m^2V^2 - 2m\epsilon}}{6mV - \sqrt{m^2V^2 - \frac{2}{3}m\epsilon}}\right\}$$

*Alıştırma 4.1. Klasik Çürüme.*

*Örnek 4.2. (F&W 1.14)*
Nükleer yüzeye çarpacak kesit $\sigma_r = \pi b^2$ minimum r: darbe parametresi için olduğunda, Rutherford'un nükleer yüzeyden saçıldığını düşünün $r_{min} = b$. Sistem enerjisinin asimptotik olarak giriş hızıyla $V_\infty$ basitçe ifade edildiğini hatırlayın.

$$E = \frac{1}{2}mV_\infty^2 \quad \to \quad V_\infty = \sqrt{\frac{2E}{m}}.$$

Ayrıca (korunmuş) açısal momentuma da sahibiz:
$$M_\theta = mV_\infty b = \sqrt{m2Eb}.$$
ve Coulomb potansiyeline $V_c = \frac{zZe^2}{R}$ sahip etkin potansiyel $M_\theta$:

$$U_{eff} = \frac{M_\theta^2}{2mR^2} + V_c = E \quad \to \quad \frac{m2Eb^2}{2mR^2} + V_c = E \quad \to \quad b^2 = R^2\frac{(E - V_c)}{E}$$

Böylece,
$$\sigma_r = \pi b^2 = \pi R^2(1 - V_c/E).$$

*İlgili Alıştırmalar: bkz. Fetter&Walecka [29].*

*Örnek 4.3. (F&W 1.17)*
Potansiyeli dağıtmayı düşünün
$$V(r) = \begin{cases} 0 & r > a \\ -V_0 & r < a \end{cases}$$
(1) Gösteri yörüngesi, $a$ ve $= \sqrt{(E + V_0)/E}$ yarıçaplı bir küre tarafından kırılan bir ışık ışınıyla aynıdır .
(2) Diferansiyel elastik kesiti bulun.

110

Çözüm

(1) HatırlamaF$2\pi b db = F d\sigma_d(\theta)$ and $d\Omega = 2\pi \sin\theta \, d\theta \Rightarrow \dfrac{d\sigma}{d\Omega} = \dfrac{b}{\sin\theta}\left|\left(\dfrac{db}{d\theta}\right)\right|$

Sahip: $mV_1 \sin\theta_1 = mV_2 \sin\theta_2$ve $E = \dfrac{P_1^2}{2m} + U_1 = \dfrac{P_2^2}{2m} + U_2$. Böylece:

$$\sin\theta_1 = \sin\theta_2 \sqrt{1 + \dfrac{2}{mV_1^2}V_0} \quad \rightarrow \quad \sin\theta_1 = \sqrt{(E+V_0)/E}\,\sin\theta_2$$

Bu nedenle yörünge, yarıçapı *a olan bir küre tarafından kırılan bir ışık ışınıyla aynıdır* ven $= \sqrt{(E+V_0)/E}$

$$\sin\theta_2 = \dfrac{\sin\theta_1}{\sqrt{(E+V_0)/E}}$$

Karşılık gelen sapma $\theta_1$açısı ve'dir $\theta_2$. $\theta = (\theta_1 - \theta_2)$Böylece $\theta_1 = \dfrac{\theta}{2} + \theta_2$ve o zamandan beri
$b = a \sin\theta_1$sahibiz:

$$\sin\theta_1 = \sin\left\{\dfrac{\theta}{2} + \theta_2\right\} = \sin\left(\dfrac{\theta}{2}\right)\sin\theta_2 + \cos\left(\dfrac{\theta}{2}\right)\cos\theta_2 = \dfrac{\sin\left(\frac{\theta}{2}\right)\sin\theta_1}{n} + \cos\left(\dfrac{\theta}{2}\right)\sqrt{1 - \sin^2\theta_1^2}$$

$$\sin^2\theta_1 = \dfrac{\sin^2\left(\dfrac{\theta}{2}\right)}{\left(\dfrac{1}{n} - \cos\left(\dfrac{\theta}{2}\right)\right)^2 + \sin^2\left(\dfrac{\theta}{2}\right)}$$

$$b^2 = a^2 \sin^2\theta_1 = \dfrac{a^2 n^2 \sin^2\left(\frac{\theta}{2}\right)}{+n^2\sin^2\left(\frac{\theta}{2}\right) + \left(1 - 2n\cos\left(\frac{\theta}{2}\right) + n^2\cos^2\left(\frac{\theta}{2}\right)\right)} = \dfrac{a^2 n^2 \sin^2\left(\frac{\theta}{2}\right)}{1 + n^2 - 2n\cos\left(\frac{\theta}{2}\right)}$$

$$2b\,db = a^2 n^2 \left\{ \dfrac{2\sin\left(\frac{\theta}{2}\right)\cdot\frac{1}{2}\cos\left(\frac{\theta}{2}\right)}{1 + n^2 - 2n\cos\left(\frac{\theta}{2}\right)} + \dfrac{(-1)a^2 n^2 \sin^2\left(\frac{\theta}{2}\right)\left[-2n\left(-\frac{1}{2}\sin\frac{\theta}{2}\right)\right]}{(\square)^2} \right\}$$

111

$$= \frac{a^2 n^2}{\left(1+n^2-2n\cos\left(\frac{\theta}{2}\right)\right)^2}\left\{\sin\left(\frac{\theta}{2}\right)\cos\left(\frac{\theta}{2}\right)\left(1+n^2-2n\cos\frac{\theta}{2}\right)-\right.$$

$$\left. n\sin^3\left(\frac{\theta}{2}\right)\right\}$$

Böylece,

$$\frac{d\sigma}{d\Omega} = \frac{b}{\sin\theta}\left|\frac{db}{d\theta}\right|$$

$$= \frac{a^2 n^2}{4\cos\left(\frac{\theta}{2}\right)\left(1+n^2-2n\cos\left(\frac{\theta}{2}\right)^2\right)}\left\{\cos\left(\frac{\theta}{2}\right)(1+n^2)\right.$$

$$\left. -2n+n\left(1-\cos^2\left(\frac{\theta}{2}\right)\right)\right\}$$

$$\frac{d\sigma}{d\Omega} = \frac{a^2 n^2}{4\cos\left(\frac{\theta}{2}\right)\left(1+n^2-2n\cos\left(\frac{\theta}{2}\right)\right)^2}\left\{\left(n\cos\left(\frac{\theta}{2}\right)-1\right)\left(n\right.\right.$$

$$\left.\left. -\cos\left(\frac{\theta}{2}\right)\right)\right\}$$

*İlgili Alıştırmalar: bkz. Fetter&Walecka [29].*

### *Örnek 4.4. (F&W 1.18)*

Merkezi potansiyel V(r)'den büyük darbe parametresi b'ye sahip, saçılma sırasında yalnızca hafif bir sapmanın meydana geldiği küçük bir parçacık düşünün.

(a) Küçük sapma açısını elde etmek için bir itme yaklaşımı kullanın.
Hem hem de n'nin pozitif olduğu γdurumu inceleyin $V(r) = \gamma r^{-n}$.
(c) Vakayı inceleyin $V(r) = \gamma e^{-\lambda r}$.
(d) Kuantum Mekaniğinde kesitin küçük açılı kısmı klasikten farklıdır, tartışın.

### *Çözüm*

(a) Sahip olduğumuz dürtü yaklaşımında $\theta_1 \approx \frac{P'_{1y}}{m_1 v_\infty}$veP'$_{1y} = \int_{-\infty}^{\infty} F_y\, dt = \int_{-\infty}^{\infty} -\frac{dU}{dr}\frac{y}{r}dt$

Küçük sapma varsayalım $y = b, dt = \frac{dx}{v_\infty}$:

$$\theta = \frac{b}{m_1 v_\infty^2} \int_{-\infty}^{\infty} -\frac{dU}{dr}\frac{dx}{r} = \frac{2b}{m_1 v_\infty^2}\left|\int_b^{\infty} \frac{dU}{dr}\frac{dr}{\sqrt{r^2-b^2}}\right|$$

(B) $V(r) = \gamma r^{-n}$ $\quad r > 0, n > 0$

$$\theta = \frac{2b}{m_1 v_\infty^2}\left|\int_b^{\infty} \gamma(-n)r^{-n-1}\frac{dr}{\sqrt{r^2-b^2}}\right| = \frac{2b}{m_1 v_\infty^2}n\gamma\left|\int_b^{\infty}\frac{r^{-(n-1)}dr}{\sqrt{r^2-b^2}}\right|$$

$$\theta = \frac{2b}{mv_\infty^2}\int_b^{\infty}\frac{dr}{\sqrt{r^2-b^2}}\gamma nr^{-n-1} = \frac{2b}{mv_\infty^2}\int_1^{\infty}\frac{\gamma nbdxb^{-(n+1)}x^{-(n+1)}}{b\sqrt{x^2-1}}$$

$$= \frac{2b}{mv_\infty^2 b^n}\int_1^{\infty}\frac{x^{-(n+1)}}{\sqrt{x^2-1}}dx$$

Böylece, $\theta = \frac{C}{b^n}$ $\quad C = \frac{2}{mv_\infty^2}\int_1^{\infty}\frac{x^{-(n+1)}}{\sqrt{x^2-1}}dx$.

Bu yüzden,

$$\frac{d\theta}{db} = \frac{-nC}{b^{n+1}} \quad \text{and} \quad \frac{d\sigma}{d\Omega} = \frac{1}{nC}\frac{b^{n+2}}{\sin\theta} \cong \frac{1}{nC}\frac{b^{n+2}}{\theta}$$

Böylece,

$$b^{n+2} = \left(\frac{C}{\theta}\right)^{\left(\frac{n+2}{n}\right)} \quad \text{and} \quad \frac{d\sigma}{d\Omega} = C'\theta^{-\left(2+\frac{2}{n}\right)}.$$

$\leftarrow$ Rutherford $\left(\frac{d\sigma}{d\Omega}\right)_{el} = \left(\frac{zZe^3}{4E\sin^2\frac{1}{2}\theta}\right)^2$ için : $n = 1$, $\quad \frac{d\sigma}{d\Omega} \simeq C'\theta^{-4}$

$n = 2$, $\quad \frac{d\sigma}{d\Omega} \simeq C'\theta^{-3} \leftarrow \left(\frac{d\sigma}{d\Omega}\right)_{el} = \frac{\gamma\pi^2}{E\sin\theta}\frac{\pi-\theta}{\theta^2(2\pi-\theta)^2}$

İyi tanımlanabilmesi $\int \frac{d\sigma}{d\Omega}d\Omega < \infty$ için : $\sigma_T$. İşte elimizde:

$$\int_0^{\theta} C'\theta^{-\left(2+\frac{2}{n}\right)}d\Omega \sim \int_0^{\theta} C'\theta^{-\left(2+\frac{2}{n}\right)}\theta d\theta \sim \theta^{-\frac{2}{n}}\Big|_0^{\theta} = \infty \text{ for } n > 0$$

Yani kesit yalnızca n<0 ise iyi tanımlanmıştır.

113

(c) Aşağıdakilere sahip olmak:$V(r) = \gamma e^{-\lambda r}$     $r = bx$

$$\theta = \frac{2b}{m_1 v_\infty^2} \left| \int_b^\infty -\frac{\gamma\lambda e^{-\lambda r} dr}{\sqrt{r^2 - b^2}} \right| = b^2 \left(\frac{\lambda 2\lambda}{m_1 v_\infty^2}\right) \int_1^\infty \frac{x e^{-\lambda b x} dx}{\sqrt{x^2 - 1}}$$

Yalnızca $x \approx 1$ katkıda bulunmayı düşünün$b\lambda \gg 1$

$$\theta = \gamma b\lambda \left(\frac{2}{m_1 v_\infty^2}\right) \int_1^\infty \frac{e^{-\lambda b}\, e^{-\lambda b \epsilon}}{\sqrt{2}\,\sqrt{\epsilon}} d\epsilon = \gamma b e^{-\lambda b} K \qquad K$$

$$= \left(\frac{\sqrt{2}\lambda}{m_1 v_\infty^2}\right) \int_1^\infty \frac{e^{-\lambda b \epsilon}}{\sqrt{\epsilon}} d\epsilon$$

Böylece,

$$\theta = \gamma \sqrt{\frac{\pi b}{\lambda}} e^{-\lambda b} \left(\frac{\lambda}{m_1 v_\infty^2}\right).$$

O zamandan beri

$$\log\theta \approx -\lambda b \;\rightarrow\; b \sim \lambda^{-1} \log\left(\frac{1}{\theta}\right) \;\rightarrow\; \frac{d\sigma}{d\Omega} \sim \frac{b}{\theta} \frac{db}{d\theta}$$

Bu nedenle $\sigma_\tau$ iyi tanımlanmamıştır çünkü$\int_0^x \frac{dx}{x\log x} = \log(\log x)\big|_{x\to\infty} \to \infty$

(d) Klasik olarak: sonlu b için sıfır açılı saçılma yoktur; Kuantum Mekaniği sıfır açılı saçılma için sonlu olasılık yoğunluğuna sahiptir.

*İlgili Alıştırmalar: bkz. Fetter&Walecka [29].*

114

# Bölüm 5. Toplu Hareket

Şimdi, katı cisimler ve basit maddi cisimler gibi idealleştirilmiş durumlar için kolektif harekete kısaca değinilecek ve maddi cisimleri içeren fenomenolojik tartışma kısmen Bölüm 8 Fenomenoloji ve Boyutsal Analiz'e bırakılacaktır. Bu kısa inceleme Sert Cisim hareketi ile başlıyor.

## 5.1 Katı Cisim Hareketi

Rijit bir cisim için tüm iç yükler net sıfırdır. Eğer rijit bir cismin geometrisi statik ise, uygulanan kuvvetler, net kuvvetler ve burulmaların net sıfır olacağı şekilde rijit cisim boyunca dengelenmeli ve iletilmelidir. Vücudun herhangi bir pozisyonundaki net kuvvetleri ve kuvvet momentlerini altı skaler denge denklemine göre değerlendirebiliriz:

$$\sum F_x = 0, \sum F_y = 0, \sum F_z = 0, \sum M_x = 0, \sum M_y = 0, \sum M_z = 0.$$
(5-1)

burada Niç eksenel yük ve Akesit alanıdır) ve ortalama kayma geriliminden bir a'ya kadar konuşmak mümkündür. $\sigma = N/A$kesit yüzeyi ( $\tau_{avg} = S/A$burada Skesite etki eden kesme kuvvetidir A). Bu Statik sorunların bazıları üzerinde çalışmak ve bunların uygulamalarını görmek için Hibbeler'in [59,60] bazı klasik problemlerini ele alalım.

### Örnek 5.1. (Hibbeler 1-12)

Bir kiriş, sol ucu duvara monte edilmiş bir pimde (A noktası) olacak şekilde yatay olarak tutulmaktadır. Kiriş boyunca soldan sağa doğru ilerleyerek şu şekilde etiketlenmiş noktalara sahibiz: A'nın 1 ft sağında D noktası vardır, başka bir 2 ft ve B noktası, başka bir 1 ft ve E noktası, başka bir 2 ft ve G noktası ve başka bir 1 ft uzakta dikeyden 30 derece dışarıya (sağa) doğru bir kablo bağlantısı nedeniyle yükün belirtildiği uca ulaşın. B noktasında, duvara doğru yukarıya doğru yönlendirilen ve duvarla 3-4-5 üçgeni oluşturan bir destek kirişi vardır (üst pim montajı C olarak etiketlenmiştir), burada 3, A'dan B'ye 3 ft'ye karşılık gelir. Kablo üzerindeki yük 150 lb'dir. Ayrıca B noktası ile kirişin ucu arasında düzgün bir dağıtılmış yük vardır 75 lb/ft. Çapraz destek kirişi boyunca, C noktasındaki destek piminden 1 ft aşağıda, F etiketli bir dahili ışın noktası bulunur.

"Montaj üzerindeki F ve G noktalarındaki kesitlerdeki bileşke iç yükleri belirleyin."

, F'deki iç yükün önemsiz bir şekilde elde edilebileceği eksenel kiriş kuvvetini çözmemize olanak sağlayacaktır . $F_{CB}$G'deki iç yüklemeyi elde etmek için başka bir basit serbest cisim analizi için G'nin kesitindeki bir serbest cisim için yapılan bir kesik (kesitleme) sağ tarafa alınır. İlk olarak $F_{CB}$:

$$\sum M_A = 0 \rightarrow 3(0.8)F_{BC} - 5(300) - 7(150)(0.5)\sqrt{3} = 0 \rightarrow F_{BC}$$
$$= 1,003.9 \text{ lb}.$$

Bundan F'deki iç yüke ihtiyacımız var:

$$N_F = F_{BC} = 1,003.9 \text{ lb}, \quad S_F = 0, \quad \text{and} \quad M_F = 0.$$

Şimdi kesimin sağ tarafındaki gövdeden oluşan serbest gövde bölümü (detaylar için [59,60]'a bakınız) yoluyla G'deki iç yüklemeyi ele alalım:

$$\sum M_G = 0 \rightarrow M_G - (0.5)(75) - (1)(150)(0.5)\sqrt{3} = 0 \rightarrow M_G$$
$$= 167.4 \text{ft lb}.$$

$$\sum F_x = 0 \rightarrow N_G + 150(0.5) = 0 \rightarrow N_G = -75 \text{lb}.$$

$$\sum F_y = 0 \rightarrow V_G - 75 - 150(0.5)\sqrt{3} = 0 \rightarrow N_G = 205 \text{lb}$$

*Alıştırma 5.1.* *150 lb ile yeniden yap* →*250 lb.*

### Örnek 5.2. Hibbeler (1-66)

Bir "çerçeve", dikey bir duvar ve iki kirişin bir araya gelerek 3-4-5 üçgeni oluşturmasıyla oluşturulur (hipotenüs yukarı doğru, yani kiriş basınç altında değil, gerilim altındadır). Kirişler arasındaki bağlantı gibi duvar montaj parçaları da menteşeli pimlerdir. Duvar montaj parçaları arasındaki mesafe (dikey uzunluk) 2 m'dir ve yatay kirişin uzunluğu 1,5 m'dir. Alttaki duvara montaj noktası A noktası, üstteki B noktası olarak etiketlenmiştir ve kirişlerin bağlantı noktası C noktasıdır. Dolayısıyla Hipotenüs BC uzunluğudur. C noktasında bir P yükü dikey olarak aşağıya doğru gösterilmektedir. BC kirişinin dikey olarak kesilmesi, "aa" etiketli bir kesit kesimi ile gösterilir.

ve $\tau = 60$MPa'yi aşmasına neden olmadan çerçeveye uygulanabilecek $\sigma = 150$MPaen büyük **P yükünü belirleyin** . CB elemanının her iki yanında 25 mm'lik kare kesiti vardır.

**P** cinsinden elde edilecek yatay kirişi serbest bir cisim olarak ele alarak başlayalım $F_{BC}$:

$$\sum M_A = 0 \rightarrow 0.8F_{BC} = P.$$

Söz konusu kesit kirişin eksenine dik değildir, dolayısıyla normal kuvvetin ve (sıfır olmayan) kesme kuvvetinin buna göre düzeltilmesi gerekir:

$$N_{aa} = 0.6F_{BC} = 0.75P \quad \text{and} \quad S_{aa} = 0.8F_{BC} = P.$$

Kesit alanı: $A_{aa} = A/\cos\theta = (5/3)A$. Dolayısıyla belirtilen aa kesitindeki normal gerilim, belirtilen gerilim sınırında maksimumdur:

$$\sigma = \frac{N_{aa}}{A_{aa}} = 150\text{MPa} \to P_{max} = 208\text{kN}.$$

(5-3)

Normal gerilmeye göre alınabilecek maksimum yük P ile sınırlıdır $P_{max} = 208\text{kN}$.
aa'da belirtilen kayma gerilimi en fazla 60MPa olabilir ve buradan hesaplıyoruz:

$$\tau = \frac{S_{aa}}{A_{aa}} = 60\text{MPa} \to P_{max} = 22.5\text{kN}.$$

(5-4)

Kayma gerilimine göre alınabilecek maksimum yük P $P_{max} = 22.5\text{kN}$, ile sınırlandırılmıştır ve bu sınıra daha erken ulaşıldığı için P'de mümkün olan maksimum yük 22,5kN'dir (kesme kırılmasını önlemek için).


Katı cisimlerle ilgili bazı dinamik durumları ele alalım (birkaçından daha önce bahsedilmişti, ancak ideelleştirilmiş kütlesiz çubuklarla).

*Alıştırma 5.2. ile yeniden yapın* $\sigma = 250\text{MPa}$.


### Örnek 5.3. Duvara yaslanmış bir tahta .

Duvara yaslanan bir tahta problemini ele alalım. Tahta $\theta_0$ başlangıçta zeminle bir açı yapıyorsa ve tahta zemin boyunca serbestçe kayıyorsa (sürtünme yok), hareketi nedir? Tahta duvarla temasını ne zaman bırakıyor? Tahta zeminle temasını ne zaman bırakıyor? Bu, uzunluk ve kütleye Msahip tahta ile [29]'un 85. sayfasındaki problem 3.18'e benzer L.

Başlangıç olarak, (düzgün) bir kalasın kendi kütle merkezine göre eylemsizlik momentinin $I = \frac{1}{12}ML^2$. Kinetik enerji terimi kütle merkezinin doğrusal hareketi ve bu merkez etrafındaki dönüş cinsinden verilebilir:

$$T = \frac{1}{2}M(\dot{x}^2 + \dot{y}^2) + \frac{1}{2}I\dot{\theta}^2,$$

burada kütle merkezinin (x, y) koordinatları $\theta$ ve $y = \frac{L}{2}\sin\theta$ ile ilişkilidir $x = \frac{L}{2}\cos\theta$ (duvarla teması korurken). Potansiyel enerji basitçe: $V = Mgy$. Lagrangian şu şekildedir:

$$L = \frac{1}{2}M(\dot{x}^2 + \dot{y}^2) + \frac{1}{2}I\dot{\theta}^2 - Mgy \;\rightarrow\; L$$
$$= \frac{1}{2}M\left(\frac{L}{2}\right)^2\dot{\theta}^2 + \frac{1}{2}I\dot{\theta}^2 - Mg\frac{L}{2}\sin\theta$$

İkincisi için (kısıtlanmış form) Euler-Lagrange (EL) denklemi şunu verir:

$$\dot{\theta}^2 = \frac{3g}{l}(\sin\theta_0 - \sin\theta).$$

Temas kısıtlamalarıyla ilgilendiğimiz için (ve başarısız olduklarında), ilk forma dönelim ve kısıtlamalar için Lagrange çarpanlarını ekleyelim:

$$L(\lambda,\tau) = \frac{1}{2}M(\dot{x}^2 + \dot{y}^2) + \frac{1}{2}I\dot{\theta}^2 - Mgy + \tau\left(x - \frac{L}{2}\cos\theta\right)$$
$$+ \lambda\left(y - \frac{L}{2}\sin\theta\right).$$

Kütle merkezinin (x, y) koordinatları için hareket denklemleri ve $(\lambda,\tau)$ x-kısıtı için Lagrange çarpanları şöyledir:

$$M\ddot{x} - \tau = 0 \quad\rightarrow\quad \tau = -\frac{ML}{2}\left(\cos\theta\,\dot{\theta}^2 + \sin\theta\,\ddot{\theta}\right)$$
$$= \frac{3gM}{2}\cos\theta\left(\frac{3}{2}\sin\theta - \sin\theta_0\right)$$

çarpan şu $\tau$ durumlarda sıfıra gider:

$$\frac{3}{2}\sin\theta_C - \sin\theta_0 = 0 \;.$$

Böylece, temas noktası yükseklikte olduğunda tahta duvardan ayrılır:

$$Y = 2y = 2\left(\frac{L}{2}\right)\sin\theta_C = \frac{2}{3}L\sin\theta_0.$$

Merdiven duvardan ayrıldığı anda x koordinatı serbesttir ve şuna sahiptir:

$$x = \frac{L}{2}\sqrt{1 - \left(\frac{2}{3}\right)^2\sin^2\theta_0} \quad\text{and}\quad \dot{x} = -\frac{\sqrt{gL}}{3}(\sin\theta_0)^{\frac{3}{2}} \quad\text{and}\quad \ddot{x} = 0$$

Şimdi tahtanın duvardan ayrılmasından önceki ve sonraki y kısıtını inceleyelim:

$$M\ddot{y} + Mg - \lambda = 0 \quad \rightarrow \quad \lambda = \frac{ML}{2}\left(-\sin\theta\,\dot{\theta}^2 + \cos\theta\,\ddot{\theta}\right) + Mg$$

Tahta duvardan ayrılmadan önce elimizde $\dot{\theta}^2 = \frac{3g}{L}(\sin\theta_0 - \sin\theta)$ve $\ddot{\theta} = -\frac{3g}{2L}\cos\theta$bunun için $\lambda > 0$her zaman. Tahta duvardan ayrıldıktan sonra elimizde $\dot{\theta}^2 = \frac{g}{L}\sin\theta_0$ve $\ddot{\theta} = 0$bunun için $\lambda > 0$her zaman. Böylece $\lambda$hiçbir zaman sıfıra gitmez ve tahta asla zemini terk etmez; yukarıdaki x-hareketiyle benzer şekilde ifade edilen hareket hareketi ile.

*Alıştırma 5.3.* Merdivenin orta noktasında M kütleli bir işçinin bulunduğunu varsayalım, analizi tekrarlayın.

*Örnek 5.4. Sabit açılı, içinde bilya bulunan döner boru.*
Kendisiyle sabit bir açı oluşturan dikey bir eksen etrafında $\alpha$sabit açısal hızla dönen bir boru düşünün . $\omega$Borunun içinde sürtünme olmadan serbestçe kayan m kütleli bir top bulunmaktadır. Küresel koordinatları kullanarak t=0 anında topun konumu r = ave olsun $\frac{dr}{dt} = 0$. Tüm ilgi çekici zamanlarda top borunun üst kısmında kalır. (a) Lagrange'ı bulun; (b) Hareket denklemlerini bulun; (c) Hareketin sabitlerini bulun; (d) t'yi r'nin integral formundaki bir fonksiyonu olarak bulun.

*Çözüm*
(a) Topun hareketinin Lagrangianı şu şekilde verilir:

$$L = \frac{1}{2}m\left(\frac{ds}{dt}\right)^2 - mgr\cos\alpha$$

nerede, küresel koordinatlar için: $ds^2 = dr^2 + r^2(d\theta^2 + \sin^2\theta\,d\varphi^2)$.Böylece,

$$L = \frac{1}{2}m\left(\dot{r}^2 + r^2(\dot{\theta}^2 + \sin^2\theta\,\dot{\varphi}^2)\right) - mgr\cos\alpha, \quad \text{with} \quad \theta = \alpha, \quad \dot{\varphi} = \omega$$

ve şunu elde ederiz:

$$L = \frac{1}{2}m(\dot{r}^2 + r^2\sin^2\alpha\omega^2) - mgr\cos\alpha$$

(b) Sabit dönme frekansı ve belirtilen sapma açısı için r'nin hareket denklemi:

$$m\ddot{r} - mr\sin^2\alpha\omega^2 + mg\cos\alpha = 0 \rightarrow \quad \frac{d}{dt}\left\{\frac{1}{2}\dot{r}^2 - \frac{1}{2}r^2\sin^2\alpha\omega^2 + rg\cos\alpha\right\} = 0.$$

(c) Hareketin sabiti böylece

$$\dot{r}^2 - r^2\sin^2\alpha\omega^2 + r2g\cos\alpha = const$$

r =a ve $\frac{dr}{dt}$ = 0başlatmadan elimizde

$$const = 2\alpha g\cos\alpha - (a\omega\sin a)^2.$$

(d) Yazabiliriz

$$\left(\frac{dr}{dt}\right)^2 = \dot{r}^2 = 2g\cos\alpha(a - r) + (\omega\sin\alpha)^2(r^2 - a^2)$$

veya integral forma geçiş:

$$dt = \frac{dr}{\sqrt{2g\cos\alpha(a - r) + (\omega\sin\alpha)^2(r^2 - a^2)}}$$

Böylece,

$$t = \int \frac{dr}{\sqrt{2g\cos\alpha(a - r) + (\omega\sin\alpha)^2(r^2 - a^2)}}.$$

***Alıştırma 5.4.*** *İçinde bilye bulunan döner paraboloit kavisli bir boru için analizi tekrarlayın.*

## 5.2 Malzeme Gövdeleri

Şu ana kadar stresin bir alan ( ) üzerindeki Kuvvet olarak nasıl hesaplanacağını gördük $\sigma = F/A$. İdealleştirilmemiş cisimlerde (katı cisimler gibi), yani maddi cisimlerde, bu gerilime karşı bir tepki, bir deformasyon olacaktır. Bu deformasyonu ölçmek için gerilimi tanımlayalım:

$$\epsilon = \frac{\Delta L}{L}.$$

(5-5)

Uygulanan normal gerilme ile sonuçta ortaya çıkan gerinim deformasyonu arasındaki ilişki Hooke Yasası ile verilmektedir:

$$\sigma = Y\epsilon,$$

(5-6)

burada Y, Young modülü olarak bilinen, söz konusu malzemeye uygun bir sabittir. Buradan gerinim enerjisi yoğunluğunu hesaplayabiliriz: u = $\sigma\epsilon/2$. Kesme gerilimi için de benzer ilişkiler mevcuttur. Sabit bir yük ve

kesit alanı düşünürsek, uygulanan (normal) kuvvet için uzunluktaki
değişime ilişkin bir ilişki elde etmek üzere denklemleri gruplandırabiliriz:

$$\delta = \frac{FL}{AY}.$$

(5-7)

Farklı alan kesitlerine vb. sahip bağlantılı bölümler varsa, bunların $\delta$"leri
toplanır.

Son olarak, malzeme gövdelerine bu kısa genel bakış için, termal gerilimi
hesaba katmaktır (termal etkilerin çoğu [44]'e kadar tartışılmamıştır).
Maddi cisimlerin sıcaklık değişimi altında genişlediği veya büzüldüğü iyi
bilinmektedir. Bu, aşağıdakilerle açıklanmaktadır:

$$\delta_T = \alpha \Delta TL,$$

(5-8)

termal genleşmenin doğrusal katsayısı nerede .$\alpha$

*Örnek 5.5. Hibbeler (3-8)*
ve w'nin tamamı boyunca dağıtılmış bir yük ile yatay olarak tutulmaktadır
. 10ftBir ucunda (duvara monte edilmiş) menteşeli bir pim ve diğer
ucunda yatayla 30 derecelik bir gergi teli desteği ile tutulur.

"Sert kiriş, C'deki bir pim ve bir A-36 gergi teli AB ile destekleniyor.
Telin çapı 0,2 inç ise, B ucu 0,75 inç kaydırıldığında dağıtılan w yükünü
belirleyin. aşağı doğru."

Öncelikle gergi telindeki gerilimi hesaplamamız ve buna göre hangi
yükün mevcut olduğunu belirlememiz gerekir. Orijinal AB uzunluğu
11.547 ft'dir. Gergi telinin gerilmiş uzunluğu 11.578 ft'dir, dolayısıyla
gerilim $\epsilon = 0.00269$. A-36 gergi teli için Young modülü şudur
$29x10^3$ksi:

$$\frac{F}{A} = Y\epsilon \;\; \rightarrow \;\; F = 2.45\text{kip} \;\; \rightarrow \;\; w = \frac{0.245\text{kip}}{\text{ft}}.$$

*Alıştırma 5.5.* Tel çapı 0,3 inç için tekrar yapın ve B ucunun yer
değiştirmesi AB uzunluğu boyunca 1,0 inçtir.

*Örnek 5.6. Hibbeler (4-70)*
Bir çubuk, duvar ile çubuğun uçları arasına, her iki ucundaki iki (özdeş)
yay kullanılarak iki duvar arasına yatay olarak monte edilir.

"Çubuk A992 çeliğinden [ ] yapılmıştır $\alpha = 6.6 \times 10^{-6}/°F$ ve çapı 0,25 inçtir. Yaylar [ k = 1000lb/in] 0,5 inç sıkıştırıldığında çubuğun uzunluğu 4 ft ise ve çubuğun sıcaklığı ise T = 40°F, çubuktaki kuvveti belirleyin. sıcaklık T = 160°F."

İtibaren $\delta_T = \alpha\Delta TL \rightarrow \delta_T = 3.168 \times 10^{-3}$ft. Birlikte hareket eden iki yay ile her iki tarafta içeriye doğru etki eden kuvvete sahibiz:

$$F = k\left(\frac{\delta_T}{2}\right) = 19 \text{ lb.}$$

*Alıştırma 5.6.* 0,75 inç yay sıkıştırması için tekrarlayın .T = 360°F

## 5.3 Hidrostatik ve Sabit Akışkan Akışı

*Özel Göreliliğin İpuçları: Fizeau, Göreli Doppler Etkisi ve Bondi K-hesabı*

EM'yi tanımlamak için alan teorisine gidildiğinde Özel Görelilik ortaya çıkar. Tutarlılık adına Özel Göreliliğin varlığına dair ipuçları, ışıkla yapılan ilk ilkel deneylerde görülüyordu, ancak önemi o zamanlar anlaşılamamıştı.

, (laboratuvara göre) bir hızla hareket eden sudaki ışığın hızının şu şekilde ifade edilebileceğini buldu :v

$$u = \frac{c}{n} + kv,$$

(5-9)

burada "sürükleme katsayısı" olarak ölçüldü k = 0.44. Lorentz hız bağımlılığı tarafından tahmin edilen k değeri:

$$x = \frac{x' + vt'}{\sqrt{1 - \frac{v^2}{c^2}}} \rightarrow u_x = \frac{dx' + vdt'}{dt' + \frac{v}{c^2}dx'} = \frac{u_x' + v}{1 + \frac{v}{c^2}u_x'}$$

(5-10)

Işığı bir parçacık gibi ele alan laboratuvar gözlemcisi onun hızının şu şekilde olduğunu bulacaktır:

$$u_x = \frac{c/n + v}{1 + \frac{v}{c^2}\frac{c}{n}} \cong \frac{c}{n} + \left(1 - \frac{1}{n^2}\right)v.$$

122

Su $n \cong 4/3$şuna sahiptir:

$$u_x \cong \frac{c}{n} + (0.44)v,$$

dolayısıyla 1851'de yapılan deneyle aynı fikirdeyiz.

# Bölüm 6. Legendre Dönüşümü ve Hamiltoniyen

Hamilton formülasyonunu elde etmek için Lagrange ile başlayalım ve Legendre dönüşümünü gerçekleştirelim:

$$dL = \sum_i \frac{\partial L}{\partial q_i} dq_i + \frac{\partial L}{\partial \dot{q}_i} d\dot{q}_i$$

ve Lagrange denklemlerinin $F_i = \dot{p}_i = \frac{\partial L}{\partial q_i}$ yerine ilişkiyi koyarsak : $p_i = \frac{\partial L}{\partial \dot{q}_i}$,

$$dL = \sum_i \dot{p}_i dq_i + p_i d\dot{q}_i.$$

Yeniden gruplandırarak sistemin Hamiltoniyenine ulaşırız (daha önce sistem korunursa enerji olarak görülüyordu):

$$dH = d\left( \sum_i p_i \dot{q}_i - L \right) = -\sum_i \dot{p}_i dq_i + \dot{q}_i dp_i,$$

$$(6\text{-}1)$$

bu şunu gösterir, $\dot{p}_i = -\frac{\partial H}{\partial q_i}$, ve $\dot{q}_i = \frac{\partial H}{\partial p_i}$.

Şimdi Hamiltonyen'in toplam zaman türevini düşünün:

$$\frac{dH}{dt} = \frac{\partial H}{\partial t} + \sum_i \frac{\partial H}{\partial q_i} \dot{q}_i + \frac{\partial H}{\partial p_i} \dot{p}_i = \frac{\partial H}{\partial t}$$

$$(6\text{-}2)$$

ve eğer H açıkça zamana bağlı değilse $\frac{dH}{dt} = 0$, H = Esabit olarak Esistemin korunan enerjisini elde ederiz.

## 6.1 Alanı Koruyan Haritalamalar

, faz uzayında ' den 'ye $(q_1, p_1)$ giden genelleştirilmiş koordinatlar cinsinden ele alalım :$(q_0, p_0)$

$$q_1 = q_0 + \delta t \dot{q}|_{q=q_0} + O(\delta t^2) = q_0 + \delta t \frac{\partial H(q_0, p_0, t)}{\partial p_0} + O(\delta t^2)$$

$$p_1 = p_0 + \delta t \dot{p}|_{p=p_0} + O(\delta t^2) = p_0 - \delta t \frac{\partial H(q_0, p_0, t)}{\partial q_0} + O(\delta t^2)$$

Koordinat dönüşümü olarak bakıldığında Jacobian şöyledir:

$$\frac{\partial(q_1, p_1)}{\partial(q_0, p_0)} = \begin{vmatrix} \dfrac{\partial q_1}{\partial q_0} & \dfrac{\partial p_1}{\partial q_0} \\ \dfrac{\partial q_1}{\partial p_0} & \dfrac{\partial p_1}{\partial p_0} \end{vmatrix} = 1 + O(\delta t^2).$$

(6-3)

Sonsuz küçük sıfıra alındığında, Hamilton denklemlerini karşılayan herhangi bir akışın alanı koruyan (Jacobian=1) olduğunu görüyoruz. Bunun tersi de doğrudur; eğer faz uzayı haritalaması veya akışın altındaki kapalı bir bölgedeki akış alanı koruyorsa, o zaman akış Hamilton denklemlerini karşılar.

## 6.2 Hamiltoniyenler ve Faz Haritaları

Hamiltoniyen korunduğu için faz uzayında sabit eğriler boyunca hareket içerir H = E. Bir Hamilton sisteminin faz diyagramı bu nedenle, bir kontur haritası gibi sabit H konturlarından oluşur. Önceden,

$$L = \frac{1}{2} m \, \dot{q}^2 - U(q) \longrightarrow E = \frac{1}{2} m \, \dot{q}^2 + U(q)$$

(6-4)

kullanarak,

$$H = \sum_i p_i \dot{q}_i - L, \text{with } p_i = \frac{\partial L}{\partial \dot{q}_i}$$

(6-5)

Şimdi sahip olun:

$$H(p, q) = \frac{p^2}{2m} + U(q).$$

(6-6)

Hamiltoniyenin konturları veya seviye eğrileri, sabit noktalar gibi değişmez kümelerdir. Hamiltonyen'in gradyanı sıfır olduğunda faz uzayındaki sabit noktalar meydana gelir: $\nabla H = 0$, i. e. $\partial H / \partial q = 0$, ve $\partial H / \partial p = 0$. Sistem sabit bir noktada dengededir, bu nedenle bu noktaların ve ilgili çekicilerin ve limit döngülerinin tanımlanması, sistem dinamiğinin ve asimptotik davranışın anlaşılması açısından ilgi çekici olacaktır (hepsi tartışılacaktır).

Aşağıda yer alan 1-4 arası durumlar, belirtildiği gibi kararlılıkla birlikte sıradan diferansiyel denklemlerin örneklerini açıklamaktadır. Bu çizgiler boyunca yerel olarak tam bir analiz , çeşitli stabilite türlerini ve genel

126

kriterleri [31] ortaya çıkarır ve bundan sonraki bölümde tartışılır. Eğer tamamen küresel bir ayrılabilirlik elde edilebiliyorsa, bu en açık şekilde Hamilton-Jacobi formalizminde görülür (ayrıca daha sonraki bir bölümde ele alınmıştır).

İkinci dereceden otonom sistemlerin [28] doğrultusundaki analiziyle başlayalım. Bu, birçok ilgi çekici sistemi ve ayrıca herhangi bir sistem için doğrusallaştırılmış (yerel) yaklaşımı kapsar. Sistemi, r(t)N serbestlik derecesi varsa 2N bileşenli, $\dot{r}(t) = v(t)$birinci dereceden bir vektör diferansiyel denklemi olan ilişkili bir "faz hızı" ile gerçek bir vektör aracılığıyla tanımlayarak başlıyoruz. Sıra, birleştirilmiş birinci dereceden denklemlerin minimum sayısı olarak tanımlanır, burada 2N.

"faz portresi" veya "faz diyagramı" cinsinden açıklanabilir .
$\{r(t), v(t)\}$Bu, I-VI durumlarında analiz edilen özel durumların böyle bir niteliksel analizdeki yapı taşlarının anlaşılmasını sağladığı bir sistemin özelliklerinin niteliksel analizine olanak tanır.

dereceli durumlar U(q)için faz uzayı haritalarını ele alalım q, daha sonra bu özel durumlardan inşa yoluyla elde edilen genel bir potansiyel sınıfını tanımlayalım. Başlamak için şunları düşünün U(q) = aq:

***Örnek 6.1. Dava 1*** . $U(q) = aq$. Düzgün Kuvvet Alanı. $aq = E - \frac{p^2}{2m}$:
Bunu hatırlayın $\dot{p}_i = -\frac{\partial H}{\partial q_i}$ve $\dot{q}_i = \frac{\partial H}{\partial p_i}$varsayalım p = 0ki $t_0$ve $q_0$:

$$H(p, q) = \frac{p^2}{2m} + aq \rightarrow \dot{p}_\square = -a \quad \dot{q}_\square = \frac{p}{m}$$
Birinci dereceden denklemlerin integrali:
$$p = -a(t - t_0) \quad q = q_0 - \frac{a}{2m}(t - t_0)^2.$$

***Alıştırma 6.1.*** Potansiyelli Hamiltonyen için faz uzayı haritasını U(q) = aq(ve potansiyel grafiğini) gösterin. Sabit noktaların olmadığını gösterin.

***Örnek 6.2. Durum 2*** . $U(q) = +\frac{1}{2}aq^2$. Doğrusal Osilatör. $\frac{1}{2}aq^2 + \frac{p^2}{2m} = E$(faz uzayındaki daireler/elipsler):

$$H(p, q) = \frac{p^2}{2m} + \frac{1}{2}aq^2 \rightarrow \dot{p}_\square = -aq \quad \text{and} \quad \dot{q}_\square = \frac{p}{m}$$
Ortaya çıkan ikinci dereceden hareket denklemi şöyledir:
$$\ddot{q} = -\frac{a}{m}q = -\omega^2 q \rightarrow q = A\cos(\omega t + \delta) \rightarrow p = -m\omega A\sin(\omega t + \delta).$$

ve $E = \frac{1}{2}mA^2\omega^2$ile klasik basit harmonik harekettir $T = 2\pi/\omega$.

*Alıştırma 6.2.* Potansiyelli Hamiltonyen için faz uzayı haritasını gösterin $U(q) = +\frac{1}{2}aq^2$(potansiyel grafiğiyle birlikte). Seviye eğrilerinin elips olduğunu ve q=0, p=0'da eliptik bir sabit noktanın olduğunu gösterin.

*Örnek 6.3. Durum 3.* $U(q) = -\frac{1}{2}aq^2$. Doğrusal İtici Kuvvet (İkinci Dereceden Potansiyel Bariyer).

$$H(p,q) = \frac{p^2}{2m} - \frac{1}{2}aq^2 \rightarrow \dot{p}_\square = aq \qquad \dot{q}_\square = \frac{p}{m}$$

Ortaya çıkan ikinci dereceden hareket denklemi şöyledir:

$$\ddot{q} = \frac{a}{m}q = \gamma^2 q \rightarrow q = Ae^{\gamma t} + Be^{-\gamma t} \rightarrow p = m\gamma Ae^{\gamma t} - m\gamma Be^{-\gamma t}, \text{and } E$$
$$= -2m\gamma^2 AB.$$

Şu ana kadar sabit noktası olmayan, eliptik bir sabit noktası ve hiperbolik bir sabit noktası olan bir durum gördük. Bunlar ilgilenilen ana kategorilerden bazılarıdır, ancak tamamlamak için $r(t) = (q(t), p(t))$birinci dereceden vektör diferansiyel hareket denklemini karşılayan, zamanın vektör fonksiyonuyla tanımlanan bir sistemi ele alalım:

$$\frac{dr(t)}{dt} = \big(\dot{q}(t), \dot{p}(t)\big) = v(q, p, t)$$

olarak bilinen $v(q, p, t) = 0$bir nokta $(q, p)$, dengedeki sistemi temsil eder. Eğer $t \rightarrow \infty$sahip olduğumuz gibi $r(t) \rightarrow r_0$ise buna $r_0$çekici denir. Güçlü bir çekici, çekici noktasının herhangi bir mahallesindeki herhangi bir faz yörüngesi, $r_0$yörüngenin çekiciye bağlanmasına (asimptolaşmasına) neden olduğunda ortaya çıkar.

Değişkenlerin adi diferansiyel denklemler teorisinden [32] ve kararlılıktan [31] ayrılması genellikle mümkündür ve bu bölümün geri kalanında (kararlı noktaları olan veya olmayan) akış türlerini kategorize etmek için kullanılacaktır. [28]'in satırları). Ayrılabilirlik ile ilgili daha fazla tartışma, Hamilton-Jacobi denkleminin tartışıldığı daha sonraki bir bölümde yer alacaktır [27].

*Alıştırma 6.3.* Potansiyelli Hamiltonyen için faz uzayı haritasını gösterin $U(q) = -\frac{1}{2}aq^2$. Düzey eğrilerinin hiperbol olduğunu veya dejenere

128

durumdaysa düz çizgiler olduğunu gösterin (ayırıcıyı gösterin). p=0, q=0'da (hiperbolik ve açıkça kararsız) sabit bir nokta olduğunu gösterin.

***Örnek 6.4. Durum 4*** . U(q) = cubic. Kübik Potansiyel Bariyeri, durum 1-3'ten oluşturulan faz uzayı çözümü:

***Alıştırma 6.4.*** Potansiyelli Hamiltonyen için faz uzayı haritasını gösterin $U(q)$ = cubic(potansiyel grafiğiyle birlikte).

***Örnek 6.5.*** Hamiltonyeni düşünün: $H = a|p| + b|q|$, tüm tutarlı çözümleri tanımlayın.

1. $^{durum}$ , $a > 0, b > 0$

Çeyrekler:    I:$H_I = ap + bq$
II:$H_{II} = ap - bq$
III:$H_{III} = ap - bq$
IV:$H_{IV} = ap + bq$

Dinamikleri elde etmek için Hamilton denklemlerini kullanın:

I. Kareyi ele alalım: $\dot{q} = a, \dot{p} = -b$ yani $q = at + a_0, p = -bt + b_0$. Yani $q = at, p = -bt + \frac{H}{a}$ bu akışı sağlar.

2. $^{durum}$ , $a < 0, b < 0$

Çeyrekler:    $H_I = -ap - bq$
$H_{II} = -ap + bq$
$H_{III} = ap + bq$
$H_{IV} = ap - bq$

$H \leq 0$ tek tutarlı çözümdür $a < 0, b < 0$.

3. $^{durum}$ , $a > 0, b < 0$

$H_I = ap - bq$ $\qquad\qquad \frac{dp}{dq} = b/a , q = 0, p = \frac{H}{a}$

$H_{II} = ap + bq$ $\qquad \dot{q} = a, \dot{p} = b$

$H_{III} = -ap + bq$ $\qquad\qquad q = at, p = bt + \frac{H}{a}$

$H_{IV} = ap + bq$ $\qquad\qquad \dot{q} = -a, \dot{p} = -b \;\; \to \;\; q =$

$-at, p = -bt - \frac{H}{a}$

4. <sup>durum</sup>,a < 0, b > 0

$$H_I = -ap + bq \qquad\qquad p = 0, q = \frac{H}{b}$$

$$H_{II} = -ap - bq \qquad\qquad \dot{q} = a, \dot{p} = -b$$

$$H_{III} = ap - bq \qquad\qquad q = at + a_0, p = bt +$$

$$b_0 \text{Neresia}_0 = 0 \qquad b_0 = \frac{H}{b}$$

$$H_{IV} = ap + bq \qquad\qquad \text{benzer}$$

*Alıştırma 6.5.* (0, 0)'da ne olur?

*Örnek 6.6.* ile 1 boyutlu hareket potansiyelini göz önünde bulundurun
$V = -Ax^4, \ A > 0$.

$$H(x, P_x) = \frac{P_x^2}{2m} + V(x)$$

$$2mE = P_x^2 - 2mAx^4 = \left(P_x - \sqrt{2mA}x^2\right)\left(P_x + \sqrt{2mA}x^2\right)$$

Orijinde sabit bir nokta vardır $x = P_x = 0$ve enerji konturları bu sabit noktadan geçen parabollerden oluşur. $P_x = \pm\sqrt{2mA}x^2$Ayırıcı, kararsız bir sabit noktadan geçen kararsız yörüngedir. Sahip olmak:

$$\dot{x} = \frac{\partial H}{\partial P_x} = \frac{P_x}{m} = \frac{\sqrt{2mA}x^2}{m} = \sqrt{\frac{2A}{m}}x^2$$

$$t = \frac{1}{x\sqrt{\frac{2A}{m}}} \text{ as } x \to 0 \ \text{ and } \ t \to \infty \text{ motion terminates.}$$

Böylece hareket sona erer.

*Alıştırma 6.6.* Ne zaman olur?sqn$(P_0 X_0) = 1$? Potansiyel ve faz grafiklerini gösterin.


### 6.3 Adi Diferansiyel Denklemlerin Gözden Geçirilmesi ve sabit noktaların yerel, doğrusallaştırılmış (ayrılabilir) düzeyde sınıflandırılması

Faz diyagramındaki orijini sabit bir ilgi noktasına kaydırarak başlayalım ve hız fonksiyonunu konum fonksiyonundaki genişleme cinsinden açıkça yazalım:

130

$$v(r) = Ar + O(|r|^2),$$

(6-7)

çünkü $v(0) = 0$sabit noktada A tekil olmayan bir gerçek matristir. Percival'in [28] gösterimini takip ederek,

$$A = \begin{pmatrix} a & b \\ c & d \end{pmatrix}.$$

(6-8)

Yeterince küçük için $r(x, y)$yalnızca doğrusal terim ve'yi elde ederiz $\dot{r} =$ Ar. Matrisin köşegenleştirilmesini ve oradan sabit nokta davranışının standartlaştırılmış bir değerlendirmesini yapmak istiyoruz . ABunu başarmak için yeni koordinatlara dönüşümü düşününR(X, Y) = Mr →
$\dot{R} = BR$, Neresi $B = MAM^{-1}$. Üç durum ortaya çıkar:

Durum (1)'in özdeğerleri gerçek ve farklıdır B, bu durumda$\dot{X} = \lambda_1 X$, $\dot{Y} = \lambda_2 Y$

$$\left(\frac{X}{X_0}\right)^{\lambda_2} = \left(\frac{Y}{Y_0}\right)^{\lambda_1}.$$

(6-9)

Eğer varsa $\lambda_1 < \lambda_2 < 0$, o zaman aynı şekilde kararlı bir düğümümüz olur $\lambda_2 < \lambda_1 < 0$. Eğer varsa $\lambda_1 > \lambda_2 > 0$, o zaman kararsız bir düğümümüz var, aynı şekilde için de $\lambda_2 > \lambda_1 > 0$. Eğer elimizde $\lambda_1 < 0 < \lambda_2$kararsız bir düğüm (hiperbolik nokta) varsa; ve benzer şekilde ancak oklar ters çevrilmişse $\lambda_2 < 0 < \lambda_1$.

Durum (2)'nin özdeğerleri Bgerçel ve eşittir. İki alt durum vardır: varsayalım b = c = 0, o zaman olmalı$\lambda_1 = \lambda_2 < 0$ (b = c = 0)istikrarlı yıldız olarak bilinir. Aynı şekilde,$\lambda_1 = \lambda_2 > 0$ (b = c = 0)durum kararsız yıldızdır. Öte yandan eğer , c ≠ 0o zaman

$$B = \begin{pmatrix} \lambda & 0 \\ c & \lambda \end{pmatrix},$$

(6-10)

çözüm ile:

$$\frac{Y}{X} = \frac{c}{\lambda} \ln \left(\frac{X}{X_0}\right)$$

(6-11)

Bu duruma ilişkin faz eğrileri, aşağıdaki durumlarda stabil olan uygunsuz bir düğümü tanımlar:$\lambda_1 = \lambda_2 < 0$ (b ≠ 0 c ≠ 0)veya kararsız uygunsuz bir düğüm varsa$\lambda_1 = \lambda_2 > 0$ (b ≠ 0 c ≠ 0).

131

Durum (3), özdeğerleri Bkarmaşıktır ve birbirine eşleniktir $\lambda_1 = \alpha + i\omega = \lambda_2$ *. Özdeğerlerin saf hayali ( $\alpha = 0$) olduğunu varsayalım; bu, işaretine göre saat yönünde veya saat yönünün tersine dönüşle eliptik bir noktaya yol açar $\omega$. Diyelim ki $\alpha < 0$, işaretine göre dönen sabit bir spiral noktamız var $\omega$. Benzer şekilde, eğer $\alpha > 0$, işaretine göre rotasyona sahip kararsız bir spiral noktamız varsa $\omega$.

Şu ana kadar farklı sabit nokta davranışlarını belirledik. Birinci dereceden sistemler için tüm hareket ya sabit bir noktaya ya da sonsuza doğru yönelir, dolayısıyla şu ana kadar anlatılanlarla tam bir 'sınıflandırmaya' sahibiz. İkinci dereceden ve daha yüksek sistemler için bu durum mutlaka geçerli değildir. Limit döngüsünün açık örneği daha sonra verilecek ve garip çekiciler, kaosa geçişi tartışacağımız daha sonraki bir bölüme bırakılacaktır.

Sabit nokta davranışını tanımlarken, yalnızca bir nokta olmayan sabit bir alt kümenin olasılığını gözden kaçırdık. İkinci dereceden sistemlerde bile bunlar meydana gelebilir ve klasik "limit döngüsü" olgusuna yol açar. Bu bağlamda [28] tarafından verilen aşağıdaki açık durumu göz önünde bulundurun. Aşağıdakilere göre kutupsal koordinatlarda ayrılabilen bir sistemimiz olduğunu varsayalım:

$$\dot{r} = \alpha r(r - R), \quad R > 0, \text{and} \quad \dot{\theta} = \omega.$$

Daire $r = R$ değişmezdir ve döngünün yakınındaki hareket için ya güçlü bir çekicidir (kararlı) ya da bunun tersidir (örneğin, akış çizgileri ters çevrilmiş olarak kararsız).

$$\dot{x} = x^2 \longrightarrow \frac{dx}{dt} = x^2 \longrightarrow -x^{-1} + x_0^{-1} = t$$

$$\dot{y} = -y \longrightarrow \frac{dy}{dt} = y \longrightarrow y = y_0 e^{-t}$$

*Örnek 6.7. Kararsız spiral ve kararlı limit çevrimi.*
sistem için :$x_1$, $x_2$

$$\dot{x}_1 = -x_2 + x_1 r(1 - r)$$
$$\dot{x}_2 = x_1 + x_2 r(1 - r)$$
$$r^2 = x_1^2 + x_2^2$$

merkezi (0,0) olan doğrusal bir sisteme indirgenir. Doğrusal olmayan sistemin (0,0) noktasında kararsız bir spirale ve r=1 noktasında kararlı bir limit çevrimine sahip olduğunu gösterin.

*Çözüm*

132

$$\dot{x}_1 = -x_2 + x_1 r(1 - r)$$
$$\dot{x}_2 = x_1 + x_2 r(1 - r)$$
$$r^2 = x_1{}^2 + x_2{}^2$$

Hem küçük hem de küçük r ($\sim$x)için ($x_1, x_2$),

$$\begin{matrix} \dot{x}_1 = -x_2 \\ \dot{x}_2 = x_1 \\ \lambda^2 + 1 = 0 \end{matrix} \quad \rightarrow \quad \begin{pmatrix} \dot{x}_1 \\ \dot{x}_2 \end{pmatrix} = \begin{pmatrix} 0 & -1 \\ 1 & 0 \end{pmatrix} \begin{pmatrix} x_1 \\ x_2 \end{pmatrix}$$
$$\lambda^2 + 1 = 0 \quad \rightarrow \quad \lambda = \pm i.$$

İkinci sonuç, bunun merkezi (0,0) olan elipsoid bir nokta{Percival] olduğunu ortaya koyar. Şimdi r-davranışını inceleyelim. Gruplandırarak başlayın:

$$x_1 \dot{x}_1 + x_2 \dot{x}_2 = (x_1{}^2 + x_2{}^2)\gamma(1 - r) = r^2(1 - r).$$

Bu yeniden yazılabilir:

$$\frac{1}{2}\frac{d}{dt}(x_1{}^2 + x_2{}^2) = \frac{1}{2}\frac{d}{dt}\dot{r}^{\,2} = r^3(1 - r) \rightarrow \frac{dr}{dt} = r^2(1 - r).$$

Bir limit döngüsü şurada gösterilir r = 1. Onaylamak,

$$dt = \frac{dr}{r^2(1 - r)} \text{ , and as } r \rightarrow 1 \text{ we get } dt = \frac{dr}{1 - r}.$$

Mahallede r = 1:

$$t = -\ln|1 - r| \quad \rightarrow \quad r = 1 \pm \exp(-t), \text{ and as } t \rightarrow \infty, r$$
$$\rightarrow 1, \text{ a limit cycle.}$$

Şimdi r'nin sıfıra yakın olduğu zamanı düşünelim. Sıfıra yakın r için elimizde var $\dot{r} \cong r^2$ve ile başladığımızdan beri açıkça r > 0dışarıya doğru spiral çizdiğini göreceğiz .$\dot{r} > 0$

## Örnek 6.8. Eliptik sabit nokta (bkz. Percival [28], s41)

Sistem için orijinin eliptik bir sabit nokta olduğunu gösterin:

$$\dot{x}_1 = -x_2 + x_1 r^2 \sin\left(\frac{\pi}{r}\right)$$
$$\dot{x}_2 = x_1 + x_2 r^2 \sin\left(\frac{\pi}{r}\right).$$

Ayrıca şunu gösterin:
(a) r=1/n, n=1,2,... daireleri faz eğrileridir.
(b) herhangi iki ardışık daire arasındaki yörüngeler, orijinden uzağa veya orijine doğru spiral şeklinde döner
(c) r=1 dışındaki faz eğrileri sınırsızdır

## Çözüm

r'nin sıfıra gitmesi durumunda, merkezi $\dot{x}_2 = x_1(0,0)$ olan eliptik bir noktamız var .$\dot{x}_1 = -x_2$
(a) r=1/n'yi yerine koyduğumuzda, bu faz eğrilerini eşmerkezli daireler olarak tanımlarız:

$$\dot{x}_1 = -x_2 + x_1 \left(\frac{1}{n}\right)^2 \sin(\pi m) = -x_2$$

$$\dot{x}_2 = x_1 + x_2 \left(\frac{1}{n}\right)^2 \sin(\pi m) = x_1$$

(b) Toplam türevi elde etmek için denklemleri gruplandırmak:

$$x_1 \left(\dot{x}_1 = -x_2 + x_1 \ r^2 \ \sin\left(\frac{\pi}{r}\right)\right)$$

$$+x_2 \left(\dot{x}_2 = x_1 + x_2 \ r^2 \sin\left(\frac{\pi}{r}\right)\right)$$

$$x_1\dot{x}_1 + x_2\dot{x}_2 = (x_1^2 + x_2^2)r^2 \sin\left(\frac{\pi}{r}\right)$$

Böylece elimizde:

$$\frac{1}{2}\frac{d}{dt}(x_1^2 + x_2^2) = r^4 \sin\left(\frac{\pi}{r}\right) \quad \rightarrow \quad 2r\dot{r} = 2r^4 \sin\left(\frac{\pi}{r}\right) \quad \rightarrow \quad \dot{r} = r^3 \sin\left(\frac{\pi}{r}\right).$$

işareti $\dot{r}$ise sin(π/r).ikinci çözümü elde etmek için gruplasaydık o grubun içe doğru spiral çizdiğini görürdük. Herhangi iki ardışık daire arasında r=1/n işareti ters dönecektir. Dolayısıyla r=1/n eğrileri , r=1/n limit çevriminin üstündeyse ve altındaysa $\dot{r} > 0$limit çevrimleri olacaktır .$\dot{r} < 0$

(c) Eğer r > 1, $\sin\left(\frac{\pi}{r}\right)$her zaman pozitiftir, dolayısıyla $\dot{r}$ her zaman pozitiftir ve dışarıya doğru spiral çizer.

## 6.4 Doğrusal Sistemler ve Yayıcı Biçimciliği

Yukarıdaki Durum 4, hız fonksiyonunun zamanın açık bir fonksiyonu olduğu otonom olmayan bir sistemin bir örneğidir. Doğrusal ikinci dereceden bir sistem için (muhtemelen daha sonra tartışılacak olan pertürbasyon yaklaşımıyla) aşağıdaki denklemlere sahibiz:

$$\frac{dr(t)}{dt} = A(t)r(t) + b(t).$$

(6-12)

Yazmamıza izin veren 2x2 matris değerli bir fonksiyonun bulunduğu alalım :b(t) = 0

$$r(t_1) = K(t_1, t_0)r(t_0),$$

(6-13)

burada matris, ' $K(t_1, t_0)$den 'ye $t_1$yayıcıdır $t_0$. Yayıcının Chapman-Kolmogorov ilişkisini (bilgi teorisinde ortaya çıkan) karşıladığını unutmayın:

134

$$K(t_2, t_0) = K(t_2, t_1)K(t_1, t_0)$$

$$(6\text{-}14)$$

Bu gösterimdeki yayıcı matrislerin yer değiştirmesine gerek yoktur. Chapman-Kolmogorov ve deFinetti değiştirilebilirlik kriteri hakkındaki tartışma daha sonraki bölümlerde yapılacaktır (kuantum değişkenleri 4. Kitapta, Stat. Mech değişkenleri 5. Kitapta ve bilgi teorik konuları 9. Kitapta).

Yayıcı formalizminde çok sayıda sonuca rahatlıkla erişilebilir. Başlamak için, yayıcı formalizmine hızlı bir dönüşüm sağlamak amacıyla bilinen çözümler ile yayıcı matris arasında bir ilişki kuralım. [28]'deki tartışmanın ardından, iki elemanlı sütun vektörünü herhangi bir çözüm çiftinin karışımı olarak yazmaya başlayalım:

$$r(t) = c_1 r_1(t) + c_2 r_2(t).$$

, at , $r_1(t_0) = \binom{1}{0}$ve'ye sahip $r_2(t_0) = \binom{0}{1}$olduğumuz $c_2 = y(t_0)$duruma odaklanalım $t_0{:}c_1 = x(t_0)$

$$\begin{pmatrix} x(t_1) \\ y(t_1) \end{pmatrix} = c_1 \begin{pmatrix} x_1(t_1) \\ y_1(t_1) \end{pmatrix} + c_2 \begin{pmatrix} x_2(t_1) \\ y_2(t_1) \end{pmatrix} = c_1 \begin{pmatrix} K_{11} \\ K_{21} \end{pmatrix} + c_2 \begin{pmatrix} K_{12} \\ K_{22} \end{pmatrix},$$

ve elde edilen nihai yayıcı formla tutarlı olacak şekilde matris değerleri belirtildiği gibi seçilir :$t_0$

$$\begin{pmatrix} x(t_1) \\ y(t_1) \end{pmatrix} = \begin{pmatrix} K_{11}x(t_0) \\ K_{21}x(t_0) \end{pmatrix} + \begin{pmatrix} K_{12}y(t_0) \\ K_{22}y(t_0) \end{pmatrix} = \begin{pmatrix} K_{11}x(t_0) + K_{12}y(t_0) \\ K_{21}x(t_0) + K_{22}y(t_0) \end{pmatrix}$$
$$= \begin{pmatrix} K_{11} & K_{12} \\ K_{21} & K_{22} \end{pmatrix} \begin{pmatrix} x(t_0) \\ y(t_0) \end{pmatrix}$$

Böylece,

$$r(t_1) = K(t_1, t_0)r(t_0),$$

$$(6\text{-}15)$$

Yukarıdaki $U(q) = +\frac{1}{2}aq^2$Durum 2'yi düşünün , burada (Doğrusal Osilatör). Çözümler şu şekilde bulundu:

$$q = A\cos(\omega t + \delta) \quad \text{and} \quad p = -m\omega A \sin(\omega t + \delta)$$

$$(6\text{-}16)$$

Buna karşılık gelelim $t = 0$, $t_0$sonra çözüm 1 için elimizde:

135

$$r_1(t_0) = \begin{pmatrix} x(t_0) \\ y(t_0) \end{pmatrix} = \begin{pmatrix} A\cos(\delta) \\ -m\omega A\sin(\delta) \end{pmatrix},$$

(6-17)

ve A = 1için gereken özel formu karşıladığımız yer $\delta = 0$. Benzer şekilde, için $r_2(t_0)$ve'yi A = $1/(-m\omega)$seçiyoruz $\delta = 90$. Böylece:

$$K(t = t_1, t_0 = 0) = \begin{pmatrix} \cos(\omega t) & (m\omega)^{-1}\sin(\omega t) \\ -m\omega\sin(\omega t) & \cos(\omega t) \end{pmatrix}$$

(6-18)

Şuna dikkat edinK = 1, Hamilton sistemleri için gerekli olduğu gibi alanı koruyan bir haritalamayı tanımlar. K matrisi için, B matrisi için daha önce olduğu gibi benzer kararlılık değerlendirmelerimiz var, bu doğrultuda daha fazla tartışma [28]'de bulunabilir.

# Bölüm 7. Kaos

Kaosun bilimsel literatürde sergilendiği birçok yol vardır (bkz. [61], diğerleri). Kaos, belirli rejimlerde periyot ikiye katlama sergileyen birçok tek boyutlu sistemde kolaylıkla bulunur ve bu periyot iki katına çıkma rejimi sonunda bir kaos rejimine dönüşür. Aşağıda bu tür birkaç sistemi inceleyeceğiz. Aralıklılık ve krizler gibi kaosa giden diğer yollar [61], grafiksel olarak bakıldığında, yinelemeli haritalamalarında kaos benzeri davranışın görünümünü açıklayabilecek darboğaz bölgelerine veya döngüsel yarı-kararlı bölgelere sahiptir. Dolayısıyla verilen kaos örnekleri genel olarak oldukça genel olacaktır.

Bölüm 7.1'de periyodik hareket olduğunda kaos olgusuna giden genel yolu tartışacağız. Bunun nedeni, kaosun her yerde mevcut olması ve periyodik harekete odaklanarak, yinelemeli bir harita formülasyonu aracılığıyla, kaos alanlarının kolaylıkla tanımlanmasına olanak sağlayacak basit bir matematiksel temele sahip olmamızdır.

Ancak kaosa devam etmeden önce, bir an için yeniden toparlanalım ve biraz perspektif kazanmak için kaosun zıddının ne olduğunu düşünelim. En düzenli sistem "integrallenebilir" veya "integrallenebilirliği" olan sistemdir. Diferansiyel denklemlerin karmaşıklığını azaltmak için, örneğin açısal momentumun tanımlanmasında, korunan nicelikleri tanımlandığı şekliyle nasıl kullandığımızı hatırlayın. Simetrileri korunan miktarlar olarak da temsil edebiliriz ( Noether teoremi). Hem hareket sabitleri hem de simetriler sistem denklemlerinin tam çözümünü elde etmek için yeterliyse, o zaman integrallenebilirliğe sahibiz, değilse o zaman integrallenemez. İntegrallenebilirlik hakkında daha fazla tartışma [38,32,37]'de bulunabilir.

Kaotik davranışa erişimde entegre edilebilirlik ve entegre edilemezliğin kritikliğine bir örnek, Swinging Atwood's Machine (Şekil 7.1) [79] tarafından aktarılmıştır:

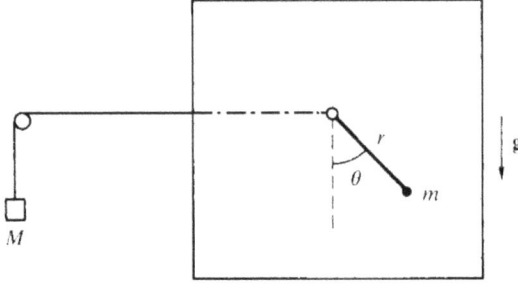

Şekil 7.1.

Hamiltoniyen

$$H = \frac{p_r^2}{2m(1 + \mu)} + \frac{p_\theta^2}{2mr^2} + mgr(\mu - \cos\theta), \quad \mu = \frac{M}{m},$$

(7-1)

H genellikle hareketin tek sabiti olduğundan hareket genel olarak integrallenebilir değildir .

$\mu > 1$ durumunda m'nin hareketi her zaman sıfır hız eğrisiyle ($p = 0$ ) sınırlanır;
Şekli kütle oranına $\mu$ ve H enerjisine bağlı olan elips .

$\mu \leq 1$ olduğunda hareket herhangi bir enerjiyle sınırlı değildir ve sonunda M kütlesi makaranın üzerinden geçer.

$\mu = 3$ durumunda entegre edilebilir ! Bu özel durumda, şu şekilde verilen ikinci bir korunan miktar vardır:

$$J = \frac{p_\theta}{4m}\left(p_r \cos\frac{\theta}{2} - \frac{2p_\theta}{r}\sin\frac{\theta}{2}\right) + mgr^2 \sin\frac{\theta}{2}\cos^2\frac{\theta}{2}.$$

(7-2)

Neresi $\dot{J} = 0$. $\mu = 3$ olduğunda hareket tamamen sıralıdır. Diğer tüm kütle oranları için kaotik hareket bölgeleri vardır.

## 7.1. Kaos Olgusuna Giden Genel Yol: Periyodik Hareket →Yinelemeli Harita →Kaosu

Uygun zaman seçimi ile $A(t + T) = A(t)$incelenmekte olan doğrusal bir sistemin zaman içinde periyodik olan parametrelere sahip olduğunu varsayalım : $dr(t)/dt = A(t)r(t)$tüm t için. Eğer yayıcıyı böyle bir T periyodu boyunca ele alırsak, zamanın kökeni açısından uygun bir seçimle yayıcıya sahip oluruz $K = K(T, 0) =$. $K(nT, (n − 1)T)$Şimdi

138

zaman içinde nT adım için yayıcıyı düşünün (ve Chapman-Kolmogorov ilişkisini kullanın):

$$K(nT, 0) = K^n.$$

(7-3)

**, daha sonraki belirli zamanlarda** , sadece dönem yayıcı tarafından tekrarlanan yayılımlarla Kbelirlenebilme özelliğine sahip olduğunu nTgörebiliriz K(t, 0). Periyot yayıcının doğrusal bir harita olduğu (ve Hamilton sistemleri için alanı koruyan) olduğu göz önüne alındığında, bu, periyodik parametreli bir sistemin gelecekteki davranışının çoğunun (kararlı ya da değil), tekrarlanan dönem yayıcı haritalamaları altındaki davranış sınıfları tarafından belirlenebileceğini gösterir. . Başka bir deyişle, sistemin davranışı çoğunlukla periyot yayılım yinelemeli haritasının davranışının analizine indirgenir.

Şimdi ayrı zamanlı bir sistem anlamındaki "haritanın" resmi tanımını ele alalım. Ayrık zaman, verinin tanımından (yıllık okuma dizisi) veya periyodiklikten (dönem örneklemesi ile alınan ölçümle) veya çeşitli başka nedenlerden kaynaklanabilir. Sistemi bir gerçek değerli vektörle, şimdi n bileşenle tanımlayalım ve ayrık zamanlı harita senaryosu için, r(t)faz uzayının kendi üzerine harita fonksiyonunun (vektör değerli bir fonksiyon) nerede olduğunu Fvarsayalım . $r(t + 1) = F(r(t), t)$Açıkça zamana bağlı olmayan harita fonksiyonları için gösterimi alırız $r_{t+1} = F(r_t)$. Bu nedenle, periyodik hız fonksiyonları (örneğin, ile ) $(t + T) = A(t)$olduğunda, harita formalizmi doğrusal diferansiyel denklemler için çok doğaldır $dr(t)/dt = A(t)r(t)$. Periyodik hız fonksiyonunun koşulu bu açıdan çok güçlü görünmektedir ve doğrusallık koşulunu gevşetirsek yinelemeli harita sonucunun hala geçerli olduğunu görürüz.

olarak $v(r, t + T) = v(r, t)$(doğrusal olmayan) düşünün . $dr(t)/dt = v(r, t)$İlk ayrık zaman adımında, t=1, $r(1) = F(r(0))$tanıtılan haritanın tanımı gereği elimizde. Daha sonra şunu görüyoruz ki $dr(t + 1)/dt = v(r(t + 1), t)$, bu nedenle $r(2) = F(r(1))$aynı haritalama fonksiyonuyla ve $r_{t+1} = F(r_t)$genel olarak tümevarımla sahip olmalıyız. Başka bir deyişle, hem otonom hem de otonom olmayan sistemler, eğer periyodik hız fonksiyonlarına sahiplerse, ayrık zamanlı otonom bir sistemle ilişkili bir haritalama fonksiyonu cinsinden tanımlanabilir. Bu, diferansiyel denklemlerin çözümü için iki aşamalı bir sürece yol açar: (1) Eşleme fonksiyonunu belirleyinF çözümün bir hareket periyodu sırasında incelenmesinden (t=0'dan t=1'e); (2) Eşleme fonksiyonunun tekrar tekrar uygulanmasıyla çözüm davranışını belirleyin. Buradan kaotik sistem davranışının her yerde mevcut olduğunu görüyoruz. Bir serbestlik derecesine sahip basit Hamilton sistemleri bile kaos veya 2 veya daha fazla serbestlik derecesine sahip basit *muhafazakar Hamilton sistemleri* sergileyebilir . Aslında sınırlı hareketi olan sistemler için faz uzayının önemli bir kısmı kaotik harekete maruz kalan faz noktalarını içerir.

Daha sonra açıklanacak zorlanmış sönümlü sarkaç örneğinde (basit bir Hamilton sistemi), genel koşullar dizisinde kaotik hareket bulacağız. Başka bir deyişle, bir sistemin pertürbatif sınırlarını zorlarken kaotik davranışın (kesinlikle tanımlanacak şekilde) 'normal' bir sonuç olduğunu veya parametre uzayının 'kaos fazını' itmesi durumunda bir pertürbatif etki alanı içinde olsa bile 'normal' bir sonuç olduğunu göreceğiz. sistemin. Belirli bir parametredeki kaos 'aşamasının' ikinci açıklaması doğrudur çünkü sistem için bir kaos aşamasına (klasik fakat belirlenimsiz hareket) giren parametre, bu kaos aşamasından çıkıp klasik deterministik hareket alanına geri dönebilir (ve geri dönebilir). Ve ileri). Bu ikinci davranış, birinci ve ikinci dereceden sistemlerde evrenseldir [19] ve "kaosun eşiğinde" klasik sistemler için bir dizi evrensel parametreyi tanımlar. [45]'te bilginin maksimum yayılımının/yayılımının kaosun eşiğinde olduğunu göreceğiz.

## 7.2 Kaos ve sönümlü tahrikli sarkaç
Daha önce, küçük salınımlar için sarkaç osilatörü, klasik yaylı osilatör (doğrusal geri yükleme kuvveti) olarak tahmin ediliyordu; burada sönümlemeli zorlanmış salınımı tanımlayan diferansiyel denklem (gerçek form):

$$\ddot{x} + 2\lambda\dot{x} + \omega^2 x = \left(\frac{F}{m}\right)\cos\gamma t,$$

(7-4)

bunun için çözümler bulduk:

$$x(t) = a\exp(-\lambda t)\cos(\omega t + \alpha) + b\cos(\gamma t + \delta),$$

(7-5)

Neresi

$$b = \frac{F}{m\sqrt{(\omega^2 - \gamma^2)^2 + (2\lambda\gamma)^2}}, \qquad \tan\delta = \frac{(2\lambda\gamma)}{(\omega^2 - \gamma^2)}.$$

(7-6)

Make için küçük açı yaklaşımını kullanmazsak $\sin x \cong x$ ve sarkaç telinin sert (yani bir sarkaç çubuğu) olduğunu varsayarsak, o zaman şunu elde ederiz:

$$\ddot{x} + 2\lambda\dot{x} + \omega^2 \sin x = \left(\frac{F}{m}\right)\cos\gamma t.$$

(7-7)

Şimdi bunu [34] tarafından yapılan çalışma doğrultusunda ele alalım. Öncelikle değişkenleri değiştirelim ve genel olarak şu şekilde normalleştirelim $\omega = 1$:

$$\ddot{\theta} + \frac{1}{q}\dot{\theta} + \sin\theta = \alpha\cos\gamma t.$$

(7-8)

[34] gösterimini kullanarak $\omega = \dot{\theta}$, öncekiyle karıştırılmaması gereken $\omega$, üç bağımsız birinci dereceden denklem elde ederiz:

(1) $\dot{\omega} = -\omega/q - \sin\theta + \alpha\cos\varphi$, burada, qkalite faktörüdür.
(2)$\dot{\theta} = \omega$
(3)$\dot{\varphi} = \gamma$

Bu noktada kaotik çözüm alanlarının var olabilmesi için iki genel koşulu karşılamış olduk:

(1) Sistemin üç veya daha fazla dinamik değişkeni vardır.
(2) Hareket denklemleri doğrusal olmayan birleştirme terimlerini içerir.

ve $\alpha\cos\varphi$bağıntı terimleriyle karşılanmaktadır $\sin\theta$. [34]'ten, $q = 2$sürüş genliğini arttırdıkça aşağıdaki davranışı elde ederiz $\alpha$:

(1) $\alpha = 0.5$, orta derecede tahrik edilen sarkaç, kararlı duruma yerleştikten sonra basit sarkaç tipi periyodik davranışa sahiptir (yörünge bir limit döngüsüdür, dolayısıyla asimptotik olarak basit bir sarkaçtakine benzer bir döngü).
(2) $\alpha = 1.07$, faz diyagramında çift ilmekli bir yörüngeye sahip olan sarkacın tuhaflığı, 180 dereceyi aşan salınımlar meydana gelse bile konfigürasyon diyagramındaki yörüngesinin henüz bir döngüyü tamamlamamasıdır.
(3)'te $\alpha = 1.15$, sarkaç hareketinin kararlı durumu yoktur, kaotiktir, ancak faz diyagramı Poincare kesiti (zorlayıcı salınım periyodunun katlarında konumu izleyen) açısından en iyi şekilde ortaya konan yapıyı gösterir. Kaotik hareket için, Poincare bölümlerinin yapısı (faz uzayı yörüngeleri) *kendine benzerdir* , bu, kaotik hareket için kesin bir fraktal boyutun belirlenmesine [34] izin verir.
(4) $\alpha = 1.35$Sarkaç artık konfigürasyon (gerçek) uzayda bir döngüyü tamamlıyor.

141

(5) $\alpha = 1.45$, sarkaç artık konfigürasyon (gerçek) uzayda iki döngüyü tamamlar.
(6) $\alpha = 1.50$, sarkaç hareketi kaotiktir

Yukarıdaki gözlemler arasında nasıl enterpolasyon yapılır, kararlı durumdaki sistemler ile olmayan (kaotik) sistemler arasındaki sınır nedir? Bu en kolay şekilde çatallanma diyagramı olarak bilinen şemada temsil edilir (bkz. Şekil 7.2). Çatallanma diyagramında, $\alpha = 1$bir kaos alanına yaklaşıldığında hızla çoğalan açık bir periyot iki katına çıkma davranışını göstermek için bir dizi sürüş salınımı boyunca gözlemlenen anlık frekanslar (detaylar takip edilecektir) .$\alpha = 1.50$

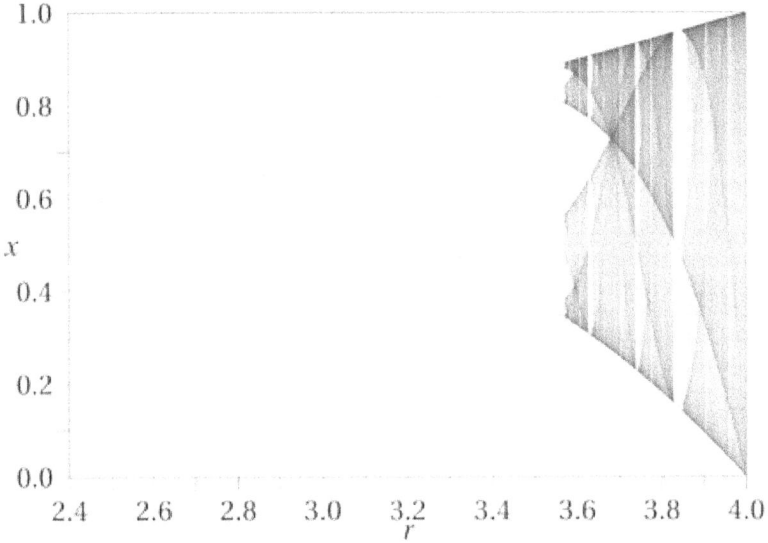

Şekil 7.2. Lojistik Harita için Çatallanma Diyagramı: $x_{n+1} = rx_n(1 - x_n)$[80].

Çatallanma diyagramı, kararlı duruma sahip sistem davranışından kaotik davranışa geçişi en açık şekilde yakalar. Önceki sarkaç sistemi her yerde mevcuttur, ancak istenen tek şey kaotik sistemlerin evrensel davranışını göstermekse, onunla kesin sayısal sonuçlar üretmek zaman alıcıdır. Bunun nedeni, periyodu ikiye katlayarak kaosa geçişin, hem ikinci dereceden dinamik sistemlerin hem de yinelemeli haritalamaları (Poincare Bölümleri) basit bir maksimuma sahip önceki haritalama konumlarının fonksiyonlarını içeren birinci dereceden dinamik sistemlerin ayırt edici bir özelliği olmasıdır [19]. Spesifik haritalama bağımlılığına sahip dinamik bir sistemin kaotik davranışa yol açtığı genel koşullar [19] tarafından kanıtlanmıştır ve bu şekilde Evrensel sabitler de ortaya çıkarılmıştır (detaylar takip edilecektir). Örneğin sarkaç için Poincare Kesitinin her adımında karmaşık bir değerlendirme yapmak yerine, Şekil 7.2'deki, birinci dereceden ancak temel sabitleri olan çok daha basit bir lojistik haritayla sonuçlanan haritalama ve çatallanma diyagramını inceleyelim. sözde evrenseldir, bu şekilde değerlendirmek çok daha kolaydır. İşte [34]'ün özeti: " $r$ parametresini değiştirerek aşağıdaki davranış gözlemlenir:

- *r'nin 0 ile 1 arasında olması* durumunda , başlangıçtaki popülasyondan bağımsız olarak popülasyon eninde sonunda ölecektir.

- *r'nin 1 ile 2 arasında* olması durumunda popülasyon , başlangıç popülasyonundan bağımsız olarak hızla $r - 1$ /r değerine yaklaşacaktır .

- *r'nin 2 ile 3 arasında* olması durumunda , popülasyon da sonunda aynı $r - 1$ /r değerine yaklaşacak , ancak önce bir süre bu değer etrafında dalgalanacaktır. Yakınsama oranı doğrusaldır, ancak $r = 3$ dışında, önemli ölçüde yavaştır, doğrusaldan azdır (bkz. Çatallanma belleği).

- *r'nin* 3 ile $1 + \approx 3,44949$ arasında olması $\sqrt{6}$durumunda popülasyon, iki değer arasındaki kalıcı salınımlara yaklaşacaktır. Bu iki değer *r'ye* bağlıdır ve şu şekilde

  verilir: .

- *r'nin 3,44949 ile 3,54409 (yaklaşık olarak) arasında* olması durumunda , popülasyon hemen hemen tüm başlangıç koşullarından dört değer arasında kalıcı salınımlara yaklaşacaktır. İkinci sayı, 12. derece bir polinomun köküdür (OEIS'deki A086181 dizisi).

- *r'nin 3,54409'un üzerine* çıkmasıyla , popülasyon hemen hemen tüm başlangıç koşullarından 8 değer, ardından 16, 32 vb. arasındaki salınımlara yaklaşacaktır. Belirli bir uzunlukta salınımlar sağlayan parametre aralıklarının uzunlukları hızla azalır; birbirini izleyen iki çatallanma aralığının uzunlukları arasındaki oran Feigenbaum sabiti $\delta$ $\approx 4,66920$'ye yaklaşır. Bu davranış, periyodu ikiye katlayan kademenin bir örneğidir.

- $r \approx 3,56995$'te (OEIS'deki A098587 dizisi), periyodu ikiye katlayan kademenin sonunda kaosun başlangıcıdır. Neredeyse tüm başlangıç koşullarında artık sonlu periyotlu salınımlar görmüyoruz. Başlangıçtaki popülasyondaki hafif değişiklikler, zaman içinde çarpıcı biçimde farklı sonuçlar doğurur; bu, kaosun temel bir özelliğidir.

- *R'nin 3,56995'in ötesindeki* çoğu değeri kaotik davranış sergiler , ancak yine de kaotik olmayan davranış gösteren belirli izole *r* aralıkları vardır ; bunlara bazen *istikrar adaları* denir . Örneğin, 1 +'dan (yaklaşık 3,82843) başlayarak, üç değer arasında $\sqrt{8}$ salınımı gösteren ve 6 değer arasında biraz daha yüksek *salınım* değerleri için , ardından 12 vb. gösteren bir *r* parametre aralığı vardır.

İlk çatallanma $\mu = \mu_1$, için ve ikincisi $\mu = \mu_2$, için meydana gelirse, o zaman Feigenbaum'dan [19] sonra bir Evrensel sabit F tanımlamak mümkündür:

$$F = \lim_{k \to \infty} \frac{\mu_k - \mu_{k-1}}{\mu_{k+1} - \mu_k} = 4.66920160910299\,...,$$

(7-9)

Dikkat çekici bir şekilde bu, ikinci dereceden maksimuma sahip tüm haritalar için evrensel bir davranıştır. Yani, başka bir deyişle, basit (gerçek) ikinci dereceden bir harita veya karmaşık ikinci dereceden bir harita ( Mandelbroit Kümesinin oluşturucusu [35]) için, çatallanma olaylarının parametreleştirilmesine dayanan çatallanma haritalarından tam olarak aynı sabite ulaşırız. Benzer şekilde:

İkinci Dereceden Maksimum Harita: $x_{n+1} = a -$ $x_n^2$ sahip $\lim_{k \to \infty} \frac{a_k - a_{k-1}}{a_{k+1} - a_k} = F.$

Karmaşık Kuadratik Maksimum Harita Mandelbroit ): $z_{n+1} = c + z_n^2$ vardır $\lim_{k \to \infty} \frac{c_k - c_{k-1}}{c_{k+1} - c_k} = F.$

### 7.3 Özel Değer$C_\infty$

Karmaşık Kuadratik Harita için "kaosun kenarında" c değerinin gerçek asimptotu olarak anılır $C_\infty$ ve değerine sahiptir $C_\infty = -1.401155189\,....$ Sabit $|C_\infty| = 1.401155189\,...$ aynı zamanda Myrberg sabiti olarak da bilinir [36]. Burada ve [45]'te basitçe adlandırılan Myrberg sabiti $C_\infty$ tartışmalarda önemli bir rol oynayacaktır.

*Örnek 7.1.* (0,1): aralığında tek bir maksimumla sürekli türevlenebilen başka bir 1 boyutlu haritayı ele alalım $f(x) = \left(\frac{A}{\pi}\right) \sin \pi x$, böylece yinelemeli ilişkiye sahip oluruz:

144

$$x_{n+1} = \left(\frac{A}{\pi}\right) \sin \pi x_n$$

(7-10)

Elimizdeki ilk çatallanma noktasında

$$x_{n+2} = \left(\frac{A}{\pi}\right) \sin \pi \left(\left(\frac{A}{\pi}\right) \sin \pi x_n\right) = x_n$$

Hesaplamalı sonuçların ortaya çıkardığı çatallanma diyagramının bir taslağını çizelim:

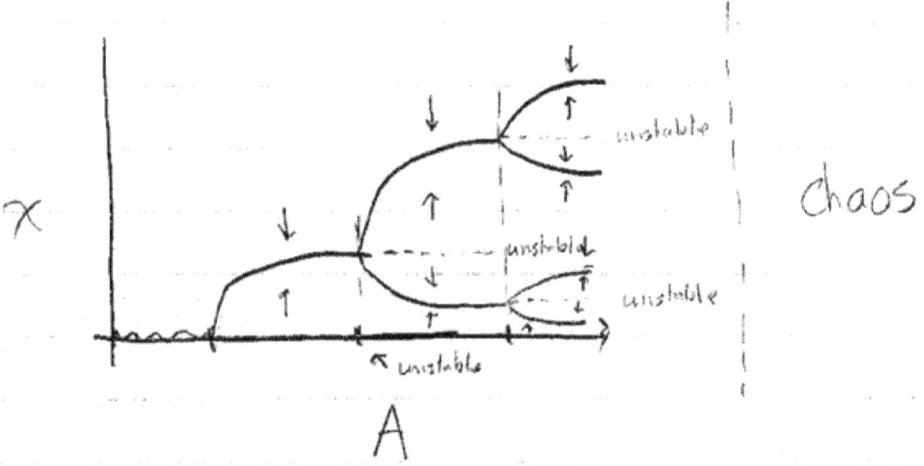

Belirtilen çatallanmaların olduğu A değerleri şunlardır:

$a_0 = 1$

$a_1 = 2.253804$

$a_2 = 2.614598$

$a_3 = 2.696126$

$a_4 = 2.714118$

$a_5 = 2.718112$

Feigenbaum Numarası:

$$F = \lim_{j \to \infty} \frac{a_j - a_{j-1}}{a_{j+1} - a_j} \cong \frac{a_4 - a_3}{a_5 - a_4} = 4.505$$

(7-11)

*Alıştırma 7.1.* (0,1) aralığında tek bir maksimumla sürekli olarak türevi alınabilen başka bir 1 boyutlu harita için yukarıdaki analizi yineleyin.

*Örnek 7.2.* Analitik yöntemler kullanarak, standart haritanın periyodu 1,2,... sabit noktalarını değerlendirin:

$$R \longrightarrow R + \varepsilon \sin \theta$$
$$\theta = \theta + R + \varepsilon \sin \theta$$

Eşlemenin gösterdiği periyot 1 sabit noktalarını göz önünde bulundurun

145

$$R_1 = R_0 + \varepsilon\sin\theta_0 \quad \text{and} \quad \theta_1 = R_0 + \theta_0 + \varepsilon\sin\theta_0$$

1 periyodu şunu belirtir: $R_1 = R_0$ and $\theta_1 = \theta_0$, açısal eşitlikle $2m\pi$. Böylece,

$$\sin\theta_0 = 0 \longrightarrow \theta_0 = n\pi, \ n = 0,1,2, \dots$$

Sinüs fonksiyonundaki $\theta_0 = n\pi + 2m\pi$ herhangi bir çözüm için hâlâ çok değerlilikten kaynaklanan bir çözüm bulunduğunu unutmayın $\theta_0 = n\pi$. Aşağıdakilere yönelik çözümleri değerlendirirken bunu hatırlamakta fayda var $\theta_1 = R_0 + \theta_0$:

$$R_0 = 2n\pi,$$

(Basitçe değil $R_0 = 0$). Dolayısıyla 1. periyotta sabit noktalar: { $\theta_0 = n\pi$, $R_0 = 2n\pi$}.

Şimdi periyod 2 sabit noktalarını ele alalım:

$R_2 = R_1 + \varepsilon\sin\theta_1 = R_0 + \varepsilon\sin\theta_0 + \varepsilon\sin(R_0 + \theta_0 + \varepsilon\sin\theta_0)$

$\theta_2 = R_1 + \theta_1 + \varepsilon\sin\theta_1$

$$= 2(R_0 + \varepsilon\sin\theta_0) + \theta_0 + \varepsilon\sin(R_0 + \theta_0 + \varepsilon\sin\theta_0)$$

$R_2 = R_0 \rightarrow \sin\theta_0 + \sin(R_0 + \theta_0 + \varepsilon\sin\theta_0) = 0 \rightarrow \theta_0 = n\pi$ and $R_0 = n\pi$ or $R_0 = 2n\pi$

$\theta_2 = \theta_0 \rightarrow 2(R_0 + \varepsilon\sin\theta_0) + \varepsilon\sin(R_0 + \theta_0 + \varepsilon\sin\theta_0) = 0 \rightarrow R_0 = n\pi$ indicated.

Dolayısıyla 2. periyotta sabit noktalar: { $\theta_0 = n\pi$, $R_0 = n\pi$}.

Şimdi periyod 3'ün sabit noktalarını ele alalım:

$R_3 = R_2 + \varepsilon\sin\theta_2$

$$= R_0 + \varepsilon\sin\theta_2 + \varepsilon\sin(R_0 + \theta_0 + \varepsilon\sin\theta_0)$$
$$+ \varepsilon\sin[2R_0 + \theta_0 + \varepsilon\sin(R_0 + \theta_0)]$$

Bir kez daha elimizde $\theta_0 = n\pi$.

$\theta_3 = R_2 + \theta_2 + \varepsilon\sin\theta_2$

$$= 3(R_0 + \varepsilon\sin\theta_0) + 2\varepsilon\sin(R_0 + \theta_0 + \varepsilon\sin\theta_0) + \theta_0$$
$$+ \varepsilon\sin[2(R_0 + \varepsilon\sin\theta_0) + \theta_0 + \varepsilon\sin(R_0 + \theta_0)]$$

$\theta_3 = \theta_0$:

$0 = 3R_0 + 2\varepsilon\sin(R_0 + \theta_0) + \varepsilon\sin[2R_0 + \theta_0 + \varepsilon\sin(R_0 + \theta_0)]$.

Dolayısıyla, 3. periyotta sabit noktalar şunlardır: { $\theta_0 = n\pi$, $R_0 = 2n\pi$} ve şimdi model belirgindir:

Çift periyotların şu noktada sabit noktaları vardır: { $\theta_0 = n\pi$, $R_0 = n\pi$}.

Tek dönemlerin şu noktada sabit noktaları vardır: { $\theta_0 = n\pi$, $R_0 = 2n\pi$}.

*Alıştırma 7.2.* Denemek

$$R \longrightarrow R + \varepsilon[x(1 - x)]$$
$$x = x + R + \varepsilon[x(1 - x)]$$

# Bölüm 8. Kanonik koordinat dönüşümleri

Daha önce, bir nesnenin genelleştirilmiş koordinatlar cinsinden, faz uzayında $(q_0, p_0)$'dan $(q_1, p_1)$'e giden sonsuz küçük hareketinin Hamiltonyen sistemiyle tanımlanabileceğini göstermiştik. Hamiltonyen tarafından indüklenen koordinat dönüşümü "kanoniktir" çünkü Jacobian'ı 1'dir (kanonik dönüşümlerin alanı koruyan özelliği):

$$\frac{\partial(q_1, p_1)}{\partial(q_0, p_0)} = 1$$

(8-1)

Şimdi bu tür kanonik koordinat dönüşümlerinin genel sınıfını ele alalım. için a = 1,2, ..., nbaşlangıç koordinatları { } olsun $q_a$, $p_a$. Dönüştürülen koordinatlar { } (nerede ) a = 1,2, ..., nolsun $Q_a$, $P_a$ve dönüşüm ilişkilerini elde edelim:

$$q_a = q_a(\{Q_a, P_a\}; t) \text{ and } p_a = p_a(\{Q_a, P_a\}; t)$$

(8-2)

Yeni { } koordinatları için ne kadar genel bir ifade elde edebiliriz $Q_a$, $P_a$? Başlamak. Hamilton Prensibini önceden yazalım (alt simgeler gizlenmiş olarak):

$$S(q, \dot{q}) = \int_{t_1}^{t_2} L(q, \dot{q}, t)dt \ ; \quad \delta S = \left[\frac{\partial L}{\partial \dot{q}}\delta q\right]_{t_1}^{t_2} + \int_{t_1}^{t_2}\left[\left(\frac{\partial L}{\partial q}\right) - \frac{d}{dt}\left(\frac{\partial L}{\partial \dot{q}}\right)\right]\delta qdt$$

Hamiltonyen ve Değiştirilmiş Hamilton Prensibindeki Eylem açısından (alt simgeler ifade edilerek):

$$S(q_a, p_a) = \int_{t_1}^{t_2} \sum_a p_a\dot{q}_a - H(q_a, p_a, t)dt \ ; \quad \delta S$$

$$= \int_{t_1}^{t_2}\left[\sum_a \delta p_a\dot{q}_a + p_a\delta\dot{q}_a - \delta H(q_a, p_a, t)\right]dt$$

Lagrangian'da olduğu gibi, toplam zaman türevleri sabit uç noktalar nedeniyle hiçbir katkıda bulunmaz (bu koşulun gevşetilmesi daha sonra incelenecektir). Böylece, eylemdeki varyasyon yeniden yazılabilir:

147

$$\delta S = \int_{t_1}^{t_2} \left[ \sum_a \delta p_a [\dot{q}_a - \frac{\partial H}{\partial p_a}] + \delta q_a [-\dot{p}_a - \frac{\partial H}{\partial q_a}] \right] dt$$

(8-3)

bu Hamilton denklemlerine yol açar $\delta S = 0$:

$$\dot{q}_a = \frac{\partial H}{\partial p_a} \quad \text{and} \quad \dot{p}_a = -\frac{\partial H}{\partial q_a}.$$

(8-4)

Bu nedenle, bir tahminde bulunarak, Hamilton'un hareket denklemlerini yeni değişkenlerde korumak için ifade edebilmemiz gerekir.

$$\sum_a p_a \dot{q}_a - H(q_a, p_a, t)$$

$$= \sum_a P_a \dot{Q}_a - \tilde{H}(Q_a, P_a, t) + \{\text{total time derivative}\}$$

(8-5)

qQ }, { q,P }, { p,Q } 'ye göre eski ve yeni kanonik değişkenlere bağımlılıkla açıklanmaktadır . { p,P } (tüm değişkenler için aynı üretme fonksiyonunun kullanılmasına gerek yoktur; Routhian analizine benzer şekilde, bazı değişkenlerin Lagrangian ve diğerlerinin Hamiltonian cinsinden tanımlanmasını içeren karma bir analize yol açar). Çeşitli durumların anlatılması ayrıntılı olarak [25]'de yapıldığı için burada yapılmayacaktır. Belirli bir durumu ele almak için, { qQ } tipindeki dönüşüm üreteci fonksiyonunu düşünün ve üretebileceği kanonik dönüşümleri analiz edelim ([29]'daki kuralları takip ederek). Özellikle aşağıdakilere ilişkin varyasyon:

$$\sum_a P_a \dot{Q}_a - \tilde{H}(Q_a, P_a, t) + \frac{d}{dt} F(q_a, Q_a, t),$$

(8-6)

beklendiği gibi yeni değişkenler için Hamilton denklemini verir:

$$\dot{Q}_a = \frac{\partial \tilde{H}}{\partial P_a} \quad \text{and} \quad \dot{P}_a = -\frac{\partial \tilde{H}}{\partial Q_a}.$$

(8-7)

Şimdi toplam zaman türevini yeniden yazmak için çeşitli kısmi türevleri alırsak, aşağıdaki durumlarda yukarıdaki Hamilton denklemleriyle tutarlılığa ulaşabiliriz:

$$p_a = \frac{\partial}{\partial q_a} F(q_a, Q_a, t),$$

$$P_a = -\frac{\partial}{\partial Q_a} F(q_a, Q_a, t), \quad \tilde{H}(Q_a, P_a, t)$$

$$= H(q_a, p_a, t) + \frac{\partial}{\partial t} F(q_a, Q_a, t)$$

(8-8)

Bu nedenle, Değiştirilmiş Hamilton Prensibindeki Eylem tanımı, hareketin eşdeğer temsillerinin seçiminde dikkate değer bir esneklik sağlar. Seçilecek en basit şey, yeni koordinatların döngüsel ( $\dot{Q}_a = 0$ and $\dot{P}_a = 0$) olduğu bir durumdur ve bir sonraki bölümde açıklanan Hamilton-Jacobi Teorisinde yapılan da budur.

## 8.1 Hamilton-Jacobi Denklemi

[29]'un türetilmesini ve gösterimini kullanarak artık Hamilton-Jacobi Teorisi olarak bilinen şeye ulaşmanın basit bir yolu var. Buradaki fikir, koordinatların döngüsel olmasını sağlayacak bir dönüşüme sahip olmaktır. Ancak kanonik dönüşüme başlamadan önce, $F(q_a, Q_a, t)$ bir Legendre dönüşümü yoluyla fonksiyondan belirtilen yeni bir fonksiyona geçiş yapılmasına yardımcı olur. $S(q_a, P_a, t)$ Döngüsel koordinatların durumuna yönelik bu yeni işlev, S daha önce belirtildiği gibi Eylem olacaktır. O halde ilk önce Legendre dönüşümünü düşünün (sabit sınır koşullarından dolayı tüm yüzey terimleri sıfır olduğundan burada çalışır):

$$F(q_a, Q_a, t) = -\sum_a P_a Q_a + S(q_a, P_a, t)$$

(8-9)

İlk olarak diferansiyel, tanım gereği bağımlı değişkenleri cinsindendir:

$$dF = \sum_a (\frac{\partial F}{\partial q_a} dq_a + \frac{\partial F}{\partial Q_a} dQ_a) + \frac{\partial F}{\partial t} dt = \sum_a (p_a dq_a - P_a dQ_a) + \frac{\partial F}{\partial t} dt$$

ama yukarıdan ayrıca:

$$dF = -\sum_a (P_a dQ_a + dP_a Q_a) + dS$$

(8-10)

Böylece,

$$dS = \sum_a (p_a dq_a + Q_a dP_a) + \frac{\partial F}{\partial t} dt,$$

(8-11)

149

fonksiyonel bağımlılığın gerçekten olduğunu görebiliriz $S(q_a, P_a, t)$.
Kısmi türev için tanım gereği aşağıdaki ilişkileri alırsak:

$$p_a = \frac{\partial}{\partial q_a} S(q_a, P_a, t),$$

$$Q_a = \frac{\partial}{\partial P_a} S(q_a, P_a, t), \qquad \frac{\partial}{\partial t} S(q_a, P_a, t) = \frac{\partial}{\partial t} F(q_a, Q_a, t)$$

$$(8\text{-}12)$$

sonra şunu elde ederiz:

$$\tilde{H}(Q_a, P_a, t) = H(q_a, p_a, t) + \frac{\partial}{\partial t} S(q_a, P_a, t)$$

$$(8\text{-}13)$$

herhangi biri $S(q_a, P_a, t)$, yapım yoluyla kanonik bir dönüşüm üretecektir.
Şimdi öyle $\tilde{H}(Q_a, P_a, t) = 0$bir kanonik dönüşüm seçelim ki $S(q_a, P_a, t)$,
$\tilde{H}$bu nedenle hiçbir bağımlılığı yoktur $Q_a$ve $P_a$bunlar döngüsel
koordinatlardır. Bu durumda şu sonuca varıyoruz:

$$0 = H(q_a, p_a, t) + \frac{\partial}{\partial t} S(q_a, P_a, t) = H\left(q_a, \frac{\partial S}{\partial q_a}, t\right) + \frac{\partial}{\partial t} S(q_a, P_a, t)$$

ve $P_a$hareketin sabitleri olduğundan Hamilton-Jacobi Denklemini elde
ederiz:$Q_a$

$$H\left(q_a, \frac{\partial S}{\partial q_a}, t\right) + \frac{\partial}{\partial t} S(q_a, t) = 0$$

$$(8\text{-}14)$$

) eklenmesiyle çözülebilen birinci dereceden bir kısmi diferansiyel
denklemdir :$\{c_a\}$ and $S_0$

$$S = S(q_a, c_a, t) + S_0$$

sabit olarak $\{P_a\}$seçersek, $\{c_a\}$Hamilton Prensip Fonksiyonu olarak
bilinen çözümün klasik formuna döneriz:

$$S = S(q_a, P_a, t) + S_0$$

$$(8\text{-}15)$$

Neresi

$$p_a = \frac{\partial}{\partial q_a} S(q_a, P_a, t), \qquad Q_a = \frac{\partial}{\partial P_a} S(q_a, P_a, t).$$

$$(8\text{-}16)$$

Bu formun önemli olmasının nedeni, verilen $\{P_a\}$ ve $\{Q_a\}$ hareketin sabitleri olan ikinci ilişki nedeniyle, yalnızca zamanın bir fonksiyonu olan hareketin bir tanımını vermenin tersinir olmasıdır:

$$q_a = q_a(\{Q_a\}, \{P_a\}, t)$$

Böylece hareket açıkça bir yol olarak tanımlanır (t ile parametrelendirilmiştir). Bu yol boyunca türevini ele alalım :S

$$\frac{dS}{dt} = \sum_a \frac{\partial S}{\partial q_a} \dot{q}_a + \frac{\partial S}{\partial t} = \sum_a p_a \dot{q}_a - H = L(q_a, \dot{q}_a, t)$$

Böylece,

$$S = \int_{t_0}^{t} L(q_a, \dot{q}_a, \tau) d\tau + S_0(t_0)$$

(8-17)

Veya, zaman değişkeni gösterimini biraz değiştirerek, Bölüm 3'ün başında bahsettiğimiz, Hamilton'un "eylem formülasyonu" olarak orijinal olarak öne sürülen forma ulaşırız:

$$S = \int_{t_1}^{t_2} L(q, \dot{q}, t) dt$$

(8-18)

***Örnek 8.1.*** Eylem için bir ifadeyle başlayalım:

$$S = (q, q_0, t, t_0) = \frac{m\omega}{2\sin\omega t}\{(q^2 + q_0^2)\cos\omega t - 2qq_0\}; \quad T = t - t_0.$$

Hangi sistem sonuçları? Hamiltoniyen nedir? Yörüngeler nelerdir?

Çözüm:

$$H = -\frac{\partial S}{\partial t} = \frac{m\omega^2}{(2\sin\omega t)^2}\{-4qq_0\cos\omega t + 2(q^2 + q_0^2)\}.$$

Yeniden inşa edebileceğimiz

$$p = \frac{\partial S}{\partial q} = \frac{m\omega}{2\sin\omega t}\{2q\cos\omega t - 2q_0\}$$

$$p^2 = 2m\left[\frac{m\omega^2}{2\sin^2\omega t}\right][q^2\cos^2\omega t - 2qq_0\cos\omega t + q_0^2]$$

$$\frac{p^2}{2m} = \frac{m\omega^2}{(2\sin\omega t)^2}\{-2q^2\sin^2\omega t - 4qq_0\cos\omega t + 2(q^2 + q_0^2)\}.$$

Böylece Hamiltoniyen şu şekilde yazılabilir:

151

$$H = \frac{p^2}{2m} + \frac{m\omega^2}{(2\sin\omega t)^2}\{2q^2\sin^2\omega t\} = \frac{p^2}{2m} + \frac{m\omega^2 q^2}{2} = \frac{1}{2m}[p^2 + m^2\omega^2 q^2].$$

Dolayısıyla korunan miktar, yani enerji:

$$E = \frac{1}{2m}[p^2 + m^2\omega^2 q^2].$$

Bu harmonik bir osilatördür. Şimdi yörüngeleri alalım:

$$\dot{q} = \frac{\partial H}{\partial p} = \frac{p}{m} \quad \text{and} \quad \dot{p} = -\frac{\partial H}{\partial q} = m\omega^2 q.$$

Olası bir çözüm kümesi:

$$q = \sqrt{2E/m\omega^2}\cos\omega t \quad \text{and} \quad p = \sqrt{2mE}\sin\omega t.$$

***Alıştırma 8.1.*** Tüm çözümleri bulun.

***Örnek 8.2.*** Hem uzayda hem de zamanda sabit olan bir kuvvetin etki ettiği bir parçacığa ilişkin tek boyutlu hareket için HJ denklemini çözün.

***Çözüm***

1D'deki HJ denklemi:

$$H(q, p) + \frac{\partial S}{\partial t} = 0, \quad p = \frac{\partial S}{\partial q}, \quad H\left(q, \frac{\partial S}{\partial q}\right) + \frac{\partial S}{\partial t} = 0.$$

(a) Uzay ve zamanda kuvvet sabiti olan, göreceli olmayan 1 boyutlu parçacık için:

$$F = -\frac{\partial V}{\partial q} = \alpha \rightarrow V = -\alpha q,$$

ve kinetik enerji için her zamanki gibi elimizde:

$$T = \frac{1}{2}m\dot{q}^2.$$

Lagrange şu şekildedir:

$$L = T - V = \frac{1}{2}m\dot{q}^2 + \alpha q.$$

Şimdi Hamiltonyen'i oluşturmak için önce momentum:

$$p = \frac{\partial L}{\partial \dot{q}} = m\dot{q},$$

Böylece:

$$H(q, p, t) = \dot{q}p - L = \frac{p^2}{m} - \frac{1}{2}m\left(\frac{p}{m}\right)^2 - \alpha q = \frac{p^2}{2m} - \alpha q.$$

Bunu 1D HJ denkleminde kullanarak şunu elde ederiz:

$$\frac{1}{2m}\left(\frac{\partial S}{\partial q}\right)^2 + \alpha q + \frac{\partial S}{\partial t} = 0.$$

Formun bir çözümünü tahmin edersek:

$$S(q, E, t) = w(q, E) - Et \rightarrow \frac{\partial S}{\partial t} + H = 0 \rightarrow H = E.$$

Fonksiyonun çözümü $w(q, E)$:

$$\frac{1}{2m}\left(\frac{\partial w}{\partial q}\right)^2 = E - \alpha q \rightarrow \frac{\partial w}{\partial q} = \sqrt{2m(E - \alpha q)}.$$

Böylece,

$$S = \sqrt{2mE} \int dq \sqrt{1 - \frac{\alpha q}{E}} - Et \rightarrow S$$

$$= \sqrt{2mE} \cdot \frac{2\sqrt{\left(1 - \frac{\alpha q}{E}\right)^3}}{3\left(-\frac{\alpha}{E}\right)} - Et + f(x_0)$$

*Alıştırma 8.2.* Uzayda sabit olan ve zamanda doğrusal olarak artan bir kuvvetin etki ettiği bir parçacığa yönelik tek boyutlu hareket için HJ denklemini çözün.

## 8.2 Hamilton-Jacobi denkleminden Schrödinger Denklemine

Klasik mekanik şu ana kadar göreceli ve alan dışı olmuştur, ikincisinin idealleştirilmiş anlamı dışında. Dahası, madde yerçekimsel olarak biriktiğinde, çökmesinin, elektrodinamiğin çökmeyen çözümlerine giden malzeme sıkıştırma özellikleri tarafından bir noktada durdurulacağını anlıyoruz. Yani nesnelerimiz şu ana kadar klasik elektrodinamik olmayan davranışlarına göre basitleştirildi. Göreliliği açıklamaya çalıştığımızda veya alanları kendi başlarına dinamik olarak tanımlamaya çalıştığımızda yeni zorluklarla karşılaşırız (elektrodinamik ışınımsal çöküş gibi) ve bir kuantum teorisi belirtilir. Klasik teoriyi kuantum teorisine bağlayan üç ana formalizm vardır (Schrodinger, Heisenberg ve Feynman-Dirac). Mevcut teoride yarı klasik bir çözüm içeren daha önceki bir girişimdeki daha eski Bohr-Sommerfeld Kuantizasyonu da var. Tartışılacak ilk şey, operatörlerin uygun şekilde ikame edilmesiyle Hamilton-Jacobi denklemiyle doğrudan ilişkili olan Schrödinger dalga denklemi kuantizasyon biçimidir.

Klasik Hamilton-Jacobi denkleminin diferansiyeli vardır $\partial / \partial q_a$:

$$H\left(q_a, \frac{\partial S}{\partial q_a}, t\right) + \frac{\partial}{\partial t} S(q_a, t) = 0$$

(8-19)

Schrödinger kuantum teorisinde, formun bir dalga fonksiyonuyla başlayan bir dalga fonksiyonu operatör formalizmine geçiyoruz:

$$\psi(q_a, t) \propto e^{\frac{i}{\hbar} S(q_a, t)},$$

153

burada eylemin dalga fonksiyonuna bir aşama olarak girdiğini görüyoruz.

Dalga fonksiyonuna etki eden, $p_a$(klasik ifade) $\frac{\partial}{\partial q_a}$ile değiştirilmeyen,

ancak $\frac{\partial S}{\partial q_a}$bir operatör ifadesinin parçası olarak değiştirilen bir operatör ifadesidir:

$$H(q_a, p_a, t) + \frac{\partial}{\partial t} S(q_a, t) = 0 \rightarrow \left\{ H\left(q_a, \frac{\partial}{\partial q_a}, t\right) + \frac{\partial}{\partial t} \right\} \exp \frac{i}{h} S(q_a, t) = 0$$

(8-21)

ikincisi Schrödinger denkleminin bir şeklidir (daha fazla ayrıntı [42]'de).

Kuantum hareket denklemi, ilk olarak $\frac{S}{h}$, daha sonra klasik mekaniği kurtarır, çünkü

$$\left\{ H\left(q_a, \frac{\partial S}{\partial q_a}, t\right) + \frac{\partial S}{\partial t} \right\} \exp \frac{i}{h} S(q_a, t) = 0 \rightarrow H\left(q_a, \frac{\partial S}{\partial q_a}, t\right) + \frac{\partial}{\partial t} S(q_a, t)$$
$$= 0.$$

(8-22)

Yarı klasik fizik daha sonra klasik olmayan etkilere yol açan ikinci ve daha yüksek dereceli terimlerin ilk karışımını tanımlar.

Sınırlı konfigürasyonlar için, kritik Hidrojen atomu gibi Schrödinger denklemlerinin tam çözümleri mümkündür. Hidrojen atomuna uygulandığında kuantum fiziği, hidrojen atomunun kararlı bağlı durumlara sahip olduğu (ve basitçe çökmediği) klasik elektrostatik bilmecesini çözer.

**Örnek 8.3.** Potansiyeldeki tek bir parçacık için zamana bağlı Schrödinger denklemini düşünün $U(r, t)$. Bu kuantum mekaniği problemi [42]'de kapsamlı bir şekilde incelenecektir, ancak şimdi genel anlamda bakıldığında, daha geniş kuantum mekaniği dünyasında klasik mekaniği bekleyen yeni "yer" konusunda oldukça öğreticidir. Dalga fonksiyonu çözümünün yazılabildiği ansatz'ı düşünün:

$$\Psi(r, t) = A(r, t) \exp\left[\frac{i}{\hbar} \theta(r, t)\right],$$

(8-23)

nerede Ave θgerçek ve analitiktir $\hbar$. (a) İlgili HJ denkleminin (klasik Eylem'dir) bir çözümü olacak şekilde , en düşük mertebeden θgenişlemeyi gösterin . (b) Bir süreklilik denklemini $\hbar$karşılayan $A^2$sonraki sırayı gösterin $\hbar$(bu, [42]'deki Born yorumunu motive etmeye yardımcı olacaktır).

154

## Çözüm

(a) Zamana bağlı Schrödinger denklemi için elimizde:

$$i\hbar \frac{\partial}{\partial t} \Psi(r,t) = \hat{H}\Psi(r,t).$$

Potansiyeldeki tek bir parçacık için elimizde:

$$\hat{H} = \frac{\hat{p}^2}{2m} + \hat{U}(r,t) = -\frac{\hbar^2}{2m}\nabla^2 + U(r,t),$$

Böylece,

$$i\hbar \frac{\partial}{\partial t}\Psi(r,t) = -\frac{\hbar^2}{2m}\nabla^2\Psi(r,t) + U(r,t)\Psi(r,t).$$

, } θcinsinden bir denklem elde etmek için belirtilen çözümü deneyelim A:

$$i\hbar\frac{\partial A}{\partial t} - A\frac{\partial \theta}{\partial t} = -\frac{\hbar^2}{2m}\nabla^2 A - \frac{i\hbar}{m}\nabla A\nabla\theta + \frac{A}{2m}(\nabla\theta)^2 - \frac{i\hbar}{2m}A\nabla^2\theta + AU.$$

, $\hbar^0$'de sıfırıncı sırada $\hbar$şu terimlere sahibiz:

$$\frac{\partial\theta}{\partial t} = -\left[\frac{(\nabla\theta)^2}{2m} + U\right].$$

Değişken için HJ (Hamilton-Jacobi) denklemi θşöyledir:

$$H(r,\nabla\theta) + \frac{\partial\theta}{\partial t} = 0 \rightarrow \frac{\partial\theta}{\partial t} = -\left[\frac{(\nabla\theta)^2}{2m} + U\right],$$

bu tam olarak sıfırıncı dereceden ilişkidir.

' $\hbar^1$deki ilk sırada $\hbar$şu terimlere sahibiz:

$$i\hbar\frac{\partial A}{\partial t} = -\frac{i\hbar}{m}\nabla A\nabla\theta - \frac{i\hbar}{2m}A\nabla^2\theta,$$

ile çarpma Ave yeniden gruplama:

$$\frac{\partial A^2}{\partial t} = -\frac{1}{m}\nabla(A^2\nabla\theta) \rightarrow \frac{\partial\rho}{\partial t} = -\nabla\left(\rho\frac{\nabla\theta}{m}\right), \text{where } \rho = A^2,$$

Böylece şunu elde ederiz:

$$\frac{\partial\rho}{\partial t} + \nabla\cdot(\rho v) = 0, \text{where } v = \frac{\nabla\theta}{m},$$

nerede ρbir sıvı yoğunluğu gibidir ve vbir akış hızı vektör alanı gibidir.

*Alıştırma 8.3.* İkinci dereceden ne açığa çıkar $\hbar$?

## 8.3 Hareket Açısı Değişkenleri ve Bohr/Sommerfeld-Wilson Nicelemesi

Ayrılabilir ve periyodik olan sınırlı korunumlu hareketin özel durumu için, hareket açısı değişkenleri olarak bilinenlere geçiş yapabiliriz. "Eylem değişkenleri", her bir serbestlik derecesi için bir hareket periyodu boyunca faz uzayındaki alanın integrali olarak tanımlanır:

$$J_a = \oint p_a dq_a$$

(8-24)

Sonuçta elde edilenler yalnızca burada $\{J_a\}$ ile gösterilen ve [29] gösterimini takip eden hareket sabitlerine bağlıdır :$\alpha_a$

$$J_a = J_a(\{\alpha_a\}).$$

(8-25)

Veya ters çevirip yeniden adlandırma $\alpha_1 = E$:

$$E = H(\{J_a\}).$$

(8-26)

Türetmeyle ilgili daha fazla ayrıntı [29]'da bulunabilir. Buradan hareket değişkenleri aracılığıyla ifade edilen yukarıdaki Hamiltoniyen cinsinden sistemin temel frekanslarını belirleyebiliriz:

$$\nu_a = \frac{\partial}{\partial J_a} H(\{J_a\}).$$

(8-27)

Sommerfeld-Wilson kuantizasyonunda, eylem değişkenlerinin Plank sabitinin tamsayı miktarlarıyla nicelenmesi gerektiği önerildi:

$$J_a = \oint p_a dq_a = nh$$

(8-28)

## 8.4 Poisson Parantezleri

Poisson Parantezleri kanonik koordinatlarda çalışırken özel bir form alırlar ve ne olursa olsun Hamiltoniyen cinsinden tanımlanırlar, dolayısıyla Poisson Parantezlerinin sunumu bu nedenle buraya yerleştirilmiştir. Kanonik koordinatlarda, kanonik koordinatların (bazı faz uzaylarında) $\{ \}$ i $= 1..$ Nile verildiği iki fonksiyonu $p_i, q_i$ve , $g(q_i, p_i, t)$düşünelim $f(q_i, p_i, t)$. Bu iki fonksiyonun Poisson parantez fonksiyonu $\{ \}$ ile gösterilir f, gve şu şekilde tanımlanır:

$$\{f, g\} = \sum_{i=1}^{N} \left( \frac{\partial f}{\partial q_i} \frac{\partial g}{\partial p_i} - \frac{\partial f}{\partial p_i} \frac{\partial g}{\partial q_i} \right).$$

(8-29)

Dolayısıyla tanım gereği elimizde:

$$\{q_i, q_j\} = 0, \quad \{p_i, p_j\} = 0, \quad \text{and} \quad \{q_i, p_j\} = \delta_{ij},$$

(8-30)

Kronecker deltasının kullanıldığı yer ( $\delta_{ij} = 1$ if i = j ve $\delta_{ij} = 0$ aksi halde).

Poisson parantezlerinin korunduğu tek parametreli semplektomorfizm ailesi (kanonik ve alan koruyucu difeomorfizmler) [37] tarafından indüklenen semplektik manifold üzerindeki bir fonksiyonun zaman gelişimini inceliyoruz .

Poisson parantezlerini Kuantum mekaniği üzerine [42]'de tekrar genelleştirilmiş Poisson parantezleri olarak göreceğiz; bunlar kuantizasyon sonrasında Moyal parantezlerine (Poisson Parantezleriyle ilişkili Lie cebiri, Poisson cebirinin bir genellemesi) deforme olur. Hilbert uzayı açısından sıfır olmayan kuantum komütatörlere ulaşıyoruz.

# Bölüm 9. Pertürbasyon teorisi, Boyutsal analiz, ve Fenomenoloji

## 9.1 Hamilton Pertürbasyon Teorisi

Pertürbasyon teorisinde bilinen bir çözümü veya sistemi (tipik olarak hareketin sabitleri açıkça ortaya konmuş bir Hamilton tanımlaması) ele alırız ve bu sistemde küçük bir "pertürbasyonu" dikkate alırız. Daha sonra, daha basit diferansiyel problemleri çeşitli derecelerde ayrı ayrı çözerek çözümümüz için bir pertürbasyon genişletmesi yaparız (bazı tartışmalar ve genel olarak Adi Diferansiyel Denklem pertürbasyon çözüm yöntemlerinin örnekleri için Ek A'ya bakın).

*Örnek 9.1. Tam bir Hamiltonyen içeren pertürbasyon teorisi.*
, bilinen çözümleri olan daha basit bir Hamiltoniyen $H_0(q, p, t)$ ve pertürbasyon kısmını $\Delta H(q, p, t)$ içeren pertürbasyon teorisini ele alalım $H(q, p, t)$; burada $\Delta H \ll H_0$:

$$H(q, p, t) = H_0(q, p, t) + \Delta H(q, p, t).$$

(9-1)

Tüm değişkenleri bir pertürbasyon parametresinde (içinde görünen) çeşitli derecelere genişletiriz $\Delta H$.

Yay geri getirme kuvvetinin pertürbasyon olarak görüldüğü serbest hareket örneğini düşünün. Bu örnekte herhangi bir pertürbasyon teorisi olmadan tam çözümü biliyoruz, böylece sonucumuzun nasıl performans gösterdiğini görebiliriz. Dolayısıyla $H_0$ elimizdeki $H_0 = p^2/2m$ ve pertürbasyon için kanonik koordinatlarda yay potansiyelinin çözüm formunu kullanalım: $\Delta H = (m\omega^2/2)x^2$. Daha sonra olağan sonucu elde etmek için Hamilton denklemlerini değerlendirebiliriz:

$$\dot{x} = \frac{p}{m} \quad ; \quad \dot{p} = -m\omega^2 x$$

(9-2)

(herhangi bir yaklaşım olmadan). Bir pertürbasyon olarak ele alındığında, pertürbasyon parametresi olarak ele alalım $\omega^2$, dolayısıyla sıfırıncı dereceden elimizde $\dot{p}_0 = 0$ ve var $\dot{x}_0 = p_0/m$. Böylece

$$p^{(0)} = p_0 = \text{const.} \quad ; \quad x^{(0)} = x_0 = \left(\frac{p_0}{m}\right) t,$$

(9-3)

başlangıç koşulunu seçeceğimiz yer $x(t = 0) = 0$. Şimdi ilk siparişte şunu elde ediyoruz:

$$\dot{p}^{(1)} = -m\omega^2 x^{(0)} = -\omega^2 p_0 t \quad \rightarrow \quad p^{(1)}(t) = p_0 - \frac{1}{2}\omega^2 p_0 t^2$$

$$(9\text{-}4)$$

Ve

$$\dot{x}^{(1)} = \frac{p^{(1)}}{m} = \frac{p_0}{m} - \frac{1}{2m}\omega^2 p_0 t^2 \quad \rightarrow \quad x^{(1)}(t) = \frac{p_0}{m}t - \frac{1}{6m}\omega^2 p_0 t^3.$$

$$(9\text{-}5)$$

Şimdi bilinen tam çözümle karşılaştırırsak:

$$p(t) = p_0 \cos\omega t \quad ; \quad x(t) = \frac{p_0}{m\omega}\sin\omega t,$$

$$(9\text{-}6)$$

İlk siparişten itibaren tam bir anlaşma görebiliriz.

Eğer zamana bağlı bir pertürbasyon varsa, o zaman genellikle Hamilton formülasyonundan Hamiltonian-Jacobi formülasyonuna geçilir [37]. Kurulumu daha önce olduğu gibi düşünün , ancak şimdi $H = H_0 + \Delta H$kanonik dönüşümün üreten fonksiyonu olan $\{q, p\} \rightarrow \{\alpha, \beta\}$ana fonksiyonu şu şekilde elde ettiğimize dair ek bilgiye sahibiz S:

$$H_0\left(q, \frac{\partial S}{\partial q}, t\right) + \frac{\partial}{\partial t}S(q, \alpha, t) = 0.$$

$$(9\text{-}7)$$

ile ilgili olarak $H_0$değişkenler $\{\alpha, \beta\}$kanoniktir ve dolayısıyla sabittir. Bunlarla ilgili olarak Hsabit olmayacaklar ancak yine de kanonik değişkenlerimiz olarak seçilecekler (let $\{P = \alpha, Q = \beta\}$):

$$P = \alpha(q, p) \quad ; \quad Q = \beta(q, p).$$

$$(9\text{-}8)$$

Zamana bağlı pertürbasyonla tedirgin Hamiltonian H için standart HJ formuna yeniden biçimlendirme:

$$H(\alpha, \beta, t) = H_0(\alpha, \beta, t) + \Delta H(\alpha, \beta, t) + \frac{\partial S}{\partial t} = \Delta H(\alpha, \beta, t),$$

$$(9\text{-}9)$$

ve o zamandan beri $\dot{Q} = \frac{\partial H}{\partial P}$ve $\dot{P} = -\frac{\partial H}{\partial Q}$tam ilişkileri elde ediyoruz:

$$\dot{\alpha} = -\frac{\partial \Delta H}{\partial \beta} \quad ; \quad \dot{\beta} = \frac{\partial \Delta H}{\partial \alpha}.$$

$$(9\text{-}10)$$

Kesin çözümler çoğu zaman mümkün olmadığından, daha önce olduğu gibi pertürbasyon genişletmeleri yapıyoruz. Burada, sıfırıncı dereceden elde edilen değerler daha önce olduğu gibi birinci derecenin hesaplanmasında kullanılır:$\{\alpha, \beta\}$

$$\dot{\alpha}^{(1)} = -\frac{\partial \Delta H}{\partial \beta}, \quad \alpha = \alpha^{(0)}, \quad \beta = \beta^{(0)},$$

$$(9\text{-}11)$$

ve benzer şekilde için $\dot{\beta}^{(1)}$ ve daha sonra gerektiğinde daha yüksek sırada yinelenir.

*Alıştırma 9.1.* HJ pertürbasyon yaklaşımını daha önce ele alınan yay sistemine uygulayın ve sonucu HJ formalizminde yeniden elde edin.

## 9.2 Boyut analizi

Şu ana kadar kullanılan diferansiyel matematikten farklı olarak fiziğin boyutsal nicelikleri vardır (her ne kadar boyutsal nicelikler olarak hareket edebilen matematiksel öğeler eklenebilirse de). Boyutsuz miktarlar boyutsuz ürünler halinde gruplandırılabilir. Örneğin, Stefan-Boltzmann Yasası ([42,45]'te açıklanmıştır), T Sıcaklığındaki duvarlara sahip V hacmindeki bir boşluktaki E ışınım enerjisi arasındaki ilişkiyi verir:

$$\frac{E}{V} = \frac{8\pi^5}{15}\frac{k_B^4 T^4}{c^3 h^3}.$$

$$(9\text{-}12)$$

Fizik matematiksel formüllerinin terimlerin boyutluluğu konusunda tutarlı olması gerekir.

## *Örnek 9.2. Dairesel bir yörüngede yuvarlanan bir mermer*

Yarım açısı (dikeyden) eşit olan, ters çevrilmiş bir koninin içinde dairesel bir yörüngede yuvarlanan bir mermeri düşünün (bu tür daha fazla örnek için [62]'ye bakınız) θ. Sistemin değişkenleri yörünge periyodu τ, kütle m, yörünge yarıçapı R, yerçekimine bağlı ivme gve yukarıda belirtilenlerdir θ. Boyutsuz bir ürün yapalım:

$$\tau^{\alpha} m^{\beta} R^{\gamma} g^{\delta} = [T]^{\alpha}[M]^{\beta}[L]^{\gamma}[LT^{-2}]^{\delta} = T^{\alpha-2\delta}M^{\beta}L^{\gamma+\delta},$$

$$(9\text{-}13)$$

ve $\beta = 0$ ve ise $\gamma + \delta = 0$ boyutsuzdur $\alpha - 2\delta = 0$ veya basitleştirerek şunu elde ederiz:

$$\beta = 0 \text{ Ve } \gamma = -\delta = -\alpha/2.$$

Böylece şu ilişkiye sahibiz:

$$\tau = \sqrt{\frac{R}{g}} f(\theta).$$

$$(9\text{-}14)$$

Çok daha fazla çabayla, ayrıntılı bir analiz bunu gösteriyor $f(\theta) = 2\pi\sqrt{\tan\theta}$.

*Alıştırma 9.2.* Göstermektedir $f(\theta) = 2\pi\sqrt{\tan\theta}$.
Teoremi [62] ile verilmektedir .$\Pi$

## 9.2.1 Buckingham $\Pi$Teoremi

1. Eğer bir denklem boyutsal olarak homojense, bağımsız boyutsuz çarpımların tam bir seti arasındaki ilişkiye indirgenebilir [63]
2. Tam ve bağımsız boyutsuz Ürünlerin sayısı, $N_P$boyutsuz Değişkenlerin (ve sabitlerin) sayısından aşağıdaki $N_V$formülleri ifade etmek için gereken $N_P = N_V - N_D$Boyutların sayısının çıkarılmasına eşittir: $N_D$.

Yukarıdaki yöntemlerin açıklanması en iyi şekilde birkaç örnekle gösterilmektedir.

*Örnek 9.3. Sarkaç boyutsal analizi.*
Periyodu $\tau$, kütlesi m, kol uzunluğu l, yerçekimine bağlı ivmesi olan bir sarkaç için g:
$$\tau^\alpha m^\beta l^\gamma g^\delta = [T]^\alpha [M]^\beta [L]^\gamma [LT^{-2}]^\delta = T^{\alpha-2\delta} M^\beta L^{\gamma+\delta},$$
öncekiyle aynı çözüme sahip (ancak no ile $\theta$), böylece elimizde:

$$\tau = C\sqrt{\frac{l}{g}},$$

bir sabit nerede .C

*Alıştırma 9.3.* Sürtünmesiz yüzey üzerinde bir ucu bağlı, diğer ucu ihmal edilemeyecek kütleye sahip yatay yay hareketi için yeniden yapın.

*Örnek 9.4. GI Taylor tarafından Nükleer Patlama Analizi [33]*
Bu, bir nükleer patlamanın veriminin (enerjisinin), bir Gazetede yayınlanan bir dizi yüksek hızlı fotoğraftan (patlamanın yayılmasını gösteren gerekli zaman damgalarıyla birlikte) belirlendiği ünlü bir örnektir. Genişleyen bir patlama dalgasının yarıçapını gösterelim, patlamadan itibaren geçen süre olsun t, Rsalınan enerji olsun Eve (başlangıç) atmosferik yoğunluk olsun $\rho$.

*Alıştırma 9.4. Bunu* bazı (boyutsuz) sabitler için kgösterin $E = k\rho R^5/t^2$.

*Örnek 9.5.* Hamiltonyen'i düşünün:

$$H = \frac{1}{2}\left(P_x{}^2 + P_y{}^2\right) + 2x^3 + xy^2$$

Bunun için Hamilton denklemleri şunu verir:

$$\dot{x} = P_x; \quad \dot{y} = P_y; \quad \dot{P}_x = -(6x^2 + y^2); \quad \dot{P}_y = -(2xy).$$

İlk korunan miktarımız olan Enerji'ye sahibiz $E = H$ ve Enerji boyutluluğuna atıfta bulunarak bir terimler tablosu oluşturalım:

| Terim | E'de sipariş ver |
|---|---|
| x, y | 1/3 |
| $P_x$, $P_y$ | ½ |
| $\frac{d}{dt}$ | 1/6 |
| H | 1 |

Yukarıdaki "yapı taşları"nın formuyla tutarlı sıfır verecek şekilde ( )' $\dot{W}$ den oluşturulabilecek $x, y, P_x, P_y, \dot{x}, \dot{y}, \dot{P}_x, \dot{P}_y$ ikinci bir korunan miktar istiyoruz . $W$ Terimlerin bağlandığı tek yer burası $W$ olduğundan , içinde olmaları gerekir $\dot{P}_x, \dot{P}_y$. Sırası 2/3 olduğundan , $\dot{P}_x, \dot{P}_y$ mertebesi 2/3 $\geq$ olmalıdır $\dot{W}$. Ayrıca $W$ tam bir diferansiyel olmalıdır ( ile olduğu gibi H).

Durum 1: $\dot{W}$ 2/3 sırasını düşünün, bu şu anlama gelir:

$$\dot{W} = \alpha \dot{P}_x + \beta\, \dot{P}_y + ax^2 + bxy + cy^2,$$

katsayıların tümü seçebileceğimiz sabitlerdir. Ancak bu ifade herhangi bir sabit seçimi için tam bir diferansiyel değildir, dolayısıyla bu durum işe yaramaz.

Durum 2: $\dot{W}$ 5/6 sırasını düşünün, bu şu anlama gelir:

$$\dot{W} = \alpha x P_x + \beta y P_x + \gamma y P_y + \delta x P_y + ax\dot{x} + bx\dot{y} + cy\dot{x} + dy\dot{y}.$$

Bu ifade de tam bir diferansiyel olmadığından bu durum işe yaramıyor.

Durum 3: $\dot{W}$ 6/6 sırasını düşünün, ... gibi terimler var $x\dot{P}_x$ ve yine çözüm yok.

Durum 4: $\dot{W}$ 7/6 mertebesinde olduğunu düşünün, bu işe yarar, ancak ilk korunan miktarı, yani Hamiltoniyenin kendisini kurtarır.

Durum 5: $\dot{W}$ sıranın 8/6 olduğunu düşünün, ... gibi terimleri var $x^2\dot{P}_x$ ve yine çözüm yok.

163

Durum 6: $\dot{W}9/6$ sırasını düşünün,... bu işe yarıyor. Genel form şu anda:
$$\dot{W} \propto E^{3/2} \quad \rightarrow \quad W \propto E^{4/3}$$
genel ifade şu Wşekildedir:
$$W = a_1 x^4 + a_2 x^3 y + a_3 x^2 y^2 + a_4 xy^3 + a_5 y^4$$
$$+ b_1 x P_x^2 + b_2 x P_x P_y + b_3 x P_y^2 + b_4 y P_x^2 + b_5 y P_x P_y + b_6 y P_y^2$$

için genel ifade $\dot{W}$şu şekildedir:
$$\dot{W} = x^3 P_x (4a_1 - 12b_1) + \cdots,$$
burada her terim için sabit katsayıların her biri ayrı ayrı sıfıra eşittir. Dolayısıyla belirtilen 11 bilinmeyen için 12 denklem vardır. Çözdüğümüzde şunu buluyoruz:

$$W = x^2 y^2 + \frac{1}{4} y^4 - x P_y^2 + y P_x P_y.$$

### 9.2.2 Boyutsal Analiz 22 Benzersiz boyutsal büyüklüğü gösterir [62]

6 temel boyut sabiti kümesiyle başlarsak, $\{G, \varepsilon_0, c, e, m_e, h\}$22 benzersiz boyutlu gruplamanın [62] ve 2 boyutsuz gruplamanın (Eddington-Dirac sayısı ve ince yapı sabiti) olduğunu buluruz. [45]'te yine 22 temel, boyutlu parametrenin belirtildiğini bulacağız .

*Alıştırma 9.5. 22* boyutlu gruplamayı tanımlayın .

### 9.3 Fenomenoloji

Temel bir teoriniz olmadığı halde yine de bazı olgulara ilişkin ampirik verilere dayalı bilimsel bir model oluşturmak istediğinizde, o zaman kurduğunuz şey fenomenolojik bir modeldir. Fenomenolojik bir model herhangi bir ilk ilkeye dayanmaz. Temel teoriler genellikle daha iyi anlaşılıncaya kadar fenomenolojik modeller olarak başlar. Örneğin Feynman, Fiziksel Yasa tanımlarında [64], fiziksel yasanın keşif sürecini aydınlanmış tahminler olarak tanımlar. Termodinamik genellikle başka yerlerden (enerjinin korunumu gibi) fizik yasasını ödünç alan fenomenolojik bir teori olarak görülür. Kısmen bu nedenle ve teorideki diğer gelişmeleri beklerken, termodinamik ve istatistiksel mekanik bağlamlarında fenomenoloji tartışması [44]'e kadar yapılmamıştır.

Modern teorik fizikteki en zor problemlerden bazıları fenomenolojik modeller (parçacık fiziği, yoğun madde fiziği, plazma fiziği) biçiminde ele alınmıştır. Her şey başarısız olursa fenomenolojiyi deneyin. Bunun

"Karanlık Yıldız" filminden ünlü bir örneği, kazara etkinleştirilen bir " termo-yıldız " bombasının etkisiz hale getirilmesiyle ilgilidir (bu, Şekil 8.1'de gösterilen yarı kamyon şeklindeki nesnedir). Bomba bir yapay zeka tarafından kontrol ediliyor ve mürettebat, bombayı etkisiz hale getirmek için en iyi şansının "ona fenomenolojiyi öğretmek" olduğuna karar verdi, böylece büyük resmi görebilir ve eğer istemiyorsa patlaması gerekmediğini fark edebilir. için..... Ne yazık ki, daha geniş bir perspektifle yeniden değerlendirildiğinde yapay zeka kendisinin tanrı olduğuna karar verir, "Işık olsun" der ve patlar. Fizikte de işler genellikle bu şekilde yürür, ancak bunun başka bir günü ve başka bir kitabı beklemesi gerekecek (elektromanyetizmanın tanımı için yakında çıkacak olan [40]'a bakınız).

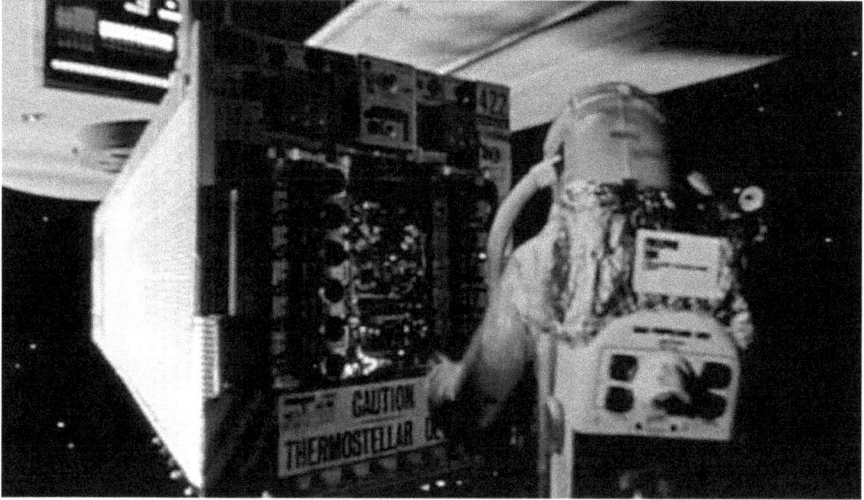

**Şekil 9.1** Mürettebat üyesi, "Dark Star" filminden bombanın yapay zeka fenomenolojisini öğretirken görülüyor.

# Bölüm 10. Ekstra Egzersizler

## Alıştırma 10.1.

sabit bir yay ile birleştirilen kiki nokta kütleden oluşan iki özdeş sistemin çarpışmasını düşünün m. Çarpışmadan önce her yay "gevşetilmiştir" veya sıkıştırılmamıştır. Çarpışmadan önce bir sistem vyayların çizgisi boyunca diğerine doğru hızla hareket ediyor ve ikinci sistem hareketsiz durumda. Çarpışan parçacıklar, "sonraki" resimde gösterildiği gibi 3 parçacıklı bir sistem oluşturacak şekilde birbirine yapışır. Çarpışma süresi kısa ise $\sqrt{\dfrac{m}{k}}$, find

(a) Çarpışmadan hemen sonraki üç son parçacığın her birinin hızı.
(b) Çarpışmadan sonraki zamanın bir fonksiyonu olarak en sağdaki parçacığın konumut

## Alıştırma 10.2.

Kütleleri ve konumları olan iki parçacık $m_1$ sırasıyla $m_2$ potansiyel $\vec{r}_1$ enerji $\vec{r}_2$( Ur) ile etkileşime girer, burada $r = \left| \vec{r}_1 - \vec{r}_2 \right|$.

(a) Bu sistemin Lagrangianını yazınız .L
(b) Göreli koordinatı $\vec{r} = \vec{r}_1 - \vec{r}_2$ ve kütle koordinatının merkezini tanımlayın $\vec{R} = \dfrac{\left( m_1 \vec{r}_1 + m_2 \vec{r}_2 \right)}{(m_1 + m_2)}$ . Lagrange'ı Lbu genelleştirilmiş koordinatlar cinsinden ifade edin. Lagrangian'ın koordinatı içeren kısmı $\vec{R}$ ve $L_r$ koordinatı içeren kısmı $\vec{r}$. olduğunu $L_R$ gösterin. Koordinatı $L = L_R + L_r$, ve kütlesi molan tek bir parçacığın Lagrangian'ı formunda $\vec{r}$ yazın $L_r$. Bu "azaltılmış kütle için ve $m_2$ cinsinden $m_1$ ifadeyi veriniz m.

(c) Problemin geri kalanında Lagrangian tarafından tanımlanan parçacığın hareketini düşünün. $L_r$
(the subscript r on L will be dropped for brevity).Z ekseni açısal momentum yönünü gösterecek şekilde silindirik koordinatlar seçin. $\vec{l} = \vec{r} \times \vec{p}$ Lagrangian'ı silindirik koordinatlarda $(r, \phi, z)$. yazın $P_i = \partial L / \partial \dot{r}_i$.

(ç) Şimdi açısal momentumun korunduğunu gösterin. Korunduğu için $\overrightarrow{\text{I}}$parçacığın düzlemde hareket ettiği varsayılabilir. z = 0.Bu Lagrangian'ı basitleştirir.

(d) Lagrange denklemleri sonucunda korunan bir enerjinin olduğunu gösteriniz ve bunu Ezaman türevleri cinsinden açıkça veriniz. r, φ Korunmuş açısal ifadeyi yazın

(e) ve lhareket sabitlerinin Eintegral fonksiyonu olarak rifade edilen tifadeden E.

(f) Benzer şekilde φve'nin l.integral fonksiyonu olarak ifade edinr, E,

## Alıştırma 10.3.

Kütlesi m olan bir parçacık, formun bir kuvvet alanı içinde hareket ediyorsa

$$\overrightarrow{F} - \left(-\frac{a}{r^2} + \frac{b}{r^{\frac{3}{2}}}\right)\hat{r}$$

Burada a ve b pozitif sabitlerdir.

(a) radyal aralıkta mümkündür?

(b) radyal aralıkta kararlıdır?

(c) Yarıçapı r olan dairesel bir yörünge etrafındaki küçük salınımların frekansını bulun $= \frac{a^2}{4b^2}$

## Alıştırma 10.4.

(a) Sonlu durgun kütlesi m olan izole bir parçacığın, sıfır durgun kütlesi olan tek bir parçacığa bozunamayacağını gösterin.

(b) Sıfır dinlenme kütlesine sahip tek bir parçacık, tümü sıfır dinlenme kütlesine ve pozitif enerjiye sahip olan n parçacığa bozunabilir mi? Eğer öyleyse, bir örnek verin. Değilse, bunun tüm n > 1 için imkansız olduğunu kanıtlayın.

## Alıştırma 10.5.

Uzunluğu a ve kütlesi m olan bir çubuk, uzunluğu a/3 olan kütlesiz bir ipe asılıyor. Bu sistemin kararlı denge konumundan küçük yer değiştirmeler için normal mod frekanslarını (öz frekanslar) elde edin.

## Alıştırma 10.6.

enine hareketini ( yani ipe dik hareket) düşünün. tüm sistem sürtünmesiz bir masa üzerinde yer almaktadır.

*Alıştırma 10.7.*

Bir silindir (kütlesi $M_1 R$ yarıçaplı ve yüksekliği h olan) kütlesiz bir disk üzerinde durmaktadır ve diskin merkezindeki sabit bir eksen etrafında dönmektedir (disk yarıçapı -D). Diskin ağız kısmına bir noktasal kütle eklenmiştir $M_2$. Silindir ile disk arasında sürtünme vardır. Enlem $D - 2R$ ve $M_1$-2 $M_2$. Boyutsuz kinetik sürtünme katsayısı cve yer çekimi ivmesi g'dir. silindirin başlangıç açısal hızı $(\omega_1^0)$ diskinkinin dört katıdır $(\omega_2^0)$, yani $\omega_1^0$-4 $\omega_2^0$. Yalnızca R, , ve g σcinsinden $M_1$, bulun

(A) Sistemin kararlı duruma ulaşması için gereken süre t.
(B) Diskin ve silindirin son açısal hızı.


*Alıştırma 10.8.*

L uzunluğunda bir ip her iki ucundan sabitlenmiştir, toplam kütlesi M'dir ve T gerilimi altında gerilmektedir. t = 0 zamanında, ipe d genişliğinde bir çekiç x = a konumunda (şemaya bakınız) vurulur. dizeyi başlangıç koşullarıyla titreştirmenin bir yolu.

$y(x, t = 0) = 0$ hepsi x
$\dot{y}(x, 0) = 0 \qquad 0 \le x \le a - \frac{d}{2}$
$\dot{y}(x, 0) = v_0 A \; -\frac{d}{2} \le x \le a + \frac{d}{2}$
$\dot{y}(x, 0) = 0$ bir $+\frac{d}{2} \le x \le L$

(a) İpin normal titreşim modundaki $\hat{y}$(zamana bağlı) kinetik enerjisi için bir ifade bulun $n^{th}$. (Uzunlamasına titreşim yoktur). Dalganın hızını ve frekansını problemde verilen sabitler cinsinden ifade edin.
(b) n = 3 titreşim modunda enerjiyi maksimuma çıkaracak çekicin x = a konumunu ve d genişliğini bulun.

*Alıştırma 10.9.*

Bir parçacık sikloid üzerinde hareket etmekle sınırlıdır:
$x = a\cos^{-1}\left(\frac{a-y}{a}\right) + \sqrt{2ay - y^2} \;\; (0 \le y \le 2a)$
Yer çekiminin etkisi altında (y ekseni yukarıyı gösterir).
(ğ) Bu sistem için Lagrangian'ı yazın.
(ii) Euler denklem(ler)ini elde edin.

169

(iii) Parçacığın $y = y_0$ başlangıç hızı sıfır olan bir noktadan başladığını varsayalım: eğrinin tabanına ulaşmak için geçen sürenin $(y = 0)$ bağımsız olduğunu gösterin. $y_0$.

$$\left[ \text{You may need the integral} \int \frac{du}{\sqrt{u - u^2}} = \sin^{-1}(2u - 1) u < 1 \right]$$

*Alıştırma 10.10.*

(a) Çürümede
$$A + p + \pi^-$$
A'nın geri kalan çerçevesinde ölçülen pion'un enerjisi nedir? (Find $E_\pi$ in terms of the rest masses $m_\Delta, m_p, m_\pi$).

(b) Enerjisi 939 x MeV olan bir nötron, çapı $10^{10}$ ışık yılı olan bir galakside dolaşıyor . $10^5$ Bir nötronun yarı ömrü 640 saniye ise, nötronun galaksiyi geçmeden önce bozunacağına bahse girer misiniz? (Cevabınızı gerekçelendirin.)
$$m_n = 939 \text{ MeV} \quad 1 \text{ year} = \pi \times 10^7 \text{ 5.}$$

*Egzersiz 10.11.*

R yarıçaplı bir maddenin küresel kabuğunu tanımlayan metrik yazılabilir

$$ds^2 = -\left(1 - \frac{2M}{r}\right) dt^2 + \left(1 - \frac{2M}{r}\right)^{-1} dr^2$$
$$+ r^2 (d\theta^2 + \sin^2\theta d\phi^2). \text{ outside}$$
$$ds^2 = -dt^{-2} + dr^{-2} + r^{-2} (d\theta^2 + \sin^2\theta d\phi^2). \text{ inside.}$$

a) yakın r, metriğin r = noktasında sürekli olduğu R.fonksiyonları bulun $\bar{t}(r, t), \bar{r}(r, t)$

b) Kabuğun merkezinde çürüyen bir nötron tarafından yayılan bir nötrino ( $\bar{r} = 0$). E enerjisi, duran bir gözlemci tarafından ölçüldü mü $\bar{r} = 0$? Sonsuza ulaştığında $(r \gg R)$, sonsuzdaki bir gözlemci tarafından ölçülen enerjisi nedir? (Bu, etkileşim olmadan kabuktan geçer.)

*Egzersiz 10.12.*

, b'nin sabit olduğu bir manyetik alanda hareket ediyor . $\underset{B}{\rightarrow} =$
$b(x^2 + y^2)\hat{k}$,

(a) Formun $\underset{A}{\rightarrow} = f(x^2 + y^2) \underset{\phi}{\rightarrow}$ vektör potansiyelini bulun

$\underset{B}{\rightarrow}; \underset{\phi}{\rightarrow} = x\hat{j} - y\hat{i}.$

(b) Bunu kullanarak parçacığın Hamiltoniyenini bulun $\underset{A}{\rightarrow}.$

170

(c) Poisson parantezinin yok olduğunu doğrulayarak bunun hareketin bir sabiti olduğunu $\left[\underset{p}{\rightarrow}*\underset{\phi}{\rightarrow},H\right]_{PB}$ gösterin $\underset{p}{\rightarrow}*\underset{\phi}{\rightarrow}$.

(ç) H ve dışında korunan bir miktar bulun $\underset{p}{\rightarrow}*\underset{\phi}{\rightarrow}$.

## Alıştırma 10.13.

Enerjisi 3 Mev olan bir y-ışını fotonuyla başlayıp hareketli bir elektron elde edebileceğiniz aşağıdaki üç yolu düşünün. Her durumda bir elektronun sahip olabileceği maksimum kinetik enerjinin sayısal değerini hesaplayın.

(a) Fotoelektrik etki

(b) Elektron çifti üretimi

(c) Compton saçılması (Compton saçılması için kullandığınız herhangi bir ifadeyi türetin.)

$H = 6.63 \times 10^{-34}$ J × s
$= 4.136 \times 10^{-15}$ eV × s

Bilmediğiniz daha fazla veriye ihtiyacınız varsa, bir tahmin yapın (mümkünse makul büyüklükte) ve hesaplamanız için bu değeri kullanın. Kullandığınız tahmin hakkında açık olun.

## Alıştırma 10.14.

Durgun kütlenin bir parçacığı $m_0$ ile durgun kütlenin bir başka parçacığı arasında düz bir çizgi boyunca göreceli bir çarpışma meydana gelir $nm_0$. Çarpışmadan sonra birbirlerine yapışırlar ve toplam dinlenme kütlesine sahiptirler $M_0$; bu kütle çarpışmadan önce v hızıyla ayrılır, $m_0$ durur ve diğer parçacık u hızıyla yaklaşır. eğer ararsak

$$Y = \frac{1}{\sqrt{1 - \frac{u^2}{c^2}}}$$

O zaman bul

A) u ve y'nin bir fonksiyonu olarak V. Ve

B) $\frac{M_0}{m_0}$ u ve y'nin bir fonksiyonu olarak.

## Alıştırma 10.15.

Eddington-Finkelstein koordinatlarında bir Schwarzschild kara deliğinin ölçüsü şöyledir:

$$ds^2 = -\left(1 - \frac{2M}{r}\right)dv^2 + 2\,dvdr + r^2\{d\theta^2 + \sin^2\theta d\phi^2).$$

(a) bir grafik (koordinat sistemi) bularak M=0 durumunun düz uzay olduğunu gösterin.

$\vec{t}, \vec{r}, \theta, \phi$ bunun için metrik (1) şu forma sahiptir:

$ds^2 = -dt^{-2} + dr^{-2} + r^{-2}(d\theta^2 + \sin^2\theta d\phi^2)$ $(M = 0)$.

(b) r(v), başlangıç noktası r(0) < 2M ufku içinde yer alan radyal zamana benzer bir eğri olsun. v > 0 olduğunda r(v) < r(0) olduğunu gösterin (yani eğri ufuktan çıkamaz).

(c) Her ikisi de eksen üzerinde bir el feneri ve bir gözlemci $\theta = \phi = 0$ sabit yarıçaplardadır $r = r_f$ ve $r = r_o$. El feneri dalga boyunda ışık yayar $\lambda$(çerçevesinde ölçülür). Gözlemci hangi dalga boyunu ölçer?

(d) v = sabit yüzeylerin sıfır olduğunu gösterin, $g^{ab\nabla}a^{v\nabla}b^v = 0$

## Alıştırma 10.16.

Yükü 2 q olan bir parçacık, hem elektrik yükü Q hem de manyetik yük b taşıyan sabit bir parçacığın elektromanyetik alanında hareket eder: sabit parçacığın manyetik alanı

$$B = \frac{b\,\vec{r}}{r^3}$$

vektör olduğunu kanıtlayın

$$\vec{L} - \frac{qb}{c}\frac{\vec{r}}{r}$$

q parçacığı için bir hareket sabitidir, burada $\vec{L}$ yörüngesel açısal momentumdur.

## Alıştırma 10.17.

Gösterilen çift sarkaçta 3m ve m nokta kütleleri ağırlıksız uzunluktaki çubuklarla lbirbirine ve bir destek noktasına bağlanmıştır. Kütleler dikey bir düzlemde sallanmakta özgürdür.

Bu zamanda $t = d, \theta = 0, \frac{d\theta}{dt} = 0, \phi = \phi_0 \ll 1$ and $\frac{d\phi}{dt} = 0$.

Bulmak $\theta(t)$ and $\phi(t)$.

# Bölüm 11. Serilerin Görünümü

Nokta parçacık hareketinin klasik formülasyonları şu şekilde açıklanmıştır: diferansiyel denklemler kullanılarak (Newton'un 1. ve 2. Yasası); diferansiyel denklemi seçmek için varyasyonel bir fonksiyon formülasyonunun kullanılması (Lagrangian varyasyonu); varyasyonel fonksiyon formülasyonunu seçmek için varyasyonel bir fonksiyonel formülasyonun (Eylem formülasyonu) kullanılması. Ayrıca birçok sistemdeki hareketin iki alanı da tanımlandı: kaotik olmayan; ve kaotik.

Parçacık hareketi için 'eylem'in Lagrangian varyasyonel formülasyonundan, göreceli olmayan kuantum parçacık hareketi için bir kuantum tanımına ulaşmak amacıyla aynı Lagrangian'ı içeren yol integrali fonksiyonel varyasyonel formülasyonunu en sonunda tanımlayacağız (Kitap 4'te ayrıntılı olarak açıklanmıştır [42] ve 5. Kitapta göreli [43]). Kuantum tanımından, dinamiği tanımlamak için yayıcı formalizmine ulaşıyoruz (bu, klasik formülasyonda da mevcuttur, ancak genellikle bu bağlamda pek kullanılmaz). Daha sonra karmaşık yayıcıların istatistiksel mekanik ve termodinamik özelliklerle bağları olduğu bulunacaktır (Kitap 6 [44]). İstatistiksel mekanikle olan bağlar, "kaosun eşiğinde" ancak yörünge hareketi hala sınırlıyken daha da vurgulanıyor. Bu, bir denge ve martingale rejimi ile ilişkilendirilebilir; bunun varlığı daha sonra 6. Kitabın [44] istatistiksel mekanik ve termodinamik türetmelerinin başında, başlangıçta kurulan dengelerin varlığıyla birlikte kullanılabilir. Bilinen entropi ölçümlerinin varlığı nöromanifold tanımında (Kitap 3 [41]) zaten belirtilmiştir, dolayısıyla dengelerle birlikte Kitap 6 termodinamik tanımı, fiat tarafından iddia edilmeyen köklü bir temelle başlayabilir, daha ziyade Serinin önceki Kitaplarında anlatılan teori/deneyde zaten belirlenmiş olanın doğrudan bir sonucu olduğu iddia edilmiştir.

Nokta parçacıkları teorisinden alan teorisine geçerken, temel fizik kitaplarında genel anlamda alanlar hakkında pek fazla tartışma yoktur; genellikle doğrudan ana ilgi alanı olan Elektromanyetizmaya (EM) atlanır. Gelişmişse, [92]'de olduğu gibi Genel Göreliliği (GR) de kapsayabilir. Serinin sonraki iki kitabında bu konuları ele alacağız, ancak aynı zamanda 1, 2 ve 3 boyutlu (akışkanlar dinamiği dahil) temel alanların yanı sıra 4 boyutlu Lorentzian Alanı formülasyonlarını (Özel Görelilik için), Gösterge Alanı'nı da ele alacağız. formülasyon (böylece

Yang Mills klasik bağlamda ele alınmıştır) ve GR geometrik ve ayar formülasyonları. Bu, standart kuvvetlerin temelini oluşturur ve nicemleme sonrasında (Serideki 4. ve 5. Kitaplar), standart yeniden normalleştirilebilir kuvvetlerin (kütleçekim hariç tümü) temelini oluşturur.

2. Kitapta sabit geometride klasik alan teorisine odaklanılmaktadır, ana fiziksel örnek EM'dir. Bu ortamda alfa, örneğin bir elektron-pozitron çiftinin tanımında görünür: $F = e^2/(4\pi\varepsilon a^2)$ elektron-pozitron mesafesi 'a' için, burada alfa, bağlanma sabiti olarak görünür. Daha sonra kuantum mekaniğinde hem modern hem de erken dönem Bohr modelinde alfa = $[e^2/(4\pi\varepsilon)]/(c\hbar)$. Durumlarda alfanın ortaya çıkışı bağlı sistemlerde meydana gelmektedir. Öte yandan, Lorentz Kuvveti gibi sınırsız EM etkileşimlerini incelersek $F = q(E \times v)$, burada ne alfa parametresi ortaya çıkar, ne de Compton saçılması gibi bu tür sistemlerin erken kuantum mekanik analizinde ortaya çıkar. Bu nedenle, alfanın erken bir rolünü görüyoruz, ancak yalnızca bağlı sistemlerde, dolayısıyla yalnızca sistem değişkenlerinde (yakınsak) tedirgin edici genişlemelerin olduğu sistemlerde.

3. Kitapta, *dinamik* geometrili klasik alan teorisi, yani GR'de alfayı hiç görmüyoruz. Bunun yerine manifold yapılarını ve diferansiyel geometrinin matematiğini (ve bir dereceye kadar diferansiyel topoloji ve cebirsel topoloji) görüyoruz. Manifold yapıları Kitap 3 ve Ek'te verilen matematik arka planında açıklanmıştır. Nöromanifoldlar alanındaki bir uygulama (bkz. [24]), bu ortamda jeodezik yolun eşdeğerinin, minimum bağıl entropi adımlarını içeren evrim olduğunu göstermektedir. Yerel olarak düz bir uzay-zaman tanımına benzer şekilde, minimum bağıl entropiye göre artan/gelişen 'entropinin' bir tanımını bulacağız.

# Ek

## A. Adi Diferansiyel Denklemlerin Özeti

Bu özet, Caltech'in uygulamalı matematik AMa101 ca. 1985, burada kullanılan ana metin Bender ve Orszag'a aittir [39]. Birçok problem atanmış ve bu problemlerin çoğuna komple çözümler sağlanmıştır. Bu nedenle, dolaylı olarak, [39]'da sunulan çeşitli problemlerin çözümleri aşağıda da yer almaktadır. Diferansiyel denklemler ve çalışılmış örneklerle ilgili temel materyal, mümkün olan şaşırtıcı karmaşıklık konusunda hızlı bir şekilde eğitim vermek ve standart çözüm yöntemlerini açıklığa kavuşturmak için seçilmiştir.

Bu özet, Adi Diferansiyel Denklemlere Giriş; yerel Adi Diferansiyel Denklem analizi (tekil noktaların incelenmesi); Doğrusal Olmayan Adi Diferansiyel Denklemler; Pertürbasyon Yöntemleri (WKB teorisi dahil); ve Sturm-Liouville Teorisi. Son iki konu kuantum mekaniğindeki problemlerle en alakalı olduğundan, Kuantum Mekaniği hakkındaki 4. Kitabın eki olarak yerleştirilmiştir.

## A.1 Adi Diferansiyel Denklemlere Giriş

$n$'inci dereceden bir adi diferansiyel denklemi şu şekilde tanımlayın :

$$\frac{d^n y}{dx^n} = F\left(x, y, \frac{dy}{dx}, \dots, \frac{d^{n-1}y}{dx^{n-1}}\right) \rightarrow y^{(n)} = F\left(x, y, y^{(1)}, \dots, y^{(n-1)}\right),$$

$$(A\text{-}1)$$

ve alternatif gösterim var $y' = y^{(1)}; y'' = y^{(2)}$; vb. Eğer F doğrusalsa $y, y^{(1)}, \dots, y^{(n-1)}$, Adi Diferansiyel Denklem doğrusal bir Adi Diferansiyel Denklemdir [39]. $n$'inci dereceden doğrusal Adi Diferansiyel Denklemin çözümü, n integral sabitinin bir fonksiyonudur. Eğer F doğrusal değilse hala n tane entegrasyon sabiti vardır ancak sabitleri seçerek oluşturulamayan ek çözümler de olabilir. Doğrusal Adi Diferansiyel Denklemler genellikle "operatör gösterimi" ile yazılır:

$$L\, y(x) = f(x),$$

$$(A\text{-}2)$$

diferansiyel operatörü nerede :L

$$L = p_0(x) + p_1(x)\frac{d}{dx} + \dots + p_{n-1}(x)\frac{d^{n-1}}{dx^{n-1}} + \frac{d^n}{dx^n}.$$

$$(A\text{-}3)$$

175

Eğer $f(x) = 0$ise homojendir, aksi takdirde homojen değildir (homojen çözümler artı özel çözümlere sahiptir). Eğer bir (başlangıç) değeri $x = x_0$biliyorsak, bir başlangıç değer problemimiz (IVP) vardır $y, y^{(1)}, \dots, y^{(n-1)}$:$y(x_0) = a_0$, $y'(x_0) = a_1$,$\dots$, $y^{(n-1)}(x_0) = a_{n-1}$, bunun için genel bir çözüm vardır $y(x) = \sum_{j=1}^{n} c_j y_j(x)$, burada $c_j$keyfi entegrasyon sabitleri ve $\{ y_j \}$ bir dizi doğrusal bağımsız çözümdür. Çözüm setimizin gerçekten bağımsız olup olmadığını belirlemek için onların Wronskian'ını [39] değerlendirmemiz gerekir. Wronskian aynı zamanda IVP'ye hitap ederken de doğal olarak ortaya çıkıyor, dolayısıyla bu daha sonra ele alınacak. IVP'lerden farklı olarak, bir sınır değer problemi (BVP) için değerleri (ve/veya türevleri) birden fazla noktada ortaya koyduğumuza dikkat edin. Bu ister istemez küresel bir çözüm bağlamıdır, yerel değil, dolayısıyla daha karmaşıktır.

IVP'lerin varlığını ve benzersizliğini göstermek için her zaman $y^{(n)} = F(x, y, y^{(1)}, \dots, y^{(n-1)})$n'inci dereceden denklemi n adet birinci dereceden denklem sistemine dönüştürebiliriz :

$$\frac{dy_i}{dx} = f_i(y_1, y_2, \dots, y_n, x), \quad i = 1..n, \quad \text{where } y_i = \frac{d^{i-1}}{dx^{i-1}} y(x).$$

(A-4)

Bu genellikle vektör gösterimiyle yazılır:

$$\vec{Y} = \begin{pmatrix} y_1(x) \\ \dots \\ y_n(x) \end{pmatrix}, \quad \vec{F} = \vec{F}(\vec{Y}, x) = \begin{pmatrix} f_1(x) \\ \dots \\ f_n(x) \end{pmatrix}, \quad \frac{d\vec{Y}}{dx}$$

$$= \vec{F}(\vec{Y}, x), \quad \text{with IVP: } \vec{Y}(x = x_0) = \vec{Y_0}$$

(A-5)

Bunu çözmek için integral formundan başlayarak özyinelemeli bir yaklaşım (Picard yinelemesi) kullanıyoruz:

$$\vec{Y}(x) = \vec{Y_0} + \int_0^x F(Y, t)dt.$$

(A-6)

Genelliği kaybetmeden ( wlog .) varsayarsak $x_0 = 0$, şunu yazıyoruz:

$$\vec{Y_0}(x) = \vec{Y_0}; \quad \vec{Y_1}(x) = \vec{Y_0} = + \int_0^x \vec{F}(\vec{Y}, t)dt; \quad \dots..; \quad \vec{Y_{n+1}}(x)$$

$$= \vec{Y} + \int_0^x \vec{F}(\vec{Y_n}, t)dt.$$

(A-7)

Dizinin yakınsaması bağlıdır $\vec{F}$. Yinelemenin bazı mahallelerde yakınsadığını gösterelim $x = 0$. Birinci. bunun Lipschitz koşulunu sağladığını gösterelim :$\vec{F}$

$$\left\| \vec{F}(\vec{Y_1}, x) - \vec{F}(\vec{Y_2}, x) \right\| \leq K \left\| \vec{Y_1} - \vec{Y_2} \right\|,$$

(A-8)

ve herkes X: $\|x\| \leq$ biçin $\|\vec{Y} - \vec{Y_0}\| \leq a$. Saf sayılarla (veya 1-boyutla) çalışıyorsanız, $\|x\| = |x|$ ve, $|x - y| \geq 0$ yalnızca x=y olduğunda eşitlikle olsun. Ayrıca $|x - y| = |y - x|$ (simetri) ve $|x - z| \leq |x - y| + |y - z|$ (üçgen eşitsizliği) vardır. Vektörler için: $\|\vec{x} - \vec{y}\| = |\sqrt{(\vec{x} - \vec{y}) \cdot (\vec{x} - \vec{y})}|$, ve hala simetriye ve üçgen eşitsizliğine sahibiz.
Ayrıca sınırlı olmasını da talep ediyoruz $\vec{F}$:

$$\vec{F}(\vec{Y}, x) \leq M.$$

Bu koşullar yerine getirilirse Picard yinelemesi yakınsar. Göstermek için şunları düşünün:

$$\vec{Y}_n(x) = \vec{Y_0} + \int_0^x \vec{F}(\vec{Y}_{n-1}, t)dt \quad \text{and} \quad \vec{Y}_{n+1}(x) = \vec{Y_0} + \int_0^x \vec{F}(\vec{Y_n}, t)dt.$$

Daha sonra elimizde:

$$\vec{Y}_{n+1} - \vec{Y}_n = \int_0^x [\vec{F}(\vec{Y_n}, t) - \vec{F}(\vec{Y}_{n-1}, t)]dt$$

$$\left\| \vec{Y}_{n+1} - \vec{Y}_n \right\| \leq \int_0^x \left\| \vec{F}(\vec{Y_n}, t) - \vec{F}(\vec{Y}_{n-1}, t) \right\| dt \leq K \int_0^x \left\| \vec{Y}_n - \vec{Y}_{n-1} \right\| dt.$$

RHS'yi değerlendirmek için şunları göz önünde bulundurun:

$$\left\| \vec{Y}_2 - \vec{Y}_1 \right\| \leq K \int_0^x \|Y_1 - Y_0\| dt \leq K \int_0^x dt \int_0^t du \|F(Y_0, u)\|$$

$$\leq KM \int_0^x dt \int_0^t du.$$

Tümevarım kullanılarak şu şekilde gösterilebilir:

$$\left\| \vec{Y}_{n+1} - \vec{Y}_n \right\| \leq \frac{MK^n x^{n+1}}{(n+1)!}.$$

Daha sonra şunu yazarsak:

$$\vec{Y}_n(x) = \vec{Y_0} + \left( \vec{Y_1} - \vec{Y_2} \right) + \left( \vec{Y_2} - \vec{Y_3} \right) \cdots,$$

177

o zaman, eğer norm serisi yakınsarsa, o zaman $\vec{Y_n}$ yakınsayacaktır (muhtemelen olumsuz faktörlere sahiptir):

$$\|\vec{Y_n}\| \leq \|\vec{Y_0}\| + \sum_{m=0}^{\infty} \frac{MK^m x^{m+1}}{(m+1)!} = \|\vec{Y_0}\| + \frac{M}{K}(e^{kx} - 1).$$

(A-9)

Dolayısıyla çözüm konusunda yeterli ancak gerekli olmayan bir şartımız var. Genel çözümü tamamlamak için benzersizlik göstermemiz gerekiyor. Benzersizliği karşı örnekle gösteriyoruz, şununla başlıyoruz:

$$\vec{X} = \vec{X_0} + \int_0^x F(x,t)dt \quad \text{and} \quad \vec{Y} = \vec{Y_0} + \int_0^x F(y,t)dt,$$

(A-10)

Daha sonra

$$\|\vec{X} - \vec{Y}\| \leq \int_0^x \|F(\vec{X},t) - F(\vec{Y},t)\| \, dt \leq K \int_0^x \|\vec{X} - \vec{Y}\| dt$$

$$\leq K^2 \int_0^x dt \int_0^1 du \, \|\vec{X} - \vec{Y}\|,$$

Böylece

$$\|\vec{X} - \vec{Y}\| \leq \frac{K^{n+1}}{(n+1)!} \int_0^x (x-t)^n \|\vec{X} - \vec{Y}\| dt.$$

(A-11)

N sonsuza giderken, RHS sıfıra gider ve bunu görürüz $\|\vec{X} - \vec{Y}\| = 0$ ve Lipschitz koşuluna göre $\vec{X} = \vec{Y}$ örneğin tekliğe sahip oluruz. Böylece (benzersiz) bir çözümün genellikle mümkün olduğunu görüyoruz. Pratik olarak konuşursak, bu genel çözüm nedir?

### Genel Homojen Çözüm ([39] notasyonuna göre)
Dikkate almak:

$$L\, y(x) = 0$$

(A-12)

Adi Diferansiyel Denklemlerde olağan olduğu gibi, üstel bir terim içeren bir çözüm düşünelim: $e^{rx}$. Bunu operatör denkleminde bir deneme fonksiyonu olarak değiştirerek şunu elde ederiz:

$$L\, e^{rx} = e^{rx}\, P(r),$$

(A-13)

n'inci dereceden bir polinom nerede : $P(r)$

178

$$P(r) = r^n + \sum_{j=0}^{n-1} p_j r^j .$$

(A-14)

, ' $r_1, r_2, \ldots$nin sıfırlarına karşılık gelir P(r), yani:

$$y = e^{r_1 x}, e^{r_2 x}, \ldots$$

(A-15)

Tek komplikasyon tekrarlanan sıfırlar olduğunda ortaya çıkar. İlk kökün m katı olduğunu varsayalım, o zaman şu formun bir çözümünü elde ederiz:

$$L\, e^{rx} = e^{rx}(r - r_1)^m\, Q(r),$$

(A-16)

burada Q derecenin bir polinomudur $n - m$. Tüm çözümlerin doğrusal birleşimi genel çözümü oluşturur.

### Genel Homojen Olmayan Çözüm
Homojen olmayan denklemi düşünün,

$$L\, y(x) = f(x).$$

(A-17)

Belirli bir çözümü bulmaya yönelik bir teknik, parametrelerin değişimi olarak bilinir ve bu, bağımsız çözümünüz varsa (sıfır olmayan Wronskian) en iyi sonucu verir (bkz. [39]). Bu tekniği içeren bazı örnekler incelenecektir. Bu kısa özette, homojen olmayan denklemi çözmek için Green'in fonksiyon yöntemlerini dikkate almaya geçiyoruz . Bunun için delta fonksiyonlarını kullanıyoruz. Aşağıda delta fonksiyonunu şu şekilde tanımlayacağız:

$$\delta(x - a) = \begin{cases} 0 & x \neq a \\ \infty & x = a \end{cases},$$

(A-18)

öyle ki:

$$\int_{-\infty}^{\infty} \delta(x - a)dx = 1 \quad \text{and} \quad \int_{-\infty}^{\infty} \delta(x - a)f(a)dx = f(x) .$$

(A-19)

Kısmi integrasyon yaparsak klasik Heaviside Step fonksiyonunu elde ederiz (x=a'daki adımla):

$$\int_{-\infty}^{\infty} \delta(x - a)dx = h(x - a).$$

(A-20)

179

Green'in fonksiyon yöntemi daha sonra özel çözümü elde etmektir.

$$L\,G(x,a) = \delta(x-a),$$

(A-21)

burada genel homojen olmayan denklemin çözümü önemsiz bir şekilde şu şekildedir:

$$y_p(x) = \int_{-\infty}^{\infty} da\, f(a)G(x,a).$$

(A-22)

Aşağıda ikinci dereceden diferansiyel denklem (önemsiz 2x2 Wronskian) üzerinde uzmanlaşalım. Bu durumda forma ulaşıyoruz:

$$\frac{d^2}{dx^2}G(x,a) + p(x)\frac{d}{dx}G(x,a) + p_0(x)G = \delta(x-a).$$

(A-23)

Artık L:HS, RHS'deki delta fonksiyonunun tekilliğiyle eşleşmelidir. Bu nedenle, ( $d^2G/dx^2 \sim \delta(x-a)$ dolayısıyla G'nin, ' den daha az tekil olması gerekir .) Benzer şekilde, $\delta(x-a)$ bir adım fonksiyonundan daha fazla tekil olmamalıyız, örneğin $dG/dx \sim h(x-a)$,. Bununla $dG/dx$ tutarlı olarak, G'nin bir rampa fonksiyonundan (rampaya kadar sıfır) daha fazla değişken olmaması gerekir. 'r' ile gösterilecek olan x=a'da başlar: $G \sim r(x-a)$. Çözümün genel bir formülasyonuna ulaşmak için bilmemiz gereken tek şey budur. işin püf noktası şimdi Adi Diferansiyel Denklemi from $a - \varepsilon$ ve $a + \varepsilon$ let'in integralini alarak $\varepsilon \to 0$ analiz etmektir :

$$\int_{a-\varepsilon}^{a+\varepsilon} \frac{d^2G}{dx^2}dx + \int_{a-\varepsilon}^{a+\varepsilon} p\frac{dG}{dx}dx + \int_{a-\varepsilon}^{a+\varepsilon} Gp_0 dx = \int_{a-\varepsilon}^{a+\varepsilon} \delta(x-a) = 1.$$

Böylece,

$$\left.\frac{dG}{dx}\right|_{a+\varepsilon} - \left.\frac{dG}{dx}\right|_{a-\varepsilon} = 1.$$

(A-24)

İki (bağımsız) homojen çözümle çalışarak, $y_1(x)$ tekilliğin $y_2(x)$ her iki tarafındaki homojen olmayan çözümü o taraf için 'homojen' formda ifade edebileceğimizi biliyoruz. Green fonksiyonunu şu şekilde yazalım:

$$G(x,a) = \begin{cases} A_1y_1(x) + A_2y_2(x) & x < a \\ B_1y_1(x) + B_2y_2(x) & x \geq a \end{cases}$$

(A-25)

G, x=a'da sürekli olduğundan, elimizde:

$$A_1y_1(a) + A_2y_2(a) = B_1y_1(a) + B_2y_2(a)$$
$$B_1y_1'(a) + B_2y_2'(a) - A_1y_1{}'(a) - A_2y_2{}'(a) = 1$$

Matris gösteriminde:

$$\begin{bmatrix} y_1(a) & y_2(a) \\ y_1{}'(a) & y_2{}'(a) \end{bmatrix} \begin{bmatrix} B_1 - A_1 \\ B_2 - A_2 \end{bmatrix} = \begin{bmatrix} 0 \\ 1 \end{bmatrix},$$

hangisi çözülebilir

$$B_1 - A_1 = \frac{-y_2(a)}{W(y_1(a), y_2(a))}$$

$$B_2 - A_2 = \frac{y_1(a)}{W(y_1(a), y_2(a))}$$

burada W, Wronskian'dır;

$$W = \det \begin{bmatrix} y_1(a) & y_2(a) \\ y_1{}'(a) & y_2{}'(a) \end{bmatrix}.$$

Bunu kullanarak,

$$y(x) = \int_{-\infty}^{\infty} G(x, a)f(a)da$$

BC'yi veya belirtilen başlangıç değerlerini karşılıyor $Ly(x) = f(x)$ ve karşılıyorsa $y(x)$ çözümün tamamıdır . $y(x)$ Basit bir örnek düşünelim:

$$y'' = f(x) \quad \text{with} \quad \begin{matrix} y(0) = 0 \\ y'(1) = 0 \end{matrix}$$

Alırız $W = \begin{bmatrix} 1 & x \\ 0 & 1 \end{bmatrix} = 1$ ve

$$B_1 - A_1 = -a$$
$$B_1 - A_1 = 1$$

Böylece,

$$G(x, a) = \begin{cases} A_1 y_1(x) + A_2 y_2(x) & x < a \\ B_1 y_1(x) + B_2 y_2(x) & x \geq a \end{cases} = \begin{cases} A_1 + A_2 x & x < a \\ B_1 + B_2 x & x \geq a \end{cases},$$

(A-26)

buradan şunu belirliyoruz:

$$\begin{matrix} A_1 = 0 & B_1 = -a \\ B_2 = 0 & A_2 = -1 \end{matrix}.$$

Böylece,

$$G = \begin{cases} -x & x < a \\ -a & x \geq a \end{cases}.$$

Çözüm $y(x)$:

$$y(x) = \int_0^1 da\, G(x, a)f(a) = \int_0^a da\, (-x)f(a) + \int_a^1 da\, (-a)f(a)$$

(A-27)

***Doğrusal Olmayan Adi Diferansiyel Denklemler (birçok örnek için bkz. [65])***

181

İlk doğrusal olmayan Adi Diferansiyel Denklemimiz için Bernoulli denklemini ele alalım:

$$y'(x) = a(x)y + b(x)y^p.$$

(A-28)

yerine şunu koyarak çözmeye çalışalım $u(x) = y(x)^{1-p}$:

$$\frac{du}{dx} = (1-p)y^{-p}\frac{dy}{dx}.$$

(A-29)

Böylece şunu elde ederiz:

$$\frac{du}{dx} = [a(x)y^{-p} + b(x)](1-p),$$

(A-30)

bu birinci dereceden bir Adi Diferansiyel Denklemdir ve dolayısıyla doğrudan çözülebilir.

Şimdi ikinci dereceden denklem hariç aynı birinci dereceden formla çalışırsak yRiccati denklemini elde ederiz. Basit bir dönüşüm, genel Riccati denkleminin genel (doğrusal) ikinci dereceden diferansiyel denklemle ilgili olduğunu gösterir. Böylece, görünüşte 'basit' olan Riccati denklemi için bile genel çözümler elde etmede zaten bir sınırlamaya ulaştık. Bunun nedeni, doğrusal ikinci dereceden diferansiyel denklemin genel bir çözümünün mevcut olmamasıdır (dolayısıyla Riccati denkleminin genel bir çözümü de mevcut değildir). Bununla birlikte, aşağıdaki Riccati denklemini çözmeye çalışalım:

$$y' = y^2 + \frac{y}{x} + x^2.$$

(A-31)

İle bir çözüm buluyoruz $y = x$, o halde şu formun genel bir çözümünü düşünelim: $y = x + u(x)$:

$$u' = \left(2x + \frac{1}{x}\right)u + u^2$$

(A-32)

bu birinci dereceden bir denklemdir ve dolayısıyla çözülebilir.

Operatör 'faktoring' ile başlayarak bahsetmeye değer diğer bazı teknikler. Dikkate almak

$$\frac{d^2y}{dx^2} + p(x)\frac{dy}{dx} + q(x)y = f(x).$$

(A-33)

Bunu şu şekilde faktörleyebiliriz:

$$\left(\frac{d}{dx} + a(x)\right)\left(\frac{dy}{dx} + b(x)\right)y = f(x).$$

182

ve ise $b' + ab = $ quyum içindedir $(b + a) = p$.

Daha sonra 'kesin' bir denklem olasılığını düşünün; örneğin, forma sahip olduğumuz yer

$$M(x,y) + N(x,y)\frac{dy}{dx} = 0,$$

öyle ki

$$M(x,y)dx + N(x,y)dy = dF(x,y) = \left[\frac{\partial F}{\partial x}\right]dx + \left[\frac{\partial F}{\partial y}\right]dy = 0.$$

Dolayısıyla kesin bir forma sahip olmanın testi şudur:

$$\frac{\partial M}{\partial y} = \frac{\partial N}{\partial x}.$$

Şimdi 'integral faktör' kavramını ele alalım. Bu durum şu durumlarda ortaya çıkar:

$$M(x,y)dx + N(x,y)dy \neq dF(x,y),$$

ancak bir (integral) faktörle çarparak şunu buluruz:

$$\mu(x,y)M(x,y)dx + \mu(x,y)N(x,y)dy = dF(x,y).$$

İkinci ifade o zaman tam bir formdur, eğer

$$\frac{\partial(M\mu)}{\partial y} = \frac{\partial(N\mu)}{\partial x}.$$

Daha yüksek mertebeden doğrusal olmayan Adi Diferansiyel Denklemler için, eğer belirli formlar mevcutsa, önemli basitleştirmeler mümkündür; bunlardan bazılarını ele alalım:

( i ) Özerk – Bir Adi Diferansiyel Denklem, bağımlı değişkene açık bir bağımlılığı yoksa özerktir.

(ii) Eşboyutlu – Bir Adi Diferansiyel Denklem, eğer ikame denklemi değişmez bırakıyorsa eş boyutludur $x \rightarrow ax$. Böyle bir denklem, ikame ile önemsiz bir şekilde özerk forma kaydırılabilir $x = e^t$.

ve $y \rightarrow a^P y$ denklemden çıkarsa ölçek değişmez . $x \rightarrow ax$ Böyle bir denklem, ikame ile önemsiz bir şekilde eş boyutlu forma (ve oradan özerk forma) kaydırılabilir $y = x^P u$. Şimdi Adi Diferansiyel Denklemlerin çözümünde tekil noktalar konusuna dönelim.

Adi Diferansiyel Denklemler için yukarıdaki çözüm yöntemleri o kadar sağlamdır ki, kesin çözümler elde edilemediğinde bile yaklaşık çözümler genellikle bir ilgi noktasının yakınında yerel olarak elde edilebilir. Zaten çoğu zaman ihtiyaç duyulan tek şey budur. Dolayısıyla ters gidebilecek tek şey, ilgilenilen referans noktasının 'sıradan' olmaması, yani noktanın 'tekil' olmasıdır. Şimdi bu olasılığı inceleyelim.

## Homojen doğrusal denklemlerin tekil noktaları
Homojen doğrusal diferansiyel denklem için tanıtılan gösterimi hatırlayın:

$$L\, y(x) = f(x),$$

Neresi

$$L = p_o(x) + p_1(x)\frac{d}{dx} + \cdots + p_{n-1}(x)\frac{d^{n-1}}{dx^{n-1}} + \frac{d^n}{dx^n}.$$

(A-38)

Tekil noktaların analizine ilişkin genel teori, yalnızca gerçek değil, karmaşık argümanlar dikkate alındığında yukarıdaki formla başlar [39,65, 66]. Elde edilen teorik sonuçlar [67] daha sonra tekil noktaları katsayı fonksiyonlarının analitikliği (karmaşık özellikler) açısından sınıflandırır:

## Sıradan Nokta
Katsayı fonksiyonlarının tümü komşuluğunda analitikse, $x_0$ bir nokta sıradandır $x_0$. Fuchs, 1866'da, bir inci mertebeden doğrusal Adi Diferansiyel Denklem için (önceki analiz yöntemlerinden elde edilen) tüm n doğrusal bağımsız çözümlerin, sıradan bir noktanın komşuluğunda analitik olacağını gösterdi.

## Düzenli Tekil Nokta
Katsayı fonksiyonlarının tümü analitik değilse, ancak içindeki terimlerin tümü L y(x) yerel olarak analitikse (referans noktası hakkında $x_0$), yani aşağıdaki fonksiyonlar analitik olduğunda, $(x - x_0)^n p_o(x)$ nokta düzenli tekil bir noktadır: $x_0$, $(x - x_0)^{n-1}p_1(x)$, ... , $(x - x_0)p_{n-1}(x)$. Bir çözümün düzenli tekil bir nokta olsa bile $x_0$ analitik olabileceğini unutmayın . $x_0$ Düzenli tekil bir noktada analitik değilse, çözüm ya bir kutup ya da cebirsel ya da logaritmik bir dallanma noktası içermelidir. Buna göre Fuchs, formun her zaman bir çözümünün olduğunu gösterdi ([39]'un notasyonunu izleyerek):

$$y = (x - x_0)^\alpha A(x),$$

(A-39)

burada $\alpha$ gösterge üssü olarak bilinir ve A(x) düzenli tekil noktada $x_0$ analitik bir fonksiyondur . Sıra ikinci veya daha büyükse, iki olası biçimden birinde ikinci bir çözüm mevcuttur:

$$y = (x - x_0)^\beta B(x),$$

$$(A-40)$$

veya

$$y = (x - x_0)^\beta B(x) + (x - x_0)^\alpha A(x) \ln(x - x_0).$$

$$(A-41)$$

İkinci dereceden daha yükseğe çıkan ek çözümler, en kötü ihtimalle şu şekilde tekil davranışa sahiptir:

$$y = (x - x_0)^\delta \sum_{i=0}^{n-1} [\ln(x - x_0)]^i A_i(x),$$

$$(A-42)$$

tüm fonksiyonların $A_i$ analitik olduğu yer. Böylece düzenli tekil noktalar, sıradan noktalar gibi kapsamlı bir teoride ele alınabilir.

### *Düzensiz Tekil Nokta*

Bir nokta, $x_0$ düzenli veya sıradan değilse, düzensiz tekil bir noktadır. Düzensiz tekil bir noktanın olup olmadığını çözmek için kullanılabilecek kapsamlı bir teori yoktur. Fuchs'tan biliyoruz ki, eğer tam bir çözüm kümesi önceki bölümde belirtilen formlara sahipse, bu durumda noktanın düzenli olması gerekir. tersine, eğer düzensiz bir tekil noktamız varsa, o zaman çözümlerden en az biri yukarıda belirtilen formlara sahip olmayacaktır. Tipik olarak aslında çözümlerin tümü , düzensiz tekil noktanın (ISP) mevcut olduğu referans noktasında temel tekilliklere (analitik değil) sahiptir .$x_0$

### *Örnek A.1.*

$$x^2 y'' - x(x + 1)y' + y = 0$$

düzensiz olduğunu görüyoruz , $x_0 = 0$ şunu deneyin:

$$y(x) = \sum_{n=0}^{\infty} \frac{a_n}{x^{n+\alpha}}.$$

O zaman:

$$y'(x) = -\sum_{n=0}^{\infty} (n + \alpha) \frac{a_n}{x^{n+\alpha+1}} \quad \text{and} \quad y''(x)$$

$$= \sum_{n=0}^{\infty} (n + \alpha)(n + \alpha + 1) \frac{a_n}{x^{n+\alpha+2}}.$$

Böylece

$$a_{n+1} = -(n + 1)a_n \quad \rightarrow \quad y(x) = a_0 \sum_{n=0}^{\infty} \frac{(-1)^n n!}{x^n}.$$

185

Şu ana kadar tek çözümümüz, düzensiz tekil noktalarda (ISP'ler) ortaya çıkabilecek bazı sorunlara işaret ederek iyi bile değil (farklılaşıyor). Ancak çözüm bir cevaba işaret ediyor. Dikkate almak

$$y(x) = x \int_0^\infty \frac{e^{-t}}{x+t} dt.$$

O zaman elimizde:

$$x^2 y'' - x(x+1)y' + y$$

$$= \int_0^\infty e^{-t} \left[ \frac{-2x^2}{(x+t)^2} + \frac{2x^2}{(x+1)^3} - \frac{x^2+x}{x+t} + \frac{x^3+x^2}{(x+t)^2} \right.$$

$$\left. + \frac{x}{x+t} \right] dt = 0,$$

hangisi işe yarıyor. Belirtilen çözümle çalışarak şunu genişletelim $x \to \infty$:

$$y(x) = \int_0^\infty \frac{e^{-t}}{1 + t/x} dt$$

alalım $t = xS$:

$$y(x) = \int_0^\infty \frac{e^{-xs}}{1+S} ds \approx \sum_{n=0}^\infty \frac{(-1)^n n!}{x^n}.$$

Şimdi aşağıdakiler için ISP yakınındaki üstel davranışı ele alalım:

$$y'' - (x^2 + 1)y = 0$$

ISP'nin bulunduğu yer $x_0 = \infty$. Çözümlerimiz var

$$y_1(x) = e^{x^2/2} \quad \text{and} \quad y_2(x) = e^{x^2/2} \, \text{erfc}(x) \approx \frac{1}{\sqrt{\pi}} \frac{1}{x} e^{\frac{x^2}{2}} \text{ as } x \to \infty.$$

Eğer $x_0 \neq \infty$ o zaman tipik davranış şu şekilde olabilir $\exp\left(-\frac{1}{(x-x_0)^2}\right)$:

Lider davranışı belirlemek için şunu yazın:

$$y(x) = e^{S(x)}, \quad y' = S'e^{S(x)}, \quad \text{and} \quad y'' = [(S')^2 + S'']e^S.$$

Böylece

$$S'' + (S') - (x^2 + 1) = 0 \quad \text{as } x \to \infty.$$

***Baskın Denge*** yöntemini kullanarak :

$X^{2'nin}$ büyüdüğüne dikkat edin, onu dengeleyen nedir?
   (i)     $S'''$den daha hızlı büyür $(S')^2$ ve $S'' \gg (S')^2$ as $x \to \infty$.
   (ii)    $S'' \ll (S')^2$    as $x \to \infty$ (ISP'de her zaman doğrudur).
   (iii)   Her üç terim de aynı sıradadır (kötü, yöntem kullanılamıyor).
i ): $S'' \approx x^2$ as $x \to \infty$ durumunu düşünün , bu verir $S' \approx x^3/3$, ancak bu durumla tutarsızdır. $S'' \gg (S')^2$ gibi $x \to \infty$.
(ii): durumunu düşünün $(S')^2 \approx x^2$ as $x \to \infty$, bu da $S' \approx \pm x$, dolayısıyla $S'' \approx \pm 1$. Den beri $S'' \ll (S')^2$

186

$x \to \infty$bu tutarlıdır. Bunun işe yaradığını görüyoruz $S \approx \pm x^2/2$. Aslında $+ x^2/2$kesin bir çözümdür. Diğer çözüm için ise şunu deneyelim: $S(x) = -x^2/2 + C(x)$. Bu, ayrı bir baskın denge analizi doğurur ve tek geçerli seçeneğin şu olduğunu bulruz $C(x) \sim - \ln(x)$: ve
$$S \sim - x^2/2 - \ln(x) + \cdots$$
Böylece,

$$y(x) \sim e^{-\frac{1}{2}x^2} \sum_{n=1}^{\infty} a_n x^{-n} = e^{-\frac{1}{2}x^2} F(x)$$

buradan klasik Frobenius yöntemine geçebiliriz [65]:
$$y'' - (x^2 + 1)y = e^{-\frac{1}{2}x^2}[F'' - 2xF' - 2F] = 0$$
F için standart seri genişletmeyi kullanın:

$$0 \cdot a_1 + 2 \cdot a_2 + \sum_{n=3}^{\infty} [(n-2)(n-1)a_{n-2} + 2(n-1)a_n]x^{-n} = 0$$

Böylece şuna sahibiz: $a_1$keyfidir, $a_2 = 0$ve $a_{n+2} = -\frac{n}{2}a_n$. Böylece,

$$a_{2n+1} = \frac{(-1)^n(2n-1)!!}{2^n}a_1$$

$$y(x) \sim e^{-\frac{1}{2}x^2} \sum_{n=0}^{\infty} \frac{(-1)^n(2n-1)!!}{2^n x^{2n+1}} a_1.$$

Sistematik genişlemenin, ikinci dereceden uzmanlaşmış düzenli bir tekil nokta anlamına geldiğini düşünelim:
$$Ly = y'' + \frac{p(x)}{x}y' + \frac{q(x)}{x^2}y = 0$$
x=0'da düzenli bir tekil nokta olduğunu ve p(x), q(x)'in x=0 civarında analitik olduğunu varsayalım. Yerine geçmek

$$y = \sum_{n=0}^{\infty} a_n x^{n+\alpha}.$$

### Örnek A.2.
Çözmek:

$$y'' + \frac{1}{x}y' - \left(1 + \frac{v^2}{x^2}\right)y = 0.$$

Elimizde: $p(x) = 1$, $\quad p_0 = 1$, $\quad q(x) = -x^2 - v^2$, $\quad q_0 = -v^2$.Böylece,

Sipariş üzerine $x^{\alpha-2}$; $(\alpha(\alpha-1)+\alpha-v^2)a_0 = 0 \rightarrow \alpha^2 - v^2 = 0 \rightarrow$
$\alpha = \pm v$. Kesirli bir sayı isev ($v \neq 0$ and $2v \neq n$) iki çözüm elde
ediyoruz, bu da tamamlandı ve şunu elde ettik:
Sipariş üzerine $x^{\alpha-1}$: $x^{\alpha-1}[(\alpha+1)^2 - v^2]a_1 = 0 \rightarrow a_1 = 0$
Sipariş üzerine $x^{\alpha+n-2}$:$x^{\alpha+n-2}[(\alpha+n)^2 - v^2]a_n = a_{n-2} \rightarrow 0 = a_1 =$
$a_3 = a_5 ...$
Çözüm şu şekildedir:

$$y(x) = a_0 \Gamma(v+1)x^v \sum_{n=0}^{\infty} \frac{(x/2)^{2n}}{n!\,\Gamma(n+v+1)}.$$

Şuna dikkat edin $a_n = (a_n - 2)/[(-v+n)^2 - v^2]$. Yani, $\alpha = -v$payda
ne zaman yok olur n $= 2v$? Eğer v yarı integral ise $1/2, 3/2, ...$, yani
$2v$tek tam sayıdır. Adımlardan sonra $2v$yeni bir keyfi sabitimiz olur
$a_{2v}$(örneğin Bessel fonksiyonları için olur) ve özyineleme ilişkisi daha
sonra doğrusal olarak bağımsız iki çözüm üretir.


Çift kök durumu:$\alpha_1 = \alpha_2$
İlk çözüm için Frobenius formunu düşünün: $x^\alpha \sum_{n=0}^{\infty} a_n(\alpha)x^n = y(x, \alpha)$.
Çift kök olduğunda, ([39]'dan türetilen) ilişkiden ikinci bir çözümün
çıktığı gösterilebilir:

$$L\left[\frac{\partial}{\partial \alpha}y(x, \alpha)\Big|_{\alpha=\alpha_1}\right] = 0.$$

*Örnek A.3. Aşağıdakiler için Değiştirilmiş Bessel Fonksiyonu* $v = 0$:

$$y'' + \frac{1}{x}y' - y = 0,$$

Yukarıdaki Frobenius formuyla ikame edildiğinde çift kök vardır . $\alpha =$
0Çeşitli sıralarda değerlendirme:
Keyfi bir sabit olmakla başlıyoruz .$a_0$
Bizde $O(x^{\alpha-1}).[(\alpha+1)^2 a_1] = 0 \rightarrow a_1 = 0$
elimizde $O(x^{\alpha+n-2})$var $[(\alpha+n)^2 a_n - a_{n-2}] = 0$, dolayısıyla, n $\geq$
2elimizde var
$a_2 = \frac{a_0}{(\alpha+2)^2}$
$a_4 = \frac{a_0}{(\alpha+4)^2(\alpha+2)^2}$
$a_4 = \frac{a_0}{(\alpha+6)^2(\alpha+4)^2(\alpha+2)^2}$
Böylece, (için) tek bir çözümümüz var $\alpha = 0$:

$$I_0(x) = a_0\left[1 + \frac{(x/2)^2}{(1!)^2} + \frac{(x/2)^4}{(2!)^2}\cdots\right] = a_0 \sum_{n=0}^{\infty} \frac{(x/2)^{2n}}{(n!)^2}.$$

Diğer çözüm ise $\frac{\partial}{\partial\alpha}x^\alpha \sum_{n=0}^{\infty} a_n(\alpha)x^n\Big|_{\alpha=0}$. O zaman diğer çözüm şu:

$$y(x) = \ln x\, I_0(x) + \sum_{n=0}^{\infty} \frac{\partial}{\partial\alpha}a_n(\alpha)\Big|_{\alpha=0} x^n = \ln x\, I_0(x) + \sum_{n=0}^{\infty} b_n x^n$$
$$= K_0(x).$$

Genel olarak, tek sayının kaybolduğunu görüyoruz $b_n$( ile olduğu gibi $a_n$) ve çift n için:

$$b_{2n} = \frac{-a_0}{2^{2n}n!}[1 + 1/2 + 1/3 + 1/4 + \cdots 1/n].$$

Değiştirilmiş Bessel çözümlerinin daha ayrıntılı tartışılması için,$v =$ tamsayı, bkz. [39] ve aşağıdaki çalışılmış örnekler.

***Homojen olmayan denklemleri çözmek için Baskın Dengeyi kullanma Örnek A.4.***
$$y' + xy = 1/x^4$$
Asimptotik davranışı x→0 olarak düşünün:
  (1) Dengey$' + xy \sim 0$    asymptotic to zero(authors don'tlike)
      Bu ysıfıra asimptotiktir ve bu da ile tutarsızdır $y \sim A\exp(-x^2/2) \to 0$.
  (2) $xy \sim 1/x^4 \to y \sim 1/x^5$(bu tutarsızdır).
  (3) $y' \sim \frac{1}{x^4} \to y = -\frac{1}{3}x^{-3}$ile tutarlıdır $xy \sim x^{-2}$.
Öyleyse, $y = -\frac{1}{3}x^{-3} + C(x)$çözüm için dengeli olan : öğesini deneyin.$C = -\frac{1}{3}x^{-1}$

***Örnek A.5. (Homojen Olmayan Hava Denklemi)***
$$y'' = xy - 1$$
için $y(x \to +\infty) \to 0$asimptotikleri dikkate alıyoruz. Bu, parametrelerin değiştirilmesiyle çözülebilir. İkinci dereceden homojen Airy denklemi için iki bağımsız çözüm türü olduğundan bunları şu şekilde gösterelim:
$$y_1 = Ai(x), \qquad y_2 = Bi(x).$$
Parametrelerin değişimiyle elde edilen genel çözüm şu şekildedir:

$$y(x) = \pi\left[Ai(x)\int_0^x Bi(t)dt + Bi(x)\int_x^\infty Ai(t)dt\right] + CAi(x)$$

Ai, Bi'nin Asimptotik davranışı:

$$Ai(x) \sim \frac{1}{2\sqrt{\pi}}x^{-1/4}\exp\left(-\frac{2}{3}x^{\frac{3}{2}}\right)$$

$$Bi(x) \sim \frac{1}{\sqrt{\pi}}x^{-1/4}\exp\left(-\frac{2}{3}x^{\frac{3}{2}}\right)$$

189

Böylece,

$$\int_0^x Bi(t)dt \sim \int_0^x \frac{1}{\sqrt{\pi}}t^{-1/4}\exp\left(\frac{2}{3}t^{3/2}\right)dt = \int_0^x \frac{1}{\sqrt{\pi}}t^{-\frac{1}{4}}t^{-\frac{1}{2}}\frac{d}{dt}\ \exp\left(\frac{2}{3}t^{3/2}\right)dt$$

$$\int_0^x Bi(t)dt \sim \frac{1}{\sqrt{\pi}}x^{-3/4}\ \exp\left(\frac{2}{3}x^{3/2}\right)+\cdots$$

$$\int_x^\infty Ai(t)dt \sim \int_x^\infty \frac{1}{2\sqrt{\pi}}t^{-1/4}\exp\left(-\frac{2}{3}t^{3/2}\right)dt$$

$$= \frac{1}{2\sqrt{\pi}}x^{-3/4}\ \exp\left(-\frac{2}{3}x^{3/2}\right)+\cdots$$

Böylece,

$$y(x) = \pi\frac{1}{2\sqrt{\pi}}x^{-1/4}\exp\left(-\frac{2}{3}x^{3/2}\right)\frac{1}{\sqrt{\pi}}x^{-3/4}\exp\left(\frac{2}{3}x^{3/2}\right)+$$

$$\pi\frac{1}{\sqrt{\pi}}x^{-1/4}\exp\left(\frac{2}{3}x^{3/2}\right)\frac{1}{2\sqrt{\pi}}x^{-3/4}\exp\left(-\frac{2}{3}x^{3/2}\right)$$

$$+ C\ Ai(x)$$

bu basitçe olmayı kolaylaştırır:

$$y(x)\sim\frac{1}{x}.$$

Baskın denge yöntemini kullanarak analizi tekrarlayalım:
Tutarsız olanı düşünün .$y'' \sim -1 \rightarrow y \sim -x^2/2$
Tutarlı olanı düşünün ve bitti.$-xy \sim -1 \rightarrow\ y\sim\frac{1}{x}$

Şu ana kadar birinci dereceden davranışı elde ettik, şimdi düzeltme terimini ele alalım:
$y = 1/x + C(x) \rightarrow y = -1/x^2 + C' \rightarrow\ y'' = 2/x^3 + C''$, yani ikame üzerine elimizde:

$$\frac{2}{x^3}+C''-1-xC(x)=-1\ \rightarrow\ C''-xC\sim-\frac{2}{x^3}$$

Son ifadede ayrı bir baskın denge, ile tutarlılığı ortaya koymaktadır
$C(x)\sim\frac{2}{x^4}$. Böylece ilk iki dereceyi elde ettik, genel çözümü şu şekilde yazalım:

$$y(x) \sim \frac{1}{x} \sum_{n=0}^{\infty} a_n x^{-3n} \quad \text{as } x \to \infty$$

Sanmak

$$y(x) = \frac{1}{x} \sum_{n=0}^{\infty} a_n x^{-3n}$$

Daha sonra

$$y'(x) = -\frac{1}{x^2} \sum a_n x^{-3n} + \frac{1}{x} \sum (-3n) a_n x^{-3n-1}$$

$$y''(x) = \frac{2}{x^3} \sum a_n x^{-3n} - \frac{2}{x^2} \sum_{n=0}^{\infty} a_n (-3n) x^{-3n-1} + \frac{1}{x} \sum (-3n) a_n x^{-3n-2}$$

Böylece $y'' - xy = -1$ elimizde:

$$\sum_{n=0}^{\infty} (2 + 6n + (3n)(3n+1)) a_n x^{-3n-3} - \sum_{n=0}^{\infty} a_n x^{-3n} = -1$$

Bu durumda katsayı ilişkileri şu şekildedir:

$$a_0 = 1$$

Ve

$$a_{n+1} = (3n+1)(3n+2) a_n$$

Böylece,

$$y(x) = \frac{1}{x} \sum_{n=0}^{\infty} \frac{(3n)!}{3^n (n!)} \frac{1}{x^{3n}}$$

### Örnek A.6.

Şimdi sadece 2 terimi dengelemenin başarısız olduğu bir örneği ele alalım:

$$y' - \frac{y}{x} = \frac{\cos x}{x^2} \quad \text{want behaviour as } x \to 0^+$$

ile dengelemeye çalışın $y' - y/x \sim 0 \to y' \sim cx$ (inconsistent).

ile dengelemeye çalışın $-\frac{y}{x} \sim \frac{\cos x}{x^2} \to y \sim \frac{-\cos x}{x}$ (inconsistent).

ile dengelemeye çalışın $y' \sim \frac{\cos x}{x^2} \to y \sim -\frac{1}{x}$ (also inconsistent, but close)

Böylece üç dönemlik baskın dengeye geçiyoruz $\cos x \to 1$:

$$y' - \frac{y}{x} \sim \frac{1}{x^2} \to y \sim \frac{C}{x} \to y \sim -\frac{C}{x^2}$$

için tutarlıdır $C = -1/2$.

Doğrusal olmayan diferansiyel denklemlerin kutup konumları başlangıç koşullarına bağlıdır (incelemeyle bulunamaz). Genel olarak, denklem hem düzenli olsa hem de Picard teoremi yerel bir çözümü garanti etse

191

bile, en yakın tekilliğin nerede olduğunu bilmek hala zordur. Örneğin şunları düşünün:

$$y^1 = \frac{y^2}{1 - xy} \qquad y(0) = 1$$

İle değiştirin $y = \sum_{n=0}^{\infty} a_n x^n \rightarrow a_n = \frac{(n+1)^{n-1}}{n!}$. Artık R yakınsama yarıçapını değerlendirebiliriz:

$$R = \lim_{n \to \infty} \left| \frac{a_n}{a_{n+1}} \right| = \lim_{n \to \infty} \left| \frac{n+1}{n+2} \frac{(n+1)^{n-2}}{(n+2)^{n-1}} \right| = \lim_{n \to \infty} \left| \left( 1 - \frac{1}{n+2} \right)^n \right| = \frac{1}{e}.$$

### Şimdi 'Sturm-Liouville' (SL) formuna sahip ikinci dereceden bir diferansiyel denklemi ele alalım:

$$\frac{d}{dz} p \frac{d\Psi}{dz} + (q + \lambda R) \Psi = 0 \quad \text{with} \quad BC's \quad \Psi(a) = \Psi(b)$$
$$= 0 \qquad a < z < b.$$

(A-43)

SL denkleminin özellikleri:
- Genel olarak çözüm yok $\lambda = \lambda_m, \quad \Psi = \Psi_m$
- yuvarlatılmıştır $\lambda_m$ ve her zaman bazı şeyleri ayarlamak mümkündür, böylece $\lambda_0 = 0$
- $\lambda_m's \rightarrow +\infty$ as $n \rightarrow \infty$
- $\int_a^b R(z) \Psi_n(z) \Psi_m(z) dz = E_n^2 \delta_{nm}$
- İddia: Özfonksiyonları, en küçük kareler anlamında keyfi bir fonksiyona uydurmak için kullanabiliriz:

$$f(z) = \sum_{n=0}^{\infty} A_n \Psi_n(z),$$

(A-44)

Neresi

$$\int_a^b R(z)f(z) \Psi_m(z) dz = \sum_{n=0}^{\infty} A_n \int_a^b dz \, R \, \Psi_n \Psi_m = A_n E_n^2.$$

(A-45)

Böylece,

$$A_n = \frac{\int_a^b R(z)f(z) \Psi_m(z) dz}{E_n^2} \ .$$

(A-46)

192

'ye uygun bir kurşun kare bulma sorununa bir çözüm olduğunu f(z)iddia ediyoruz $\sum_{n=0}^{N} A_n \, \Psi_n(z)$. Bunu kanıtlamak için en aza indirmek istiyoruz $I = \int_a^b R(z)dz[f(z) - \sum_{n=0}^{N} A_n \, \Psi_n(z)]^2$:

$$\frac{\partial I}{\partial A_m} = 0 = \int_a^b R(z)dz \left[ f(z) - \sum_{n=0}^{N} A_n \, \Psi_n(z) \right] \left[ -\sum_{n=0}^{N} \delta_{nm} \, \Psi_n(z) \right].$$

Hatanın en küçük kareler anlamında sıfıra gittiğini göstermek istiyoruz . $N \to \infty$ Sturm-Liouville'i çözmenin aşağıdakileri en aza indirmeye eşdeğer olduğunu gösterebiliriz:

$$\Omega = \int_a^b \left[ p(z) \left( \frac{d\Psi}{dz} \right)^2 - q(z) \, \Psi^2 \right] dz$$

(A-47)

tabidir $\int_a^b \Psi^2 R(z)dz = $ constant. Diyelim ki BC'leri karşılayan ve normalleştirilmiş $z = a, b$ bir deneme fonksiyonu seçtiğimizi varsayalım. $\Psi(z)$

$$\int_a^b R(z)dz \, \Psi^2(z) = 1$$

Hesapla:

$$\Omega(\Psi_0) = \int_a^b \left[ p \left( \frac{d\Psi_0}{dZ} \right)^2 - q \, \Psi_0^2 \right] dz$$

$$= \left[ p \, \Psi_0 \frac{d\Psi_0}{dz} \right]_a^b - \int_a^b \Psi_0 \left[ \frac{d}{dz} \left( p \frac{d\Psi_0}{dz} + q \, \Psi_0^2 \right) \right]$$

Böylece

$$\Omega(\Psi_0) = \int_a^b \Psi_0 R\lambda_0 \, \Psi_0 dz = \lambda_0$$

(burada $\lambda_0$ tipik olarak en düşük öz değer bulunur). Benzer şekilde şunu $\Psi = \sum_{n=0}^{N} A_n \, \Psi_n(z)$ elde ederiz:

$$\Omega(\Psi) = \int_a^b Rdz \sum_{n=0}^{N} A_n \, \Psi_n \sum_{m=0}^{M} \lambda_m A_m \, \Psi_m = \sum_{n=0}^{N} A_n^2 \, \lambda_m E_N^2 \, .$$

(A-48)

193

Yukarıdakileri kullanarak ispatı tamamlamak için en küçük kareler hatasının N ile azaldığını göstermemiz gerekir, ancak bu referanslara bırakılmıştır [65].

### *SL özfonksiyonları ve özdeğerleri için asemptomatik ödenekler*
SL denklemini hatırlayın:

$$\frac{d}{dz} p \frac{d\Psi}{dz} + (q + \lambda R)\,\Psi = 0$$

(A-49)

'İlham veren bir dönüşüm' yapalım:

$$y = (pR)^{1/4}\,\Psi$$

(A-50)

ve yeni değerleri tanımlayın:

$$\varepsilon = \frac{1}{J}\int_a^z \sqrt{\frac{R}{P}}\,dz \quad \text{and} \quad J = \frac{1}{\pi}\int_a^b \sqrt{\frac{R}{P}}\,dz\;.$$

(A-51)

SL denklemi daha sonra Volterra İntegral denklemi cinsinden çözülebilir hale gelir:

$$\frac{d^2 y}{d\varepsilon^2} + \left(k^2 + \omega(\varepsilon)\right)y(\varepsilon) = 0,$$

(A-52)

Neresi

$$k^2 = J^2\lambda \quad \text{and} \quad \omega = \left[\frac{1}{(pR)^{1/4}}\frac{d^2}{d\varepsilon^2}(pR)^{1/4} - J^2\frac{q}{R}\right],$$

(A-53)

ve elimizde $a < z < b$(daha önce olduğu gibi) ve var $0 < \varepsilon < \pi$. Çözümler yazılabilir:

$$y(\varepsilon) = A\sin(k\varepsilon) + B\cos(k\varepsilon) + \frac{1}{k}\int_{\varepsilon_0}^{\varepsilon} \sin(k(\varepsilon - t))\,w(t)y(t)dt.$$

Diyelim $\Psi(a) = \Psi(b) = 0$ki o zaman $k = n$ve

$$\Psi_n \sim \frac{1}{(Rp)^{1/4}}\sin(n\varepsilon) \quad \text{and} \quad \lambda_n = \left(\frac{n}{J}\right)^2$$

Diyelim ki genel BC'lerimiz $\alpha\Psi + \beta\frac{d\Psi}{dz} = 0$ at $z = a, b$var , o zaman elimizde

194

$$k_n \sim \frac{J}{\pi n} \left[ \frac{\alpha}{\beta} \sqrt{\frac{P}{R}} \right]_a^b$$

(A-54)

Bessel denkleminde ortaya çıkan gibi ile Tekil SL :p(a) = 0 or p(b) = 0 or both

$$\frac{d}{dz}\left(z\frac{d\Psi}{dz}\right) + \left(\lambda z - \frac{m^2}{z}\right)\Psi = 0,$$

; ; ; R = zile SL denklemi p = zve q = $-m^2/z$). Burada tekil nokta şudur z = 0ve elimizde:

$$\Psi = \frac{1}{\sqrt{z}}y, \quad J = \frac{1}{\pi}\int_0^b dz = \frac{b}{\pi}, \quad \varepsilon = \frac{\pi z}{b}, \quad k^2 = \frac{b^2 \lambda}{\pi^2}$$

vermek:

$$\frac{d^2 y}{d\varepsilon^2} + \left[k^2 - \frac{(m^2 - 1/4)}{\varepsilon^2}\right]y = 0$$

çözümlerle:

$$y(\varepsilon) = \cos(k\varepsilon + \theta) - \frac{1}{k}\int_\varepsilon^\infty \sin(k(\varepsilon - t))y(t)\left(\frac{m^2 - 1/4}{t^2}\right)dt$$

Bessel fonksiyonlarının yerel davranışı formdadır $z^{\pm m}[$ Taylor series in z] and $J_n \sim z^n[\sum A_n z^{2n}]$.

## A.2 Sturm-Liouville Formuna Sahip Adi Diferansiyel Denklemler – Asimptotik Yaklaşımlar
(Bu materyalin bir kısmı 1986 Baharında Ama101b'de ele alınmıştır.)

*Örnek A. 7.* Abel'in Wronskian formülünü doğrulayın. Yani şunu göster:

$$\frac{d^n y}{dx^n} + p_{n-1}(x)\frac{d^{(n-1)}y}{dx^{(n-1)}} + \cdots p_0(x)y(x) = 0$$

o zaman Wronskian W(x) tatmin eder

$$\frac{dW}{dx} = -p_{n-1}(x)W(x).$$

## Çözüm
Wronskian'ın türevini aldığımızda determinantın içindeki türevleri elde edecek şekilde satır satır dağıtıyoruz. Bu, son satırdaki türeviyle birlikte

determinant dışında iki satırın aynı olmasını sağlar. Daha sonra her iki terimin de ve $p_{n-1}y_n^{n-1}$ içeren polinom ifadelerine katkıda bulunduğunu gördüğümüzü $y_n^n$ görürsek $\frac{dW}{dx} + p_{n-1}(x)W(x)$, öyle ki, bu terimlerin yeni son satırda gruplandırılmasıyla, $y_n^n + p_{n-1}y_n^{n-1}$ örneğin son satırın son elemanı gibi yeni bir determinantta yeniden gruplandırma mümkündür. olduğundan $(y_n^n + p_{n-1}y_n^{n-1}) + \cdots + p_0y_0 = 0$, alt sıradaki öğeler (diğer satırların gruplandırılmasından elde edilebilir) açısından gruplamaya açık bir bağımlılık vardır, dolayısıyla bu determinant sıfır olacaktır ve elimizde:

$$\frac{dW}{dx} + p_{n-1}(x)W(x) = 0$$

istediğiniz gibi.

**Örnek A.8.** Homojen doğrusal denklemde üçüncü dereceden Green fonksiyonunun formülünü bulun. Bu formülü n'inci mertebeye kadar genelleştirin.

**Çözüm**
Üç koşul vardır:
( i ) G'de süreklidir x = a.
(ii) dG'de süreklidir x = a.
(iii)$d^2G|_{a^+} - d^2G|_{a^-} = 1$
Böylece,

$$\begin{bmatrix} y_1(a) & y_2(a) & y_3(a) \\ y_1{}'(a) & y_2{}'(a) & y_3{}'(a) \\ y_1{}''(a) & y_2{}''(a) & y_3{}''(a) \end{bmatrix} \begin{bmatrix} B_1 - A_1 \\ B_2 - A_2 \\ B_3 - A_3 \end{bmatrix} = \begin{bmatrix} 0 \\ 0 \\ 1 \end{bmatrix}$$

Cramer kuralı:

$$B_1 - A_1 = \frac{y_2(a)y_3{}'(a) - y_3(a)y_2{}'(a)}{\det W[y_1(a), y_2(a), y_3(a)]}, \quad \text{etc.}$$

Sınır koşullarını belirlemek için üç koşul daha seçilebilir. Sıralama $W_j$ için $n^{th}$, sütunun yerine son satır hariç tamamı sıfır olan bir sütun vektörü ile W olsun :$j^{th}$

$$B_j - A_j = \frac{W_j}{\det W}$$

**Örnek A.9.** Aşağıdaki Riccati denklemine kapalı formda bir çözüm bulun:

$$xy' - 2y + ay^2 = bx^4.$$

196

*Çözüm*

Tahmin edin $y = \sqrt{b/a}x^2$(son birkaç terimdeki baskın dengeyle gösterilir), ardından işe yarayıp yaramadığını test edin, ki işe yarıyor. Böylece ikameyi yaparak bir Bernoulli denklemine sahip oluruz.

$$y(x) = \sqrt{\frac{b}{a}}x^2 + u(x).$$

Standart Bernoulli denklemini çözersek genel çözüm elde edilir:

$$y(x) = x^2\left(\sqrt{\frac{b}{a}} + \frac{2}{Ce^{\sqrt{ab}\,x^2} - \sqrt{\frac{a}{b}}}\right).$$

*Örnek A.10.* Legendre polinomları $P_n(z)$fark denklemini karşılar
$$(n+1)P_{n+1}(z) - (2n+1)z\,P_n(z) + n\,P_{n-1}(z) = 0$$
İle$P_0(z) = 1$, $P_1(z) = z$.

a) Üretme fonksiyonunu $f(x, y)$şu şekilde tanımlayın:
$$f(x, z) = \sum_{n=0}^{\infty} P_n(z)\,x^n$$
Göstermektedir $f(x, z) = (1 - 2xz + x^2)^{-1/2}$.

b) Aşağıdakileri karşılayan bir Bessel fonksiyonunun $ty'' + y' + ty = 0$ with $y(0) = 1$ and $y'(0) = 0$.nerede $J_0$olduğunu gösterirseniz $g(x, z) = e^{xz}J_0\left(x\sqrt{1 - z^2}\right)$:$g(x, z) = \sum_{n=0}^{\infty}\frac{P_n(z)x^n}{n!}$

*Çözüm*

(a) $f(x, z) = \sum_{n=0}^{\infty} P_n(z)\,x^n = \sum_{n=0}^{\infty} P_{n+1}(z)\,x^{n+1} + P_0(z)$(nerede $P_0(z) = 1$), oysa

$f'(x, z) = \sum_{n=0}^{\infty}(n+1)P_{n+1}(z)\,x^n$Ve $f''(x, z) = \sum_{n=0}^{\infty}(n+1)(n+2)P_{n+2}(z)\,x^n$. Dolayısıyla, fark denkleminin ( ) endekslemesini kaydırırsak $n \to n+1$ve yukarıdaki özyineleme denklemini $(n+1)x^n n=0$ toplamı ile çarparsak $\infty$:

$$\sum_{n=0}^{\infty}[(n+1)(n+2)P_{n+2}(z)x^n - z(n+1)(2n+3)P_{n+1}(z)x^n$$
$$+ (n+1)^2 P_n(z)x^n] = 0$$

olur:

$$f''(x, z) + \sum_{n=0}^{\infty}[-z[3(n+1) + 2n(n+1)]P_{n+1}(z)x^n + [n(n-1) + 3n$$
$$+ 1]P_n(z)x^n] = 0$$

197

hangisi olur:
$$f''(x,z) - z[3f'(x,z) + 2xf''(x,z)] + [x^2f''(x,z) + 3xf'(x,z) + f(x,z)]$$
$$= 0.$$
Böylece,
$$(1 - 2xz + x^2)f'' + (3x - 3z)f' + f = 0.$$

Doğrudan ikamesi $f(x,z) = (1 - 2xz + x^2)^{-1/2}$ denklemi karşıladığını gösterir.

(b) İndeks kaydırmalı denklemi (daha önce olduğu gibi) şununla çarpın:$x^{n+1}/(n + 1)!$ n=0'ın toplamı ile $\infty$:

$$\sum_{n=0}^{\infty} \frac{(n + 2)P_{n+2}(z)x^{n+1}}{(n + 1)!} - \sum_{n+0}^{\infty} \frac{(2n + 3)P_{n+1}(z)x^{n+1}}{(n + 1)!}$$
$$+ \sum_{n=0}^{\infty} \frac{(n + 1)P_n(z)x^{n+1}}{(n + 1)!} = 0$$

Bir 'd/dx'i öne çekin, ardından (n+2) indeksli polinom için ikinci kez, ardından 'x' ile çarpın ve ikameyi kullanın $g(x,z) = \sum_{n=0}^{\infty} \frac{P_n(z)x^n}{n!}$:
$$xg'' + (1 - 2zx)g' + (x - z)g = 0 .$$
olan $J_0$ olası çözümü yerine koyarsak $g(x,z) = e^{xz}J_0(x\sqrt{1 - z^2})$ (bunun sıfırıncı Bessel fonksiyonu olduğunu yakında göreceğiz) ve ilişkiyi elde ederiz:
$$x\sqrt{1 - z^2}J_0''\left(x\sqrt{1 - z^2}\right) + J_0'\left(x\sqrt{1 - z^2}\right) + x\sqrt{1 - z^2}J_0\left(x\sqrt{1 - z^2}\right).$$
Eğer yerine koyarsak $t = x\sqrt{1 - z^2}$, o zaman elimizde:
$$ty'' + y' + ty = 0,$$
burada bu sıfırıncı dereceden Bessel denklemidir ve y çözümü genellikle $J_0$ önceden seçilmiş olarak gösterilir.


*Örnek A.11 .*
(a) Bessel fonksiyonları $J_n(z)$ fark denklemini sağlar
$$J_{n+1}(z) - \frac{2n}{z}J_n(z) + J_{n-1}(z) = 0 \qquad (-\infty < n < \infty)$$
ile ve $J_0(0) = 1$ $J_n(0) = 0$. Üretme fonksiyonunu $f(x,z)$ şu şekilde tanımlayın:
$$f(x,z) = \sum_{n=-\infty}^{\infty} x^n J_n(z) .$$

Göstermektedir$f(x, z) = \exp\left(\frac{z}{2}(x - 1/x)\right)$.

(b) Göstermektedir$J_{-n}(z) = J_n(-z) = (-1)^n J_n(z)$.

(c) Göstermektedir $1 = J_0(z) + 2\sum_{n=1}^{\infty} J_{2n}(z)$.

## Çözüm

(a) aşağıdaki şekilde $J_{n+1}(z) - \frac{2n}{z}J_n(z) + J_{n-1}(z) = 0$yeniden

gruplandırılır $f(x, z) = \sum_{n=-\infty}^{\infty} x^n J_n(z)$:

$$\left(\frac{1}{x} + x\right)f = \frac{2x}{z}f' \quad \rightarrow \quad f(x, z) = \exp\left(\frac{z}{2}\left(x - \frac{1}{x}\right)\right)$$

(b) Kullanacağız $\exp\left(\frac{z}{2}\left(x - \frac{1}{x}\right)\right) = \sum_{n=-\infty}^{\infty} x^n J_n(z)$:

$$\sum_{n=-\infty}^{\infty} x^n J_{-n}(z) = \sum_{n=-\infty}^{\infty} x^{-n} J_n(z) = \sum_{n=-\infty}^{\infty} x^n (-1)^n J_n(z)$$

$$\rightarrow \quad J_{-n}(z) = (-1)^n J_n(z)$$

Benzer şekilde,

$$\sum_{n=-\infty}^{\infty} x^n J_{-n}(z) = \sum_{n=-\infty}^{\infty} y^n J_n(z) = \exp\left(\frac{z}{2}\left(y - \frac{1}{y}\right)\right) = \exp\left(\frac{z}{2}\left(\frac{1}{x} - x\right)\right)$$

$$= \sum_{n=-\infty}^{\infty} x^n J_n(-z),$$

Böylece $J_{-n}(z) = J_n(-z)$.

(C)

$$J_0(z) + 2\sum_{n=1}^{\infty} J_{2n}(z) = \sum_{n=-\infty}^{\infty} J_{2n}(z) = \sum_{n=-\infty}^{\infty} x^m J_m(z) \text{ (with m}$$

$$= 2n \text{ and } x = 1).$$

Böylece,

$$J_0(z) + 2\sum_{n=1}^{\infty} J_{2n}(z) = \exp\left(\frac{z}{2}\left(\frac{1}{1} - 1\right)\right) = 1,$$

böylece sonuç gösterilir.

***Örnek A.12*** . Aşağıdaki denklemlerin tüm tekil noktalarını sınıflandırın (Sonsuzdaki tekilliği de inceleyin.):

(a) $x(1 - x)y'' + [c - (a + b + 1)x]y' - aby = 0$(Hipergeometrik denklem).

(b) $y'' + (h - 2\theta \cos 2x)y = 0$(Mathieu denklemi).

## Çözüm
(A)

$$y'' + \left[\frac{c}{x(1-x)} - \frac{(a+b+1)}{1-x}\right] y' - \frac{ab}{x(1-x)} y = 0.$$

Orijin civarında x=1'in düzenli tekil bir nokta, x= 0'ın ise düzensiz tekil nokta olduğunu görüyoruz. Sonsuzdaki davranışı incelemek için şunu yapalım $x = 1/t$:

$$y'' + \left(\frac{(2-c)t + (a+b-1)}{t(t-1)}\right) y' - \frac{ab}{(t^2(t-1)} y = 0.$$

T-başlangıcının yakınında t=1'in düzenli tekil bir nokta olduğunu (dolayısıyla x=1 düzenli tekil bir noktadır) ve t= 0'ın düzensiz tekil bir nokta olduğunu (dolayısıyla x= ∞ düzensiz tekil bir noktadır) görüyoruz.

(b) $y'' + (h - 2\theta\cos 2x)y = 0$ Orijin civarında tekillik yoktur. yerine koyarsak $x = 1/t$ şunu elde ederiz:

$$y'' + \frac{2}{t}y' + \frac{(h - 2\theta\cos 2/t)}{t^4}y = 0$$

Bu denklem için t = 0'ın düzensiz bir tekil nokta olduğunu (patlarken salındığını), dolayısıyla x = ∞ düzensiz bir tekil nokta olduğunu görüyoruz.

*Örnek A.13* . Frobenius yöntemini kullanarak, değiştirilmiş Bessel denkleminin iki çözümü için seri açılımını belirleyin:

$$y'' + \frac{1}{x}y' - \left(a + \frac{v^2}{x^2}\right)y = 0, \quad \text{with } v = 1.$$

*Çözüm:* Bir alıştırma olarak bırakıldı.

*Örnek A.14* . Aşağıdaki denklemden itibaren önde gelen asimptotik davranışları bulun $x \to +\infty$

a) $y'' = \sqrt{x}\, y$

b) $y'' = \cosh xy'$

## Çözüm
(a) Değiştirmeyle başlayalım: $y = e^s \to y' = s'e^s \to y'' = s''e^s + (s')^2 e^s$. Böylece,

200

$$s'' + (s')^2 = \sqrt{x}$$

İlk durum: $s'' \ll (s')^2 \rightarrow s' = \pm x^{1/4}$. Bunun şu şekilde $x \rightarrow +\infty$ tutarlı olduğunu $s'' \ll (s')^2$ görüyoruz $s'' = \pm(1/4)x^{-3/4}$.

İkinci durum: , $s'' \gg (s')^2 \rightarrow s'' = \sqrt{x} \rightarrow s' = (\frac{2}{3})x^{3/2}$ as $x \rightarrow +\infty$ ile tutarlı DEĞİLDİR $s'' \gg (s')^2$.

Lider asimptotik davranış bu şekildedir $s' = \pm x^{1/4} \rightarrow s(x) = \pm\frac{4}{5}x^{5/4} + c(x)$. $c(x)$ çözümünden sonra tam bir çözüm elde edilebilir:
$$\pm\frac{1}{4}x^{-3/4} + c'' + c'\big(2x^{1/4} + c'\big) = 0.$$
tutarlı olanı deneyelim . $c'' \ll c' \rightarrow c = -(1/8)\ln x$ Eğer denersek $c' \ll c''$ tutarlı olmaz. Çözümümüz şu şekilde:
$$y(x) = cx^{-1/8}\exp\,(\pm\frac{4}{5}x^{5/4}).$$

(b) Değiştirmeyi kullanın: $y = e^s \rightarrow y' = s'e^s \rightarrow y'' = s''e^s + (s')^2 e^s$ daha önce olduğu gibi. Böylece,
$$s'' + (s')^2 = \cosh x \, s'.$$
O halde , $s = \sinh x +$ celimizdeki $(\cosh x)^2 \gg \sinh x$ gibi , çok tutarlı olduğunu $x \rightarrow \infty$ varsayalım $(s')^2 \gg s''$. Eğer denersek $(s')^2 \ll s''$ sonuç tutarsızdır. Hadi deneyelim
$$s = \sinh x + c(x)$$
ikame üzerine şunu verir:
$$\sinh x + c'' + (\cosh x + 1)c' = 0.$$
Baskın dengeyi yeniden deneyerek $c(x) \sim -\ln(\cosh x)$ şunu elde ederiz $s = \sinh x - \ln(\cosh x)$:
$$y(x) \sim c\frac{e^{\sinh x}}{\cosh x}.$$

***Örnek A.15*** . (Bender ve Orszag problemi 3.45). Belirli integrallerin asimptotik davranışını belirlemenin bir yolu, karşıladıkları diferansiyel denklemleri bulmak ve daha sonra diferansiyel denklemin yerel bir analizini yapmaktır. Aşağıdaki integrallerin davranışını incelemek için bu tekniği kullanın

a) $y(x) = \int_0^x \exp(l^2)\,dt$ as $x \rightarrow +1$

b) $y(x) = \int_0^\infty \exp(-xt - 1/t)\, dt$ as x
$\to 0^+$ and as $x \to +\infty$

**Çözüm**
Okuyucuya bırakılmıştır.


***Örnek A.16*** . Belirli bir çözüme göre yerel davranıştaki ilk üç terimi
bulun.$x \to \infty$
$$x^3 y'' + y = x^{-4}$$
**Çözüm**
Bu nedenle $y \sim x^{-4}$ tutarlı olanı deneyin . $y \gg x^3 y''$ Yani şunu almak için
değiştirin $y(x) = x^{-4} + c(x)$:
$$c'' x^3 + c = -20x^{-3}.$$
Bu nedenle $c = -20x^{-3}$ tutarlı olanı deneyin . $c \gg c'' x^3$ Yani yerine
$y(x) = x^{-4} - 20x^{-3} + d(x)$:
$$x^3 d'' + d = 240x^{-2}.$$
Bu nedenle $d = 240x^{-2}$ tutarlı olanı deneyin . $d \gg x^3 d''$ Öyleyse var
$$y(x) = x^{-4} - 20x^{-3} + 240x^{-2} + e(x).$$


***Örnek A.17*** . (Bender ve Orszag 3.55). Aşağıdaki diferansiyel denkleme
göre olası stokes çizgisinin konumunu bulunuz $\to \infty$
$$y'' = z^{1/3} y$$


**Çözüm:**
Yerel davranış:
$$y(z) \sim cz^{-1/12} \exp(\pm(6/7)\, z^{7/6}).$$
Lider davranış:
$$e^{\left(\frac{6}{7}\right) z^{7/6}} \quad \text{and} \quad e^{-\left(\frac{6}{7}\right) z^{7/6}}.$$
eğrilerin asimptotlarıdır$z \to \infty$
$$\mathrm{Re}\left\{ e^{\left(\frac{6}{7}\right) z^{\frac{7}{6}}} - \left( -e^{-\left(\frac{6}{7}\right) z^{\frac{7}{6}}} \right) \right\} = 0 \to \frac{12}{7} \mathrm{Re}\left\{ z^{\frac{7}{6}} \right\} = 0 \to \quad e^{i\frac{7}{6}\theta} = 0.$$
Böylece Stokes çizgileri $z = re^{i\theta}$ ne zaman ortaya çıkar $\theta = \pm\frac{3}{7}(2n + 1)\pi$?

***Örnek A.18*** . Başlangıç değer problemini düşünün


202

$$y' = \frac{y^2}{1 - xy} \quad \text{with} \quad y(0) = 1.$$

(a) x = 0Aşağıdaki formun Taylor serisi çözümünün yaklaşık olduğunu gösterin:

$$y = \sum_{n=0}^{\infty} A_n x^n$$

NeresiA$_n = \frac{(n+1)^{n-1}}{n!}$.

(b) Çözümün tatmin edici olduğunu gösterin
$$y(x) = \exp(xy)$$
ve bu denklemin iç içe geçmiş üstel sayıların bir limiti olarak y için yinelemeli olarak çözülebileceği
$$y(x) = \lim_{n \to \infty} y_n(x)$$
Neresi $y_{n+1}(x) = \exp(xy_n(x))$. Bu nedenle ,, $y_2 = \exp(x \exp(x))$,... seçeneğini $y_1 = \exp(x)$seçin . $y_0 = 1$olduğunda limitin mevcut olduğunu gösterin $-e \le x \le 1/e$.

*Çözüm*
(a) egzersiz olarak bırakıldı.
(b) egzersiz olarak bırakıldı.


*Örnek A.19* . Diferansiyel operatörü $y' = \cos(\pi xy)$analitik olarak çözmek çok zordur. Çözümler y(0)'ın çeşitli değerleri için çizilirse, bunların x arttıkça bir araya toplandığı görülür. Bu asimptotik kullanılarak tahmin edilebilir mi? Çözümlerin olası öncü davranışlarını bulun x → ∞. Bu öncü davranışlara yönelik düzeltmeler nelerdir?

*Çözüm (kısmi):*
$y' = \cos(\pi xy)$
O zaman izin ver$y(x) = \frac{1}{\pi x} u(x)$ $u' = \frac{u}{x} + \pi x \cos u$. Şimdi, şu şekilde$x \to \infty$ sahibiz $u/x \ll \pi x \cos u$. Böylece:

$$u' \sim \pi x \cos u \quad \text{or} \quad \frac{du}{\cos u} \sim \pi x dx$$

sahip olduğumuzdan beri$\ln(\sec u + \tan u) \sim \frac{\pi x^2}{2} + c$

$$\left| 1 + \frac{\sin u}{\cos u} \right| \sim e^{\frac{\pi x^2}{2} + c}.$$

Biraz yeniden gruplandıktan sonra şunu görüyoruz:

203

$$u \sim \sin^{-1}\left\{\frac{-1 \pm \exp(\pi x^2 + 2c)}{1 + \exp(\pi x^2 + 2c)}\right\}$$

Böylece:

$$u \sim \left\{\begin{matrix}\sin^{-1}(-1) \\ \sin^{-1}(1)\end{matrix}\right\} \rightarrow u \sim \left\{\begin{matrix}\dfrac{-\pi}{2} + 2k\pi \\ \dfrac{\pi}{2} + 2k\pi\end{matrix}\right\} \quad \text{for} \quad k = 0,1,2 \ldots$$

Gerisi egzersiz olarak bırakıldı.

***Örnek A.20***. Denklem için $y'' = y^2 + e^x$ ikameleri yapın $y = e^{x/2}\,u(x)$ ve $s = e^{x/4}$ asimptotik olarak büyük x'in çözümleri s'nin eliptik fonksiyonları gibi davranan bir denklem elde edin. $Y(x)$'in tekilliklerinin şu şekilde orantılı mesafeyle ayrıldığını çıkarın: $e^{-x/4}$ $x \to \infty$.

***Çözüm***
Sahibiz: $y'' = y^2 + e^x$ ; $y = e^{x/2}u(x)$ ; $s = e^{x/4}$. Hangisinden alıyoruz

$$y' = e^{x/2}u'(x) + u(x) + \frac{1}{2}e^{x/2}$$

Ve

$$y'' = e^{x/2}u''(x) + e^{x/2}u'(x) + \frac{1}{4}e^{x/2}u(x)$$

Değiştirerek şunu elde ederiz:

$$\frac{d^2u}{ds^2} + \frac{5}{s}\frac{du}{ds} + \frac{4}{s^2}u = 16(u^2 + 1)$$

Çünkü $x \to \infty$, $s \to \infty$ ve yaklaşık olarak elimizde:

$$\frac{d^2u}{ds^2} = (u^2 + 1)16.$$

İkincisi, aşağıdaki şekilde çözdüğümüz özerk bir denklemdir:

$$\left(\frac{d^2u}{ds^2}\right)\frac{du}{ds} = 16[1 + u^2]\frac{du}{ds}$$

Ve

$$\frac{1}{2}\left[\frac{du}{ds}\right]^2 = 16[u + u^3/3 + c].$$

, s'nin eliptik bir fonksiyonu olan: olur . $\pm 4s = \int \dfrac{du}{\sqrt{2u^3/_3 + 2u + 2c}}$ Bunun için

kutuplar T periyoduna göre ayrılır: $s(x + \Delta) - s(x) \approx T \to e^{(x+\Delta)/4} - e^{x/4} \approx T \to e^{\Delta/4} \sim Te^{-x/4}$ . Böylece tekillikler ile orantılı mesafe ile $e^{-x/4}$ ayrılır $x \to \infty$.

**Örnek A.21** . Thomas-Fermi denkleminin patlayıcı tekilliğinin öncü davranışının $y'' = y^{3/2}x^{-1/2}$şu şekilde verildiğini gösterin:

$$y(x) \sim \frac{400a}{(x-a)^4} \quad \text{as } x \to a.$$

**Çözüm**

Let's try $y = A(x-a)^b$ile çalışıyoruz $y'' = y^{3/2}x^{-1/2}$, bu durumda $y' = Ab(x-a)^{b-1}$ve elimizde olur $y'' = Ab(b-1)(x-a)^{b-2}$. Bunları yerine koyarsak şunu elde ederiz:

$$b(b-1)(x-a)^{-\frac{1}{2}b-2} = A^{\frac{1}{2}}x^{-\frac{1}{2}}.$$

Bu denklemin asimptotik olarak dengelenmesi için $(x-a)^{-\frac{1}{2}b-2}$sabit olması gerekir, dolayısıyla

$$-\frac{1}{2}b - 2 = 0 \quad \to \quad b = -4.$$

Sabitleri dengelediğimizde A=400a elde ederiz, dolayısıyla çözüm için önde gelen sırayı elde ederiz:

$$y(x) \sim \frac{400a}{(x-a)^4} \quad \text{as } x \to a.$$

# B . LIGO Personeli yaklaşık 1988 (ben Grad. Stud olarak kadrodayken) sadece ~30 kişiydi.

| | Room | Phone | | Room | Phone |
|---|---|---|---|---|---|
| Alex Abramovici | 358W | 4895 | Pat Lyon | 130A | 4597 |
| | | 446-4169 | | | |
| Cynthia Akutagawa | 357W | 4098 | Boude Moore | 31A | 4438 |
| | | 714/594-6948 | | | 792-6406 |
| Bill Althouse | 30A | 4481 | Fred Raab | 354W | 4053 |
| | | 449-6716 | | | 249-6242 |
| Midge Althouse | 36A | 2975 | Martin Regehr | 360W | 2190 |
| | | 449-6716 | | | 568-1910 |
| Fred Asiri | 32A | 2971 | Bob Spero | 361W | 4437 |
| | | 957-5058 | | | 796-0682 |
| Betty Behnke | 102E | 2129 | Kip Thorne | 128A | 4598 |
| | | 446-4828 | | | |
| Andrej Čadež | 359W | 4219 | Bert Tinker | 365W | 4610 |
| | | 446-2668 | | | 805/492-5917 |
| Ron Drever | 355W | 4291 | Massimo Tinto | 358W | 4018 |
| | | 796-0403 | | | 449-2007 |
| Ernie Franzgrote | 102E | 2131 | Steve Vass | 365W | 4610 |
| | | 449-5228 | | | 355-9780 |
| Yekta Gürsel | 358W | 2136 | Robbie Vogt | 101E | 3800 |
| | | 449-9238 | | | 794-7823 |
| Jeff Harman | 365W | 2160 | Steve Winters | 354W | - |
| | | 805/495-2354 | | | 584-1931 |
| Greg Hiscott | 35A | 2974 | Mike Zucker | 356W | 4017 |
| | | 362-7306 | | | 789-4345 |
| Larry Jones | 32A | 2970 | | | |
| | | 805/265-9602 | | | |

## MISC. PHONE NUMBERS

| | | | | |
|---|---|---|---|---|
| Bridge Lab | 365W | 4610 | Tony Riewe, JPL 144-201 | 41864 |
| Roof Machine Shop | | 4894 | Rai Weiss, MIT | 617/253-3527 |
| Citgrav Computer | | 449-6081 | Susan Merullo, MIT | 617/253-4894 |
| CES Lab Control Room | | 3980 | MIT Lab | 617/253-4824 |
| CES Lab Computer | | 3977 | | |
| CES Lab, Louie (North End) | | 3978 | | |
| CES Lab, Huey (East End) | | 3978 | | |
| CES Lab, Dewey (South End) | | 3979 | FAX—MIT LIGO Project | 617/258-7839 |
| Conference Room | 28A | 2965 | FAX—Caltech LIGO Project | 818/304-9834 |

10/20/88

# C. Veri Analizi Başlangıç Sayfası
## C.1 Dördüllemede eklenen hatalar
Artık (çoğu durumda) doğru olduğu düşünülen ve belirsizliklerin yayılmasından kaynaklanan *"Dördüllemede hatalar eklenir"* şeklinde eski bir deneysel/istatistiksel düstur vardır . Bu açıklama bize yukarıdaki ortalama sonucun sigmasının türetilmesi için de alternatif bir yol verecektir. Dolayısıyla, faiz miktarını dolaylı olarak ölçtüğümüz durumu düşünün, yani 'z'yi ölçmek istiyoruz ama elimizde x,y ,… var, burada z =f( x,y ,…). Böylece genel ilişkiye sahibiz:

$$\Delta z = \frac{\partial f}{\partial x}\Delta x + \frac{\partial f}{\partial y}\Delta y + \cdots,$$

(C-1)

buradan şunu elde etmek için karesini alabilir ve ortalamasını alabiliriz:

$$\overline{(\Delta z)^2} = \left(\frac{\partial f}{\partial x}\right)^2 \overline{(\Delta x)^2} + \left(\frac{\partial f}{\partial y}\right)^2 \overline{(\Delta y)^2} + 2 \left(\frac{\partial f}{\partial x}\right)\left(\frac{\partial f}{\partial y}\right)\overline{(\Delta x \Delta y)} + \cdots,$$

(C-2)

Ortalama alındığında, çapraz terimlerin doğrusal olması işaret iptaline neden olacaktır. Böylece, kareleri alınmış terimlerin ortalamasını varyans (veya std dev squared) notasyonu olarak yeniden yazmak, daha sonra şunu açıklığa kavuşturur:

$$\sigma_z^2 = \left(\frac{\partial f}{\partial x}\right)^2 \sigma_x^2 + \left(\frac{\partial f}{\partial y}\right)^2 \sigma_y^2 + \cdots.$$

(C-3)

İid'de tekrarlanan ölçüm durumuna geri dönülmesi rv'ye sahibiz $f = \bar{x}_N$ ve bu basitçe:

$$\sigma_z^2 = (\sigma_x^2 + \sigma_y^2 + \cdots)/N^2.$$

(C-4)

ve hata terimlerinin eklenmesi kareleme şeklindedir. Hataların kareleme ilişkisinde eklenmesini kullanırsak, ortalamanın sigmasını doğrudan şu şekilde değerlendirebiliriz:

$$\sigma_z = \frac{\sigma}{\sqrt{N}}.$$

(C-5)

## C.2 Dağılımlar
Şimdi ortaya çıkabilecek bazı önemli dağılımları gözden geçirelim. İlgilenilen ana dağılımların tümü maksimum entropi değerlendirmesinden elde edilebilir [24]. Bu, Maxwell'in önerdiği dağıtıma dayalı istatistiksel mekanik birleştirmeyi yeni bir düzeye taşır (Jaynes [68]) ve fiziksel sistemlerin dağıtımsal temellerinin daha iyi anlaşılmasını sağlar. Dağılım ailelerinin bir manifold (nöromanifold) tanımladığı anlaşılmaktadır ve bu

209

[41] ve [44]'te tartışılmaktadır. Bazı dağılımlar, her yerde bulunmalarından da anlaşılacağı üzere, başka bakımlardan da özeldir. Bu konuda özellikle Gauss dağılımı öne çıkacaktır. Hataların kareleme işlemine eklediği önceki özellik, bunun açıklamasıdır, çünkü bu özellik, Gauss gürültü kaynaklarının (veya tekrarlanan ölçümlerin) eklenmesinin, yeni bir toplam Gauss (Gauss gürültüsü ile) ile nasıl sonuçlanacağının temelini oluşturur. Bunun da, herhangi bir arka plan dağılımında, hatta değişen bir dağılımda tekrarlanan ölçümün Gaussian olma eğiliminde olan toplam bir ölçüme yol açacağı genelleştirmesi olduğu bulunmuştur.

### *Geometrik dağılım (maxent yoluyla ortaya çıkan)*

Burada, her denemede o olayı görme olasılığı "p" iken, k denemeden sonra bir şeyi görme olasılığından bahsediyoruz. Bir olayı k denemeden sonra ilk kez gördüğümüzü varsayalım; bu, ilk (k-1) denemenin olay olmadığı anlamına gelir (her deneme için (1-p) olasılıkla) ve son gözlem p olasılığıyla gerçekleşir, geometrik dağılım için klasik formülün ortaya çıkmasına neden olur:

$$P(X=k) = (1-p)^{(k-1)} p$$

(C-6)

Normalleştirmeye, yani tüm sonuçların toplamının bire eşitlenmesine gelince:

$$\text{Toplam Olasılık} = \Sigma_{k=1} (1-p)^{(k-1)} p = p[1+(1-p)+(1-p)^2+(1-p)^3+\ldots] = p[1/( 1-(1-p))]=1.$$

Yani toplam olasılık, daha fazla normalleştirme gerekmeden zaten bire ulaşıyor. Şekil C.1'de p=0,8 durumu için geometrik bir dağılım görülmektedir:

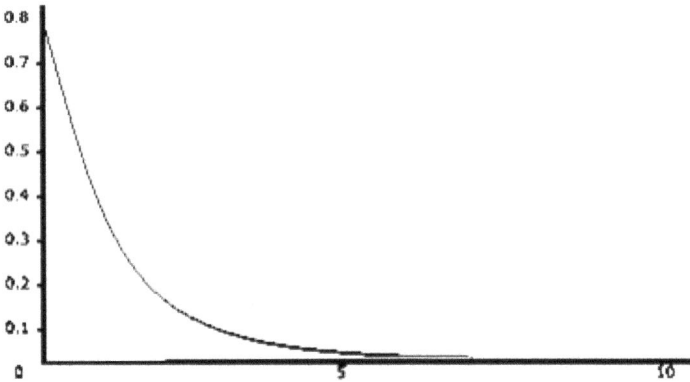

**Şekil C.1 Geometrik dağılım** , $P(X=k) = (1-p)^{(k-1)} p$, p=0,8 ile .

210

*Gaussian (diğer adıyla Normal) dağılım (LLN ilişkisi ve maksimum aracılığıyla ortaya çıkan)*

$$N_x(\mu, \sigma^2) = exp(-(x-\mu)^2/(2\sigma^2))/(2\pi\sigma^2)^{(1/2)}$$

Normal dağılım için normalleştirmeyi karmaşık entegrasyon yoluyla elde etmek en kolay yoldur (bu nedenle bunu atlayacağız). Ortalamanın sıfır ve varyansın bire eşit olmasıyla (Şekil C.2) şunu elde ederiz:

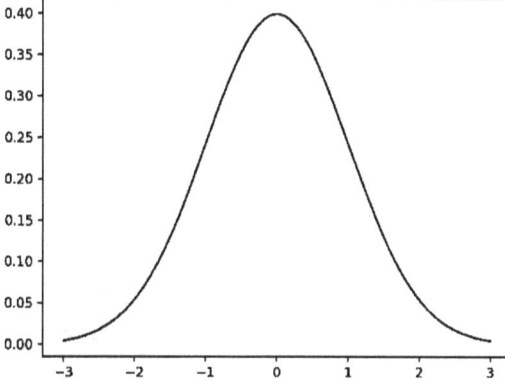

**Şekil C.2 Gauss dağılımı** , diğer adıyla Normal, ortalama sıfır ve varyans bire eşit olarak gösterilir: $N_x(\mu, \sigma^2) = N_x(0,1)$.

## C.3. Martingaller

Bu bölüm Martingale Süreçlerinin bir tanımını sağlar ve kaç tane tanıdık sürecin Martingale olduğunu gösterir. Denge, ergodiklik veya durağanlıktan bahsettiğimizde genellikle martingal olan matematiksel nesnelerle uğraşırız. Denge özellikleri, yani bir kararlı durum değerleri kümesinin zamanında yakınsaması, örneğin bir yakınsama, martingallerin temel bir özelliğidir, dolayısıyla dengeye ulaşan süreçlerin temsilinde sık sık ortaya çıkarlar. Yakınsak süreçler istatistiksel mekanikteki ([44]) tanımlamaların yanı sıra istatistiksel öğrenme ve yapay zeka [24] alanlarındaki (benzer matematiğe sahip) durumlar için de temel oluşturur.

*Martingale Tanımı[69]*

Stokastik bir süreç $\{X_n; n=0,1, ...\}$ martingale ise, $n=0,1, ...$ için,

1. $E[|X_n|] < \infty$
2. $E[X_{n+1}|X_0, ..., X_n] = X_n$

Tanım: $\{X_n; n=0,1,\dots\}$ ve $\{_{Yn}; n=0,1,\dots\}$ stokastik süreçler olsun. Eğer, $n=0,1,\dots$ için, $\{X_{n}\}$'in (wrt) $\{Yn\}$ 'ye göre martingale olduğunu söyleriz :

1. $E[|X_n|] < \infty$
2. $E[X_{n+1}|Y_0, \dots, Y_n] = X_n$

Martingal örnekleri:

(a) Bağımsız rastgele değişkenlerin toplamları: $X_n = Y_1 + \dots + Y_n$.

(b) Bir Toplamın Varyansı $X_n = \left(\sum_{k=1}^{n} Y_k\right)^2 - n\sigma^2$

(c) Markov Zincirleri ile Martingalleri tetikledik! ....

(ç) HMM öğrenimi için olabilirlik oranları dizileri martingale'dir....

Asimptotik eşbölüm teoremi (AEP) ve Hoeffding Eşitsizlikleri (istatistiksel öğrenmede kritiktir [24]) Martingallere genelleştirilmiştir.

### *Markov Zincirleriyle İndüklenen Martingaller[69]*

$\{Y_n; n=0,1,\dots\}$ geçiş olasılığı matrisi $P=\|P_{ij}\|$ olan bir Markov Zinciri (MC) süreci olsun. $f$, $P$ için sağdan sınırlı bir düzenli dizi olsun : $f(i)$ negatif değildir ve $f(i) = \sum_{k=1}^{n} P_{ij}f(j)$. $X_n = f(Y_n)$ *olsun* $\rightarrow E[|X_n|] < \infty$ ($f$ sınırlı olduğundan). Şimdi sahip olun:

$E[X_{n+1}|Y_0, \dots, Y_n]$

$= E[f(Y_{n+1})|Y_0, \dots, Y_n]$

$= E[f(Y_{n+1})|Y_n]$ (MC'den dolayı)

$= \sum_{k=1}^{n} P_{Y_n,j} f(j)$ ($P_{ij}$ ve $f$'nin tanımı )

$= f(Y_n)$

$= X_n$

### *HMM öğreniminde martingale olan olasılık oranları dizileri vardır, bunun kanıtı:*

$Y_0, Y_1, \dots$ iid olsun rv.s ve $f_0$ ve $f_1$ olasılık yoğunluk fonksiyonları olsun. İstatistiksel hipotezleri test etme teorisinde temel öneme sahip bir stokastik süreç, olasılık oranlarının dizisidir:

$$X_n = \frac{f_1(Y_0)f_1(Y_1)\dots f_1(Yn)}{f_0(Y_0)f_0(Y_1)\dots f_0(Yn)}, \; n = 0,1, \dots$$

212

Tüm y'ler için $f_{0\,(y)} > 0$ olduğunu varsayalım:

$$E[X_{n+1} | Y_0, \ldots, Y_n] = E[X_n \left(\frac{f_1(Y_{n+1})}{f_0(Y_{n+1})}\right)| Y_0, \ldots, Y_n] = X_n E[\frac{f_1(Y_{n+1})}{f_0(Y_{n+1})}]$$

k'lerin ('E' fonksiyonunda kullanılan) ortak dağılımının olasılık yoğunluğu f

0 olduğunda:

$$E[\frac{f_1(Y_{n+1})}{f_0(Y_{n+1})}] = 1$$

Yani $E[X_{n+1} | Y_0, \ldots, Y_n] = X_n$

0 olduğunda olabilirlik oranları martingale olur .

## Rastgele Yürüyüş Martingale'dir [69, s. 238]

[70]'deki Gerçek bileşen üzerinde sıfır geçiş analizinde çeşitli yayıcılar için hem teorik hem de hesaplamalı T_Em için rastgele yürüyüşün bileşen bazında kanıtını bulun . Rastgele yürüyüş Martingale olduğundan (ortalama=sqrt(N)'ye yakınsama) Yayılım süreci Martingale sürecidir. [45]'te, bu tür teorilerin tamamının martingale olduğu, yayma teorisi seçiminin birleşik bir yayılma teorisi türevinin olabileceğini göreceğiz. Böylece, yayılma sürecinin QFT projeksiyonunun neden aynı zamanda martingale olan süreçlere sahip olması gerektiğine dair bir argüman sağlanmaktadır. Kuantum martingaller, klasik istatistiksel mekanikteki rolleri de dahil olmak üzere, daha tanıdık olan klasik martingallerle ilişkilendirilecektir ([44]).

## Süpermartingales ve Submartingales [69]

$\{Xn_{olsun}; n=0,1, \ldots\}$ ve $\{Y_n; n=0,1, \ldots\}$ stokastik süreçler olsun. O halde $\{X_n\}$ , eğer tüm $n'ler$ için:

(i) $E[X_n^-] > -\infty$, burada $x^- = \min\{x,0\}$

(ii) $E[X_{n+1}|Y_0, \ldots, Y_n] \leq X_n$

(iii) $X_{n,(Y0}, \ldots, Y_n)$ 'nin bir fonksiyonudur ((ii)'deki eşitsizlik nedeniyle açıktır)

Stokastik süreç $\{X_n; n=0,1, \ldots\}$, **eğer** tüm n'ler $_{için}$:

(i) $E[X_n^+] > -\infty$, burada $x^+ = \text{maksimum}\{x,0\}$

(ii) $E[X_{n+1}|Y_0, \ldots, Y_n] \geq X_n$

(iii) $X_{n(Y0}, \ldots, Y_n)$ 'nin bir fonksiyonudur

Jensen'in dışbükey fonksiyon $\varphi$ ve koşullu beklentiler için eşitsizliği ile:

213

$$E[\ \varphi(X)|Y_0, \ldots, Y_n] \geq \varphi(E[X|Y_0, \ldots, Y_n])$$

martingallerden alt martingaller inşa etme imkanına sahip olun ( süper martingallerde tabela çevirme dışında aynıdır).

## *Martingale Yakınsama Teoremleri[69]*

Çok genel koşullar altında, bir martingale Xn, $_n$ arttıkça bir limit rastgele değişken X'e yaklaşacaktır.

Teorem

(a) $\{X_n\}$ tatmin edici bir alt martingale olsun

$$\sup_{n \geq 0} E[|X_n|] < \infty$$

$\{X_n\}$'in bir olasılıkla yakınsadığı bir rv $X_\infty$ vardır :

$$\text{Prob}\left(\lim_{n \to \infty} X_n = X_\infty\right) = 1$$

(b) Eğer $\{X_n\}$ bir martingale ise ve düzgün bir şekilde integrallenebilirse, bu durumda, yukarıdakilere ek olarak, $\{X_n\}$ şu ortalamaya yakınsar:

$$\lim_{n \to \infty} E[|X_n - X_\infty|] = 0$$

tüm n'ler için $E[X_\infty] = E[X_{n}]$.

Bir dizi aşağıdaki durumlarda düzgün integraldir:

$$\lim_{c \to \infty} \sup_{n \geq 0} E[|X_n|I\{|X_n| > c\}] = 0$$

Burada I gösterge fonksiyonudur: $|X_n| > c$ ise 1, aksi halde 0.

## *Martingaller için 'Maksimum' Eşitsizlikler[69]*

Bir diziye uygulanan Chebyshev eşitsizliği, dizinin maksimumu cinsinden Kolmogorov eşitsizliği olarak bilinen daha hassas bir eşitsizliğe 'sıkılaştırılabilir'. Bu Martingales'e de yansıyor:

$\{Xn_{olsun}; n=0,1, \ldots\}$ iid olsun $E[X_i]=0$ olan $\forall$rvs ben ve $E[(X_i)^2]= \sigma^2$ $< \infty$. n 1 için $\geq S_0 = 0$, $S_n = X_1 + \ldots + X_{n'yi\ tanımlayın}$. Chebyshev Eşitsizliğinden:

$$\varepsilon^2 \text{Prob}(|S_n| > \varepsilon) \leq n\sigma^2, \ \varepsilon > 0$$

Daha ince bir eşitsizlik mümkündür:

$$\varepsilon^2 \text{Prob}\left(\max_{0 \leq k \leq n} |S_n| > \varepsilon\right) \leq n\sigma^2, \ \varepsilon > 0$$

submartingales üzerinde maksimum eşitsizliği sağlayacak şekilde genelleştirilebilir :

214

**Önerme 1** : $\{X_{n}\}$, $X_n$ olan bir alt martingale olsun. $\geq$tümü için 0 n. Sonra herhangi bir olumlu için $\lambda$:

$$\lambda \, \text{Prob} \left( \max_{0 \leq k \leq n} |X_k| > 1 \right) \leq E[X_n]$$

**Önerme 2** : $\{X_n\}$ negatif olmayan bir süpermartingale olsun , o zaman herhangi bir pozitif için $\lambda$:

$$\lambda \, \text{Prob} \left( \max_{0 \leq k \leq n} |X_k| > 1 \right) \leq E[X_0]$$

### Martingaller için Ortalama Kare Yakınsama Teoremi[69]

$\{X_n\}$, bir k sabiti için, tüm n'ler için $E[(X_n)^2] \leq k <'$ yi tatmin eden bir $\infty$wrt $\{Y_n\}$ altmartingale olsun . O halde $\{X_n\}$, hem bir olasılıkla hem de ortalama karede n olarak $\rightarrow \infty$rv $X_\infty$ sınırına yakınsar:

$$\text{Prob} \left( \lim_{n \to \infty} X_n = X_\infty \right) = 1, \text{ Ve } \lim_{n \to \infty} E[|Xn - X_\infty|^2] = 0,$$

$E[X_\infty] = E[X_n] = E[X_0]$.

### Martingales wrt $\sigma$-field formalizmi

Aksiyomatik olasılık teorisinin gözden geçirilmesinin üç temel unsuru vardır:

(1) Örnek uzay, $\Omega$öğeleri $\omega$bir deneyin olası sonuçlarına karşılık gelen bir kümedir;

(2) Element ailesi, *A'nın* (sigma alanları) alt kümelerinden oluşan bir $\Omega F$ *koleksiyonu.* Deneyin sonucunun A'nın bir unsuru olması durumunda A olayının meydana geldiğini söylüyoruz ;$\omega$

(3) *F* üzerinde tanımlanan ve aşağıdakileri karşılayan bir P fonksiyonu olan olasılık ölçüsü :

( ben ) $0 = P[\varnothing] \leq P[A] \leq P[\Omega] = 1$, *A için* $\in F$

(ii) $A_i$ için $P[A_1 \cup A_2] = P[A_1] + P[A_2] - P[A_1 \cap A_2] \in$

*F*

(iii) $P[U_{n=1}^{\infty} A_n] = \sum_{n=1}^{\infty} P[An]$eğer $A_i \in F$ karşılıklı olarak

ayrıktır.

, *F, P)* üçlüsüne $\Omega$olasılık uzayı denir.

### Geriye Martingale Tanımı (wrt sigma alt alanları)

215

$\{Z_n\}$ bir olasılık uzayı ($\Omega$, $F$, P) üzerinde rv olsun ve $\{_{Gn}$ ; n=0,1, ...$\}$ *F'nin* alt sigma alanlarının azalan dizisi olsun , yani,

$$F \supset Fn \supset F_{n+1}, \text{ tüm n'ler için.}$$

, n=0,1, ... için $\{Z_{n\}'ye\ ters\ martingale}$ wrt $\{G_{n\}}$ denir :

   (i)    $Z_n$ $G_n$ ölçülebilirdir

   (ii)   $E[|\ Z_n\ |] < \infty$ve

   (iii)  $E[\ Z_n|G_{n+1}\ ] < Z_{n+1}$

$\{Z_n\}$ ters bir martingaldir, eğer $X_n = Z_{-n}$ , n=0,-1,-2,... bir martingal oluşturur wrt $F_n = G_{-n}$ , n=0,-1,-2,...

### Geriye Martingale Yakınsama Teoremi

$\{Z_{n\},\ \{Gn\}}$ alt sigma alanlarının azalan dizisine göre ters bir martingale olsun . Daha sonra:

$$\text{Prob}\left(\lim_{n\to\infty} Z_n = Z\right) = 1, \text{ Ve } \lim_{n\to\infty} E[|Z - Z_n|] = 0,$$

ve tüm n'ler için $E[Z_n] = E[Z]$.

### Büyük Sayıların Güçlü Yasası Kanıtı

$\{Xn_{olsun}$ ; n=1,2, ...$\}$ iid olsun rvs ile $E[|X_1|] < \infty$. n 1 için $\geq= E[X_1]$, $S_0$ = 0 ve $S_n = X_1 +...+X_n$ olsun . $\mu G_{n,\ \{Sn\}}$ , $S_{n+1}$ , ...$\}$ tarafından oluşturulan sigma alanı olsun . Büyük sayılar güçlü yasasını $Z_n = S_n$ /n ($Z_0$ = ), wrt G $\mu$ ile geriye doğru bir martingale oluşturduğu gözleminden çıkarabiliriz . $E[|Z_n|]<$'ye sahip olun $\infty$ve $Z_{n,\ yapı\ itibariyle}$ $G_n$ ile ölçülebilir, bu nedenle sadece (iii) ilişkisine ihtiyacınız var:

$Sn \equiv E[S_n|S_n] = E[S_n|S_n,S_{n+1},...] = E[S_n|G_n] = \sum_{k=1}^{n} E[X_k|G_n] = n\ E[X_k|G_n]$,

k n $\leq$için son eşitlikle $\leq$, dolayısıyla:

$$Z_n = S_n /n = E[X_k|G_n]$$

Yani $E[Z_{n-1}|G_n] = (n-1)^{-1} E[S_{n-1}|G_n] = (n-1)^{-1} \sum_{k=1}^{n-1} E[X_k|G_n] = _{Zn}$ !!!

Şimdi güçlü yasayı göstermek için geriye doğru martingale yakınsama teoremini kullanın:

$$\text{Prob}\left(\lim_{n\to\infty} \frac{S_n}{n} = \mu\right) = 1$$

216

## C.4. Sabit Süreçler

*Durağan* bir süreç , herhangi bir pozitif 'k' tamsayısı ve T'deki herhangi bir $t_1, \ldots, t_k$ ve h noktaları için , {X'in ortak dağılımı olan bir stokastik süreçtir $\{X(t), t\,T\} \in (t_1), \ldots X(t_k)\}, \{X(t\,1} +h), \ldots X(t_k +h)\}$ 'nin ortak dağılımı ile aynıdır .

*Bir ergodik teorem,* zaman içindeki ortalamanın hangi koşullar altında verildiğini verir.

$$\overline{x_n} = \frac{1}{n}(x_1 + \cdots + xn)$$

Stokastik bir sürecin gözlemlenen periyotların sayısı n arttıkça yakınsayacaktır. Büyük sayıların güçlü yasası böyle bir ergodik teoremdir. Durağan süreçler büyük sayılar yasasının genelleştirilmesi için doğal bir ortam sağlar, çünkü bu tür süreçler için ortalama değer zamandan bağımsız olarak sabit bir m=E[$X_n$]olur. Tıpkı büyük sayıların güçlü ve zayıf yasaları olduğu gibi, çeşitli ergodik teoremler de vardır.....

### *Güçlü Ergodik Teorem [69]*

$\{Xn_{olsun}; n=0,1, \ldots\}$ sonlu ortalamaya sahip m=E[$X_n$] tam olarak durağan bir süreç olsun. İzin vermek

$$\overline{X_n} = \frac{1}{n}(X_0 + \cdots + X_{n-1})$$

örnek zaman ortalaması olsun. Daha sonra, bir olasılıkla, { } dizisi aşağıdaki şekilde $\overline{X_n}$gösterilen bir rv limitine yakınsar $\overline{X}$:

$$\text{Prob}\left(\lim_{n\to\infty} \overline{X_n} = \overline{X}\right) = 1, \text{ Ve } \lim_{n\to\infty} E[|\overline{X} - \overline{X_n}|] = 0,$$

ve E[$\overline{X_n}$] = E[$\overline{X}$] = m.

### *Asimptotik Eşit Bölünme Özelliği (AEP)*

$$\lim_{n\to\infty}\left[-\frac{1}{n}\log p(X_0, \ldots, X_{n-1})\right] = H(\{X_n\})$$

$_n$}'nin ergodik olması şartıyla .

__Kanıt:__ $\{X_n\}$ için durağan ergodik sonlu Markov zinciri için aşağıdaki ilişkiyi kullanın:

$H(\{X_n\})= \lim_{k\to\infty} H(Xk|X_1, \ldots, X_{k-1})$ Veya $H(\{X_n\})=\lim_{l\to\infty}\frac{1}{l} H(X_1, \ldots, X_l)$

217

$H(X_n|X_0, ..., X_{n-1}) = -\sum_{i,j} \pi(i)P_{ij} \ \log P_{ij}$, X $\pi(i)_{i'nin}$ önceliği nerededir ve

X $P_{ij_{i'den}}$ X $_{j'ye}$ gitmenin geçiş olasılığıdır . Böylece

$H(\{X_n\}) = -\sum_{i,j} \pi(i)P_{ij} \ \log P_{ij}$, iken,

$-\frac{1}{n}\log \ p(X_0, ..., X_{n-1}) = \frac{1}{n} \sum_{i=0}^{n-2} W_i - \frac{1}{n}\log \pi(X_0)$, NeresiW$_i$ =

$- \log P_{i,i+1}$

Ergodik teorem geçerlidir:

$$\lim_{n \to \infty} \left[ -\frac{1}{n}\log \ p(X_0, ..., X_{n-1}) \right] = E[W_0] = -\sum_{i,j} \pi(i)P_{ij} \ \log P_{ij}$$

$$= H(\{X_n\})$$

Genel AEP kanıtı, ergodik teorem yerine geriye doğru martingale yakınsama teoremini kullanır.

## C.5. Rastgele değişkenlerin toplamları
### Hoeffding eşitsizliği

Hoeffding eşitsizliği, rastgele değişkenlerin toplamının beklenen değerden sapma olasılığına ilişkin bir üst sınır sağlar (Wassily Hoeffding , 1963 [71]). Azuma [72] tarafından martingale farklılıklarına ve sınırlı farklara sahip rastgele değişkenlerin {X $_n$} fonksiyonlarına genelleştirilmiştir (burada fonksiyon, değişkenler dizisinin ampirik ortalamasıdır: $\overline{X} = \frac{1}{n}(X_1 + ... + X_n)$, özel durumu kurtarır: Hoeffding ).

Hatırlamak:

X $_1$,...,Xn $_{bağımsız}$ rastgele değişkenler olsun. X $_{i'nin}$ neredeyse kesinlikle sınırlı olduğunu varsayalım: $P(X_i \in [a_i, b_i]) = 1$. Değişken dizisinin ampirik ortalamasını şu şekilde tanımlayın:

$$\overline{X} = \frac{1}{n}(X_1 + ... + X_n)$$

Hoeffding (1963) aşağıdakileri kanıtlıyor:

$$P(\overline{X}\text{-}E[\overline{X}] \geq k) \leq \exp(-\frac{2n^2k^2}{\sum_{i=1}^{n}(b_i - ai)^2})$$

$$P(|\overline{X}\text{-}E[\overline{X}]| \geq k) \leq 2\exp(-\frac{2n^2k^2}{\sum_{i=1}^{n}(b_i - ai)^2})$$

E(X)=0 ise, sınırlı olan her X için Hoeffding Lemması olarak bilinen başka bir ilişki vardır:

$$E[e^{\lambda X}] \leq \exp(\frac{\lambda^2(b-a)^2}{8})$$

Kanıt Lemma'nın zor kısım olduğunu göstermekle başlar.......

### Hoeffding Lemma Kanıtı

olduğundan $e^{\lambda X}$, elimizde

$$e^{\lambda X} \leq \frac{b-X}{b-a} e^{\lambda a} + \frac{X-a}{b-a} e^{\lambda b}, \ \forall a \leq b \leq$$

Bu yüzden,

$$E[\ e^{\lambda X}] \leq E\left[\frac{b-X}{b-a} e^{\lambda a} + \frac{X-a}{b-a} e^{\lambda b}\right] = \frac{b}{b-a} e^{\lambda a} + \frac{-a}{b-a} e^{\lambda b} \text{(sonuncusu}$$

$E[X]=0$'dan beridir)

Dışbükeylik yöntemi bir çizgi enterpolasyonu içerir, hadi bu parametrelere geçelim

$p = -a/(ba)$ ve $hp = -a$'yı tanıtın $\lambda(h = (ba)$ da öyle $\lambda$):

$$\frac{b}{b-a} e^{\lambda a} + \frac{-a}{b-a} e^{\lambda b} = e^{\lambda a}[1-p + p\ e^{\lambda(b-a)}] = e^{-hp}[1-p + p\ e^{h}]$$

$E[\ e^{\lambda X}] \leq e^{L(h)}$, burada $L(h) = -hp + \ln(1-p+p\ e^{h}) \rightarrow L(0) = 0$.

$L'(h) = -p + p\ e^{h}/(1-p+p\ e^{h}) \rightarrow L'(0) = 0$.

$L''(h) = p(1-p)e^{h} \rightarrow L''(0) = p(1-p)$.

$L^{(n)}(h) = p(1-p)\ e^{h} > 0$

L(h) için Taylor serisini kullanma:

$L(h) = L(0) + hL'(0) + \frac{1}{2}h^2 L''(0) +$ (h cinsinden daha yüksek sıradaki daha pozitif terimler)

$L(h) \leq \frac{1}{2}h^2\ p(1-p)$

$E[X]=0$'a sahip olduğumuz için, $p=-a/(ba)$'nın değeri $\in [0,1]$'dir, yani klasik lojistik fonksiyon, burada $[0,1]$ aralığında $p(1-p)$'nin maksimum değeri şöyledir: ¼ ($p=1/2$ olduğunda), yani:

$L(h) \leq \frac{1}{8}h^2$ ve $E[\ e^{\lambda X}] \leq e^{\frac{1}{8}\lambda^2(b-a)^2}$

***Hoeffding Eşitsizliği Kanıtı*** (daha fazla ayrıntı için bkz. [71])

iid'deki Sum'u düşünün $X_i$, burada $S_m = m\ \overline{X}$ ampirik ortalamasında m terim vardır : $\overline{X}$

$P(\ S_m - E[\ S_m] \geq k) \leq e^{-tk} E[\ e^{t(S_m - E[S_m])}]$ (Chernoff Sınırlandırma Tekniği)

$= \prod_{i=1}^{m} e^{-tk}\ E[e^{t(X_i - E[X_i])}] (\{X_n\}$ iid'dir )

$\leq \prod_{i=1}^{m} e^{-tk} e^{\frac{1}{8}t^2(b_i - a_i)^2}$ (Hoeffding Lemma)

$= e^{-tk} e^{\frac{1}{8}t^2 \sum_{i=1}^{m}(b_i - a_i)^2}$

$f(t) = -tk + \frac{1}{8}t^2 \sum_{i=1}^{m}(b_i - a_i)^2$; Aşağıdakileri elde etmek için üst sınırı en aza indirmek için t=4k/ seçeneğini seçin : $\sum_{i=1}^{m}(b_i - a_i)^2$

$$P(\,S_m\text{-}E[\,S_m]\geq k)\leq e^{-2k^2/\sum_{i=1}^{m}(b_i-a_i)^2}$$
$$P(\,\overline{X}\text{-}E[\,\overline{X}]\geq k)\leq e^{-2m^2k^2/\sum_{i=1}^{m}(b_i-a_i)^2}$$

(C-8)

### Chernoff Sınırlama Tekniği:

$P[X \geq k] = P[e^{tX} \geq e^{tk}] \leq e^{-tk}E[\,e^{tX}]$ (Chernoff en son Markov Eşitsizliğini kullanıyor).

(C-9)

# Referanslar

[1] Newton, Isaac. " Philosophiæ Naturalis Principia Mathematica. 5 Temmuz 1687 (Latince üç cilt). İngilizce versiyonu: "Doğal Felsefenin Matematiksel İlkeleri", Encyclopædia Britannica, Londra. (1687).

[2] Leibniz, Gottfried Wilhelm Freiherr von; Gerhardt, Carl Immanuel (çev.) (1920). Leibniz'in Erken Matematiksel El Yazmaları. Açık Mahkeme Yayıncılığı. P. 93. Erişim tarihi: 10 Kasım 2013..

[3] Dirk Jan Struik , Matematikte Kaynak Bir Kitap (1969) s. 282–28.

[4] Leibniz, Gottfried Wilhelm. Ek geometri dimensoriae , seu generalissima omnium tetragonismorum Motum başına etki : benzer multipleks yapı lineae ex veri tanjantium Conditione , Acta Euriditorum (Eylül 1693) s. 385–392.

[5] Euler, Leonhard. Mekanik sive motus scientia analiz açıklama ; 1736.

[6] Laplace, PS (1774), " Mémoires de Mathématique et de Physique, Tome Sixième " [Olayların nedenlerinin olasılığı üzerine anı.], Statistical Science, 1 (3): 366–367.

[7] D'Alembert, Jean Le Rond (1743). Dinamik özellik .

[8] Lagrange, JL, Mécanique analytique , Cilt. 1 (1788), Cilt. 2 (1789). Genişletilmiş yeniden yayınlanmış Cilt. 1 1811 ve Cilt. 2 1815.

[9] Lagrange, JL (1997). Analitik mekanik. Cilt 1 (2. baskı). 1811 baskısının İngilizce çevirisi.

[10] William R. Hamilton. Dinamikte Genel Bir Yöntem Üzerine; Bu sayede, çeken veya iten Noktaların tüm serbest Sistemlerinin Hareketlerinin İncelenmesi, tek bir merkezi İlişkinin veya karakteristik Fonksiyonun Araştırılmasına ve Farklılaştırılmasına indirgenir. Kraliyet Cemiyeti'nin Felsefi İşlemleri (1834 için bölüm II, s. 247-308).

[11] William R. Hamilton. Dinamikte Genel Bir Yöntem Üzerine İkinci Deneme. Bu, Kraliyet Cemiyeti'nin Felsefi İşlemleri'nde yayınlandı (1835 için bölüm I, s. 95-144).

[12] Hamilton, W. (1833). "Işığın ve Gezegenlerin Yollarını Karakteristik Bir Fonksiyonun Katsayılarıyla İfade Etmenin Genel Bir Yöntemi Üzerine" (PDF) . Dublin Üniversitesi İncelemesi: 795–826.

[13] Hamilton, W. (1834). "Daha önce Optiğe Uygulanan Genel Matematiksel Yöntemin Dinamiğine Uygulanması Üzerine" (PDF) . İngiliz Derneği Raporu: 513–518.

[14] WR Hamilton(1844 - 1850) Cebirde kuaterniyonlar veya yeni bir hayali sistem üzerine, Philosophical Magazine,

[15] Simon L. Altmann (1989). "Hamilton, Rodrigues ve kuaterniyon skandalı". Matematik Dergisi. Cilt 62, hayır. 5. sayfa 291–308.

[16] Werner Heisenberg (1925). " Über kuantum teorisi Umdeutung kinematischer ve mekanischer Beziehungen ". Zeitschrift für Physik (Almanca). 33 (1): 879–893. ("Kinematik ve mekanik ilişkilerin kuantum teorik olarak yeniden yorumlanması")

[17] Schrödinger, E. (1926). "Atomların ve Moleküllerin Mekaniğinin Dalgalı Bir Teorisi" (PDF) . Fiziksel İnceleme. 28 (6): 1049–1070.

[18] Dirac, Paul Adrien Maurice (1930). Kuantum Mekaniğinin İlkeleri. Oxford: Clarendon Press.

[19] Feigenbaum, MJ (1976). "Karmaşık ayrık dinamiklerde evrensellik" (PDF) . Los Alamos Teorik Bölümü Yıllık Raporu 1975–1976.

[20] Morse, Marston (1934). Büyükteki Varyasyonların Hesabı. Amerikan Matematik Derneği Kolokyumu Yayını. Cilt 18. New York.

[21] Milnor, John (1963). Mors Teorisi. Princeton Üniversitesi Yayınları. ISBN 0-691-08008-9.

[22] Fizeau, H. (1851). "Sur les hipotezler akraba à l'ether lumineux ". Comptes Rendus. 33: 349–355.

[23] Shankland, RS (1963). "Albert Einstein'la Konuşmalar". Amerikan Fizik Dergisi. 31(1): 47–57.

[24] Winters-Hilt, S. Bilişim ve Makine Öğrenimi: Martingallerden Metasezgisellere. (2021) Wiley.

[25] Goldstein, Herbert (1980). Klasik Mekanik (2. baskı). Addison-Wesley.

[26] Neother , E. (1918). " Değişmez Varyasyon sorunu ". Wissenschaften'den Nachrichten zu Göttingen.Mathematisch-Physikalische Klasse.1918: 235-257.

[27] Landau, Lev D.; Lifshitz, Evgeny M. (1969). Mekanik. Cilt 1 (2. baskı). Bergama Basını.

[28] Percival, IC ve D. Richards. Dinamiğe Giriş. (1983) Cambridge Üniversitesi Yayınları.

[29] Fetter, AL ve JD Walecka, Parçacıkların ve Sürekliliğin Teorik Mekaniği, Dover (2003).

[30] Kapitza , PL "Titreşimli askı noktasıyla sarkacın dinamik stabilitesi," Sov. Fizik. JETP 21 (5), 588–597 (1951) (Rusça).

[31] Lyapunov, AM Hareket stabilitesinin genel sorunu. 1892. Kharkiv Matematik Topluluğu, Kharkiv, 251s. (Rusça).

[32] Arnold, VI Adi Diferansiyel Denklemler. MİT Basın. (1978).

[33] Longair , MS Fizikte Teorik Kavramlar: Fizikte Teorik Akıl Yürütmeye Alternatif Bir Bakış. Cambridge Üniversitesi Yayınları. 2. baskı: 2003.

[34] Baker, GL ve J. Gollub. Kaorik Dinamik: Giriş. Cambridge Üniversitesi Yayınları. 1990.

[35] Mandelbrot, Benoît (1982). Doğanın Fraktal Geometrisi. WH Freeman & Co.

[36] PJ Myrberg . Tekrarlama Polinom zweiten Notları. III, Annales Acad. Sci Fenn A, U 336 (1963) n.3, 1-18, MR 27.

[37] Arnold, Vladimir I. (1989). Klasik Mekaniğin Matematiksel Yöntemleri (2. baskı). New York: Springer.

[38] Woodhouse, NMJ Analitik Dinamiğe Giriş. Springer, 2. Baskı . 2009.

[39] Bender, CM ve SA Orszag. Bilim Adamları ve Mühendisler için İleri Matematiksel Yöntemler: Asimptotik Yöntemler ve Pertürbasyon Teorisi. Springer. 1999.

[40] Winters-Hilt, S. Alanların, Akışkanların ve Göstergelerin Dinamiği. (Fizik Serisi: " Maksimum Bilgi Yayılımından Fizik" Kitap 2.)

[41] Winters-Hilt, S. Manifoldların Dinamiği. (Fizik Serisi: " Maksimum Bilgi Yayılımından Fizik" Kitap 3.)

[42] Winters-Hilt, S. Kuantum Mekaniği, Yol İntegralleri ve Cebirsel Gerçeklik. (Fizik Serisi: " Maksimum Bilgi Yayılımından Fizik" Kitap 4.)

[43] Winters-Hilt, S. Kuantum Alan Teorisi ve Standart Model. (Fizik Serisi: " Maksimum Bilgi Yayılımından Fizik" Kitap 5.)

[44] Winters-Hilt, S. Termal ve İstatistiksel Mekanik ve Kara Delik Termodinamiği. (Fizik Serisi: " Maksimum Bilgi Yayılımından Fizik" Kitap 6.)

[45] Winters-Hilt, S. Emanation, Emergence ve Eucatastrophe. (Fizik Serisi: " Maksimum Bilgi Yayılımından Fizik" Kitap 7.)

[46] Winters-Hilt, S. Klasik Mekanik ve Kaos. (Fizik Serisi: " Maksimum Bilgi Yayılımından Fizik" Kitap 1.)

[47] Winters-Hilt, S. Veri analitiği, Biyoenformatik ve Makine Öğrenimi. 2019.

[48] Feynman, RP ve AR Hibbs. Kuantum Mekaniği ve Yol İntegralleri. McGraw-Hill Koleji. 1965.

[49] Landau, LD; Lifshitz, EM (1935). "Ferromanyetik cisimlerde manyetik geçirgenliğin dağılım teorisi". Fizik. Z. Sowjet birliği . 8, 153.

[50] Landau, Lev D.; Lifshitz, Evgeny M. (1980). İstatistiksel Fizik. Cilt 5 (3. baskı). Butterworth-Heinemann.

[51] Braginskii , VB Fizik deneylerinde zayıf kuvvetlerin ölçümü. (1977). Chicago Üniversitesi Yayınları.

[52] Drever, RWP; Salon, JL; Kowalski, FV; Hough, J.; Ford, GM; Munley, AJ; Ward, H. (Haziran 1983). "Optik rezonatör kullanılarak lazer fazı ve frekans stabilizasyonu" (PDF) . Uygulamalı Fizik B.31 (2): 97–105.

[53] Bunimovich , VI Radyo alıcılarında dalgalanma süreçleri . Gostekhizdat , SSCB. 1950.

[54] Stratonovich , RL Radyoteknolojideki dalgalanmalar teorisinde seçilmiş problemler. Sovyet Radyosu, SSCB.

[55] Papoulis, Athanasios; Pillai, S. Unnikrishna (2002). Olasılık, Rastgele Değişkenler ve Stokastik Süreçler (4. baskı). Boston: McGraw Tepesi.

[56] Reed, M ve Simon, B. Modern matematiksel fizik yöntemleri. III. Saçılma teorisi. Elsevier, 1979.

[57] Rutherford, E. (1911). "LXXIX. α ve β parçacıklarının maddeye ve atomun yapısına göre saçılması". Londra, Edinburgh ve Dublin Felsefe Dergisi ve Bilim Dergisi. 21 (125): 669–688.

[58] Sommerfeld, Arnold (1916). "Zur Quantentheorie der Spektrallinien ". Annalen der Physik . 4 (51): 51–52.

[59] Hibbeler, R. Mühendislik Mekaniği: Dinamik. 14. Baskı. 2015.

[60] Hibbeler, R. Mühendislik Mekaniği: Statik ve Dinamik. 14. Baskı. 2015.

[61] Layek , GC Dinamik Sistemlere ve Kaosa Giriş 1. baskı. 2015. Springer.

[62] Lemons, DS Boyutsal Analiz Öğrenci Kılavuzu. Cambridge Üniversitesi Yayınları. 1. baskı: 2017.

[63] Langhaar , HL Boyutsal Analiz ve Modeller Teorisi, Wiley 1951.

[64] Feynman, RP (1948). Fiziksel Kanunun Karakteri. MİT Basını (1967).

[65] İnce, EL Adi Diferansiyel Denklemler. Dover 1956.

[66] Abromowitz , M. ve IA Stegun . Matematiksel Fonksiyonların El Kitabı. Dover 1965.

[67] Fuchs, LI Değişken katsayılı doğrusal diferansiyel denklemler teorisi üzerine. 1866.

[68] Jaynes, ET Olasılık Teorisi: Bilimin Mantığı . Cambridge University Press, (2003).

[69] Karlin, S. ve HM Taylor. Stokastik Süreçlerde İlk Ders 2. Baskı . Akademik Basın. 1975.

[70] Winters-Hilt, S. Birleşik Yayıcı Teorisi ve ince yapı sabiti için deneysel olmayan bir türetme. Teorik Fizikte İleri Araştırmalar, Cilt. 12, 2018, hayır. 5, 243-255.

[71] Wassily Hoeffding (1963) Sınırlı rastgele değişkenlerin toplamları için olasılık eşitsizlikleri, *Journal of the American Statistical Association* , 58 (301), 13–30.

[72] Azuma, K. (1967). "Belirli Bağımlı Rastgele Değişkenlerin Ağırlıklı Toplamları" (PDF) . *Tohoku Matematik Dergisi* . **19** (3): 357–367.

[73] Compton, Arthur H. (Mayıs 1923). "X-Işınlarının Işık Elementleri Tarafından Saçılmasına İlişkin Kuantum Teorisi". Fiziksel İnceleme . 21(5): 483–502.

[74] Mason ve Woodhouse. "Görelilik ve Elektromanyetizma" (PDF) . Erişim tarihi: 20 Şubat 2021.

[75] Merzbach, Uta C .; Boyer, Carl B. (2011), *A History of Mathematics* (3. baskı), John Wiley & Sons.

[76] Robinson, Abraham (1963), Model teorisine ve cebirin metamatematiğine giriş, Amsterdam: Kuzey Hollanda, ISBN 978-0-7204-2222-1, MR 0153570

[77] Robinson, Abraham (1966), Standart dışı analiz, Princeton Landmarks in Mathematics (2. baskı), Princeton University Press, ISBN 978-0-691-04490-3, MR 0205854

[78] RD Richtmyer (1978), *Princes of Advanced Mathematical Physics* Cilt. 1 ve 2, Springer-Verlag, New York.

[79] Tufillaro , N., T. Abbott ve D. Griffiths. Atwood'un Makinesini Sallamak. Amerikan Fizik Dergisi, 52, 895–903, 1984.

[80] https://en.wikipedia.org/wiki/Logistic_map

[81] Winters-Hilt S. Eğri Uzayzamanda Kuantum Yerçekimi ve Kuantum Alan Teorisindeki Konular. UWM Doktora Tezi, 1997.

[82] Winters-Hilt S, IH Redmount ve L. Parker, "Düz uzay-zaman geometrilerinde alternatif vakum durumları arasında fiziksel ayrım", Phys. Rev. D 60, 124017 (1999).

[83] Friedman JL, J. Louko ve S. Winters-Hilt, "Masif bir toz kabuğuna sahip küresel simetrik geometri için İndirgenmiş Faz uzay formalizmi", Phys. Rev. D 56, 7674-7691 (1997).

[84] Louko J ve S. Winters-Hilt, "Reissner-Nordstrom-anti de Sitter kara deliğinin Hamilton termodinamikleri", Phys. Rev. D 54, 2647-2663 (1996).

[85] Louko J, JZ Simon ve S. Winters-Hilt, "Lovelock kara deliğinin Hamilton termodinamikleri", Phys. Rev. D 55, 3525-3535 (1997).

[86] Amari, S. ve H. Nagaoka. Bilgi Geometrisi Yöntemleri. Oxford Üniversitesi Yayınları. 2000.

[87] Winters-Hilt, S. Feynman-Cayley Yol İntegralleri, 10 boyutlu uzay-zaman yayılımına sahip Kiral Bi- Sedenyonları seçer. Teorik Fizikte İleri Araştırmalar, Cilt. 9, 2015, hayır. 14, 667-683.

[88] Winters-Hilt, S. 22 harf gerçekliği: maksimum bilgi yayılımı için kiral bisedenion özellikleri. Teorik Fizikte İleri Araştırmalar, Cilt. 12, 2018, hayır. 7, 301-318.

[89] Winters-Hilt, S. Fiat Numero : Trigintaduonion Yayılım Teorisi ve İnce Yapı Sabiti , Feigenbaum Sabiti C $_\infty$ve ile πİlişkisi α. Teorik Fizikte İleri Araştırmalar, Cilt. 15, 2021, hayır. 2, 71-98.

[90] Winters-Hilt, S. Kiral Trigintaduonion Yayılımı Parçacık Fiziğinin Standart Modeline ve Kuantum Maddeye Yol Açar. Teorik Fizikte İleri Araştırmalar, Cilt. 16, 2022, hayır. 3, 83-113.

[91] Robert L. Devaney. Kaotik Dinamik Sistemlere Giriş. Addison-Wesley.

[92] Landau, Lev D .; Lifshitz, Evgeny M. (1971). *Klasik Alan Teorisi* . Cilt 2 (3. baskı). Bergama Basını .

[93] Penrose, Roger (1965), "Yerçekimi çöküşü ve uzay-zaman tekillikleri", Phys. Rev. Lett., 14 (3): 57.

[94] Hawking, Stephen & Ellis, GFR (1973). Uzay-Zamanın Büyük Ölçekli Yapısı. Cambridge: Cambridge Üniversitesi Yayınları.

[95] Peebles, PJE (1980). Evrenin Büyük Ölçekli Yapısı. Princeton Üniversitesi Yayınları.

[96] B. Abi ve ark. Pozitif Müon Anormal Manyetik Momentinin 0,46 ppm'ye Kadar Ölçülmesi
Fizik. Rahip Lett. 126, 141801 (2021).

[97] Einstein, A. "Işığın üretimi ve dönüşümüne ilişkin buluşsal bir bakış açısı üzerine" (Ann. Phys., Lpz 17 132-148)

[98] Balmer, JJ (1885). " Bildirim über die Spectrallinien des Wasserstoffs " [Hidrojenin spektral çizgileri üzerine not] Annalen der Physik und Chemie . 3. seri (Almanca). 25: 80–87.

[99] Bohr, N. (Temmuz 1913). "I. Atomların ve moleküllerin yapısı üzerine". Londra, Edinburgh ve Dublin Felsefe Dergisi ve Bilim Dergisi. 26 (151): 1–25. doi:10.1080/14786441308634955.

[100] Bohr, N. (Eylül 1913). "XXXVII. Atomların ve moleküllerin yapısı üzerine". Londra, Edinburgh ve Dublin Felsefe Dergisi ve Bilim Dergisi. 26 (153): 476–502. Bibcode:1913PMag...26..476B. doi:10.1080/14786441308634993.

[101] Bohr, N. (1 Kasım 1913). "LXXIII. Atomların ve moleküllerin oluşumu üzerine". Londra, Edinburgh ve Dublin Felsefe Dergisi ve Bilim Dergisi. 26 (155): 857–875. doi:10.1080/14786441308635031.

[102] Bohr, N. (Ekim 1913). "Helyum ve Hidrojenin Spektrumu". Doğa. 92 (2295): 231–232.

[103] Maksimum Planck. Normal Spektrumda Enerjinin Dağılım Yasası Üzerine. Annalen der Physik cilt. 4, s. 553 ve sonrası (1901)

[104] Arthur H. Compton. X ışınlarının ürettiği ikincil radyasyonlar. Ulusal Araştırma Konseyi Bülteni, no. 20 (v. 4, bölüm 2) Ekim 1922.

[105] Davisson, CJ; Germer, LH (1928). "Elektronların Nikel Kristaliyle Yansıması". Amerika Birleşik Devletleri Ulusal Bilimler Akademisi Bildirileri. 14(4): 317–322.

[106] Michael Eckert. Sommerfeld, Bohr'un atom modelini nasıl genişletti (1913–1916). Avrupa Fiziksel Dergisi H.

[107] Max Born; J. Robert Oppenheimer (1927). "Zur Quantentheorie der Molekeln " [Moleküllerin Kuantum Teorisi Üzerine]. Annalen der Physik (Almanca). 389 (20): 457–484.

[108] Dirac, PAM (1928). "Elektronun Kuantum Teorisi" (PDF) . Royal Society A Bildirileri: Matematik, Fiziksel ve Mühendislik Bilimleri. 117 (778): 610–624.

[109] Dirac, Paul AM (1933). "Kuantum Mekaniğinde Lagrange" (PDF) . Fiziksel Zeitschrift der Sowjetunion . 3: 64–72.

[110] Feynman, Richard P. (1942). Kuantum Mekaniğinde En Az Eylem İlkesi (PDF) (Doktora). Princeton Üniversitesi.

[111] Feynman, Richard P. (1948). "Göreceli olmayan kuantum mekaniğine uzay-zaman yaklaşımı". Modern Fizik İncelemeleri. 20(2): 367–387.

[112] Erdeyli , A. Asimptotik Genişlemeler. 1956 Dover.

[113] Erdeyli , A. Diferansiyel denklemlerin dönüm noktalarıyla asimptotik açılımları. Literatürün gözden geçirilmesi. Teknik Rapor 1, Sözleşme Nonr-220(11). Referans Numarası. NR 043-121. Matematik Bölümü, Kaliforniya Teknoloji Enstitüsü, 1953.

[114] Carrier, GF, M. Crook ve CE Pearson. Karmaşık değişkenli fonksiyonlar. 1983 Hod Kitapları.

[115] Van Vleck, JH (1928). "Kuantum mekaniğinin istatistiksel yorumunda yazışma ilkesi". Amerika Birleşik Devletleri Ulusal Bilimler Akademisi Bildirileri. 14(2): 178–188.

[116] Chaichian , M.; Demiçev , AP (2001). "Giriiş". Fizikte Yol İntegralleri Cilt 1: Stokastik Süreç ve Kuantum Mekaniği. Taylor ve Francis. P. 1ff. ISBN 978-0-7503-0801-4.

[117] Vinokur, VM (2015/02/27). "Dinamik Girdap Mott Geçişi"

[118] Hawking, SW (1974/03/01). Kara delik patlamaları mı? Doğa. 248 (5443): 30–31.

[119] Birrell, ND ve Davies, PCW (1982) Kavisli Uzayda Kuantum Alanları. Matematiksel Fizik Üzerine Cambridge Monografları. Cambridge University Press, Cambridge.

[120] Maldacena, Juan (1998). " Süper konformal alan teorileri ve süper yerçekiminin Büyük N sınırı ". Teorik ve Matematiksel Fizikteki Gelişmeler. 2 (4): 231–252.

[121] Witten, Edward (1998). "Anti-de Sitter uzayı ve holografi". Teorik ve Matematiksel Fizikteki Gelişmeler. 2 (2): 253–291.

[122] Caves, Carlton M.; Fuchs, Christopher A.; Schack, Ruediger (2002/08/20). "Bilinmeyen kuantum durumları: Kuantum de Finetti gösterimi". Matematiksel Fizik Dergisi. 43 (9): 4537–4559.

[123] Jackson, JD Klasik Elektrodinamik, 2. Baskı. Wiley 1975.

[124] Lorentz, Hendrik Antoon (1899), "Hareketli Sistemlerde Basitleştirilmiş Elektrik ve Optik Olaylar Teorisi" , *Hollanda Kraliyet Sanat ve Bilim Akademisi Bildirileri* , **1** : 427–442.

[125] Misner, Charles W., Thorne, KS ve Wheeler, JA Gravitation. Princeton University Press, 2017. ISBN: 9780691177793.

[126] Penrose, R., W. Rindler (1984) Cilt 1: İki-Spinor Analizi ve Relativistik Alanlar, Cambridge University Press, Birleşik Krallık.

[127] Tolkien, JRR (1990). *Canavarlar ve Eleştirmenler ve Diğer Denemeler* . Londra: HarperCollinsPublishers .

# Dizin

## A
hızlanma, 5, 52, 163–164, 171
Aksiyon, 1, 6, 16, 19–21, 24–25, 149, 151, 157–158, 175, 229
eylem, 6, 12–14, 20–22, 24–26, 38, 150, 153, 156, 158, 175
toplanabilirlik, 37
adyabatik, 35
ek, 3, 12, 26
AEP, 214, 219–220
AI, 1, 9, 167, 213
Havadar, 191
Alembert, 5–6, 11, 14–16, 27, 65, 223
Cebirsel, 225
cebirsel, 176, 186
cebirler, 6
alfa, 63, 106, 176
alfabe, 105
Amari, 228
genlik, 43–44, 64, 98–101, 143
analitik, 3, 24, 26, 111, 157, 186–187, 189
analitik olarak, 2, 25, 205
Analitiklik, 111
analitiklik, 24, 186
açısal, 13, 34–35, 37, 39–41, 45, 47–49, 51–53, 64, 69, 73, 109, 112, 121, 139, 147, 169–171, 174
Harmonik olmayan, 90, 92
harmonik olmayan, 90–91
Anormal, 228
Periyodik olmayan, 85

aparat, 42, 110
alan, 7, 47, 51, 56, 117, 119, 122–123, 128, 138, 141, 149, 158–159, 176
Arnold, 2, 225–226
asimptot, 146
asimptotlar, 204
Asimptotik, 191, 219, 225, 229
asimptotik, 1, 7, 110–111, 128, 191, 197, 202–203, 214
asimptotik olarak, 107, 110–112, 143, 206–207
asimptotikler , 191, 205
asimptotlama , 130
atom, 106, 156, 226, 229
atomik, 106
Atomlar, 224
atomlar, 228–229
Atwood, 139, 227
Özerk, 185
özerk, 129, 136, 141, 185, 206
ortalama, 44, 86, 93, 98, 117–118, 211, 219, 221
eksenel, 108, 117–118
Azuma, 220, 227

## B
Babilliler, 11
Balmer, 228
taban, 4, 28, 197
boncuk, 72–73
boncuklar, 72–74
kiriş, 101–102, 108–109, 117–119, 123
kirişler, 118

234

entegre edilebilirlik, 139
integrallenebilir, 28, 97, 139–140, 216
İntegral, 12, 24, 196
integral, 5–6, 12, 20, 25–26, 46, 48–49, 51, 53, 62, 86, 98–100, 111, 121–122, 158, 170, 175, 178, 190, 216
İntegraller, 225, 228, 230
integraller, 25, 37, 39, 47, 203
Entegrasyon, 50
entegrasyon, 5, 20–21, 25, 152, 177–178, 213
yoğunluk, 108
etkileşim, 169
etkileşimli, 9, 13, 22, 27, 107
etkileşim, 22, 63, 110, 172
etkileşimler, 27, 176
müdahale etmek, 101
girişim, 101–102
girişimölçer, 101–102
interferometrik, 101–102
aralıklılık, 139
enterpolasyon, 144
enterpolasyon, 104, 221
yorumlama, 157, 224, 230
aralık, 100, 146–147
aralıklar, 145
araya giren, 4, 7
değişmezlik, 23
değişmez, 88, 128, 134, 185
değişmezler, 2, 50
ters, 5, 25, 51–52, 61, 89
ters çevrilmiş, 163
tersine çevrilebilir, 153
ters çevirme, 158
düzensiz, 187, 202
izotropi, 23, 39
Yineleme, 225
yineleme, 178–179

**J**

Jacobi, 8, 20, 26, 129, 131, 151–152, 155–157, 162
Jakoben, 127–128, 149
Jaynes, 211, 227
Jean, 223
Jensen, 104, 215
haklı çıkarmak, 11

**k**

Kapitza , 224
Karlin, 227
Kepler, 44, 47, 49, 51, 57
kinematik, 224
kinematik, 17
kinetik, 15, 17, 19, 26–29, 31, 38, 43–44, 48, 53, 67–68, 70, 75, 78, 92, 120, 154, 171, 173
Klein, 109
Kolmogorov, 137, 141, 216
Kowalski, 226
Kronecker, 159
Geri çekilme , 104

**L**

Lagrange, 5–6, 16, 19–21, 23, 27, 35, 37–38, 42, 46, 60, 64, 67, 94, 120, 127, 170, 223
Lagrange, 1–2, 4, 6–7, 9, 15–17, 19–24, 26–31, 34–43, 45, 47, 53–54, 60, 62, 64–65, 67–70, 73, 75, 77, 79–80, 82, 90, 92, 106, 120–121, 127, 150, 154, 169–171, 175, 229
Lagrangianlar , 29, 34
Landau, 2, 5, 17, 22, 224, 226, 228
Langhaar , 226
Laplace, 5–6, 51, 223
Lazer, 226
lazer, 101–102

vektör, 8, 27, 39, 44, 48, 51–52, 106–107, 129–130, 137, 141, 158, 173–174, 178, 198
Hız, 53
hız, 8, 12, 20, 23, 35, 37, 43, 47, 52, 59–60, 75, 78, 80, 82, 84, 107, 112, 121, 124, 129, 133, 136, 140– 141, 158, 171–172
titreşim, 65, 171
titreşimler, 65
Viral, 43–44
Sanal, 5, 14
sanal, 5, 14
Volterra, 196
Girdap, 230

**K**

Walecka, 2, 5, 22, 112, 114, 116, 224
Wassily, 220, 227
Su, 125
su, 8, 124
dalga, 64–65, 102, 107–108, 111, 155–156, 164, 171, 174
dalga denklemi , 26
dalga fonksiyonu, 26, 156
dalga fonksiyoneli , 26
dalga boyu, 108, 174

Verner, 224
Fitil, 24, 26
Akıllı, 230
WKB, 177
Orman evi, 2, 225, 227
İş, 14, 102
iş, 2, 5, 14–15, 90, 102, 104, 117, 145, 165, 167, 184
Wronskian, 178, 181–183, 197

**X**

Şi, 220–221

**e**

Yang, 176
York, 224–225, 227
Genç, 123

**Z**

sıfır, 5, 14, 20–21, 27–28, 34–36, 38–39, 44, 49–50, 61, 67–68, 73, 88–90, 92–93, 100, 107, 109, 111, 116–117, 119–121, 128, 135–136, 140, 151, 159, 165–166, 170, 172, 180–182, 191, 195, 198, 213, 215

www.ingramcontent.com/pod-product-compliance
Lightning Source LLC
Chambersburg PA
CBHW050456190326

41458CB00005B/1304